高职高专计算机系列教材

C语言程序设计

（第3版）

苏传芳　主　编
李媛媛　副主编

電子工業出版社
Publishing House of Electronics Industry
北京・BEIJING

内 容 简 介

如何让学生在短时间内掌握C语言程序设计的方法，是本书的编写目的。本书共分10章：第1～3章介绍了C语言的基本知识及程序设计结构；第4、5章着重讲解了数组和函数的概念；第6章简要介绍C语言的预编译处理；第7章介绍了结构体和共用体；第8章讲解了文件的相关内容；第9章概要介绍了C++；第10章综合所学知识，进行一个实用的项目设计。本书内容实用，通俗易读，体系合理，可作为高等院校本科、专科、高职学生的C语言课程的教材，也适合培训和自学之用。

图书在版编目（CIP）数据

C语言程序设计/苏传芳主编. —3版. —北京：电子工业出版社，2016.8
ISBN 978-7-121-29479-2

Ⅰ. ①C… Ⅱ. ①苏… Ⅲ. ①C语言－程序设计－高等学校－教材 Ⅳ. ①TP312

中国版本图书馆CIP数据核字（2016）第173641号

策划编辑：吕　迈
责任编辑：靳　平
印　　刷：北京七彩京通数码快印有限公司
装　　订：北京七彩京通数码快印有限公司
出版发行：电子工业出版社
　　　　　北京市海淀区万寿路173信箱　邮编　100036
开　　本：787×1092　1/16　印张：18.75　字数：480千字
版　　次：2004年9月第1版
　　　　　2016年8月第3版
印　　次：2022年9月第7次印刷
定　　价：43.00元

凡所购买电子工业出版社图书有缺损问题，请向购买书店调换。若书店售缺，请与本社发行部联系，联系及邮购电话：（010）88254888，88258888。

质量投诉请发邮件至zlts@phei.com.cn，盗版侵权举报请发邮件至dbqq@phei.com.cn。

本书咨询联系方式：（010）88254569，xuehq@phei.com.cn，QQ1140210769。

前　言

C 语言是目前应用范围最广、使用最多的高级程序设计语言。“C 语言程序设计”是计算机、电子等相关专业的必修课程，是学习程序设计语言的首选。本教材第 2 版是安徽省省级高校教学研究项目“任务驱动－两段教学模式”实践的结晶，曾获省级优秀教学成果奖、省级优秀教材奖、省级“十一五”规划教材等荣誉称号。

本书总结了编者多年的高职教学经验，采用以实例为先导、注重实际应用的学习模式。在编写中充分考虑到学生的知识能力和接受水平，采取了精选内容、分散难点、由浅入深的写作思路，通过大量的例题和实训帮助学生掌握复杂的概念。全书在章节的编排上，力求做到合理安排、易于接受，为此，我们打破常规将指针的概念分解到各个章节，贯穿全书，既能自然表现指针在程序设计中的应用，又分解了难点，有利于学生对指针概念的掌握。在例题的选取上，采用先易后难、结合实际，注意实例与知识点结合、与算法的结合、与实训的结合，从而提高学生的实际动手能力。

本教材使用 VC 6.0 为 C 语言编译系统，与其他教材相比，具有以下特点：

（1）**以实例为先导，强化实践、突出技能。**充分考虑高等职业院校学生的学习基础、学习习惯和接受能力，在教材中以实例为先导、注重实际应用，体现职业性特色。通过大量的例题，实用、有趣的实训和课程设计，激发学生学习的兴趣，提高学生学习的积极性、主动性。

（2）**体现“教、学、做”一体化的教学模式。**教材充分体现了“教、学、做”一体化的教学模式，各章节按照以下顺序编写：提出问题→解决问题→分析问题→知识点引入→内容详解。通过问题的提出，引起学生的好奇心；通过解决问题的程序代码，激发学生的探究心理；使学生主动了解后续的知识点。学生能够在“做”中“学”，逐步掌握程序设计的基本技能。

（3）**分散难点、降低难度。**对于初学者而言，C 语言的指针通常是个难点。教材中打破常规，将指针的概念分解到各个章节，贯穿全书，既能自然表现指针在程序设计中的应用，又分散难点、降低难度，有利于学生对指针概念的掌握。

（4）**通俗易懂、深入浅出、易教易学。**在内容的编排上，结构清晰，内容前导与后续过渡自然，对初学者容易混淆的概念进行了重点提示和讲解，便于教师指导和学生自学。在例题的选取上，先易后难、深入浅出，注重实训、课程设计与知识点的结合，有利于提高学生的动手能力。在文字的叙述上，条理清晰，语言简洁流畅，便于阅读。

（5）**增加了 C++入门知识。**为了使学生尽快掌握并顺利过渡到面向对象的程序设计方法，教材中增加了 C++入门知识，使本教材更加完善。

本教材学时数不做统一要求，根据学习者各自的不同学习状况，教师可自行安排。学习过程中要注意实例、知识点、实训应同步进行。根据学时情况，有些实训和课程设计，可以在加以指点后放到课余时间做。为与程序中的变量对应，本书在正文、公式中的变量统一用正体表示。

本书由安徽省电子信息职业技术学院苏传芳主编，李媛媛副主编。第 2 章由安徽省电子信息职业技术学院李媛媛编写；第 4 章由安徽省电子信息职业技术学院杨军编写；第 5 章、

第 10 章由安徽省电子信息职业技术学院尹汪宏编写；第 1 章、第 6 章由安徽省电子信息职业技术学院胡北辰编写；第 7 章、第 9 章由安徽省电子信息职业技术学院彭莉芬编写；第 8 章由安徽省电子信息职业技术学院朱士明编写；第 3 章由安徽省电子信息职业技术学院苏传芳编写并负责总体设计。本书其他参编者：章晓勤、夏克付、陈俊生、刘影、徐莹。

轻松学习 C 语言是本书编写的宗旨，但由于水平有限，本书肯定存在许多不足之处，恳请各位专家及读者批评指正。

编　者

2016 年 5 月

目　录

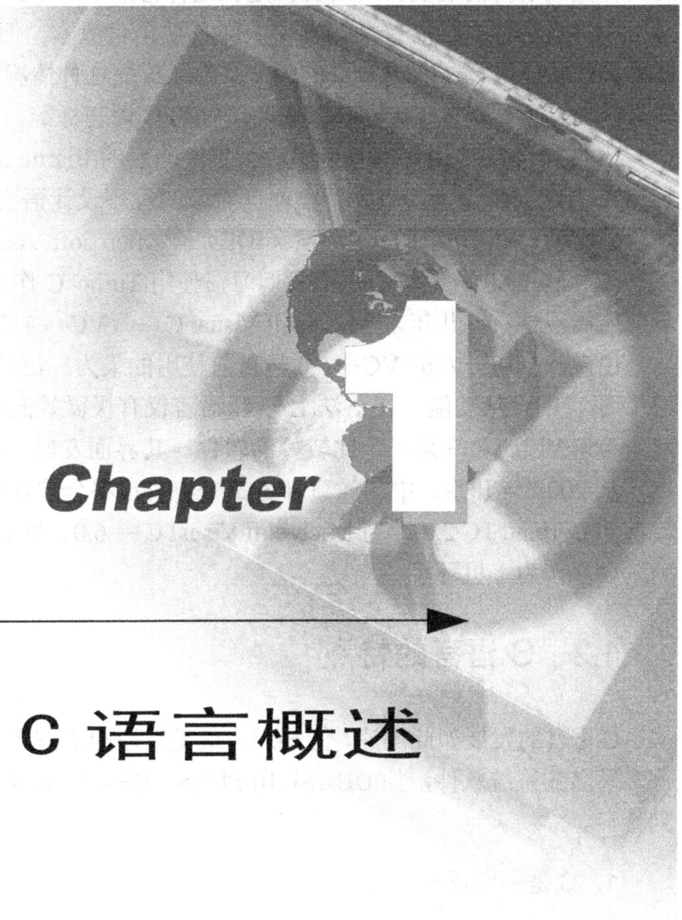

第 1 章　C 语言概述

1.1　C 语言产生的背景

C 语言的原型为 ALGOL 60 语言（简称为 A 语言）。经过程序员长期不断的简化，提炼，美国贝尔实验室的 Dennis. M. Ritchie 最终在其基础上设计出了一种新的语言，并首次在 UNIX 操作系统的 DEC PDP-11 计算机上使用。这就是 C 语言。

1963 年，剑桥大学将 ALGOL 60 语言发展成为 CPL 语言。4 年后，剑桥大学的 Martin Richards 对其进行了简化，产生了 BCPL（basic combined programming language）语言。1970 年，美国贝尔实验室的 Ken Thompson 在 BCPL 语言的基础上设计出了较先进的并取名为 B 的语言，但 B 语言过于简单，功能有限。1973 年，贝尔实验室的 D. M. Ritchie 又在 B 语言的基础上设计出了 C 语言。C 语言既保持了 BCPL 和 B 语言的精练、接近硬件的优点，又克服了其过于简单、数据无类型等缺点。

C 语言是一种面向过程的计算机程序设计语言，它是目前众多计算机语言中举世公认的优秀的结构化程序设计语言之一。C 语言发展如此迅速，而且可以成为最受欢迎的语言之一，主要是因为它具有强大的功能。许多著名的系统软件，如 DBASE Ⅳ都是由 C 语言编写的。在 C 语言诞生以前，系统软件主要是用汇编语言编写的，汇编语言可以实现对计算机硬件的直接操作，但是它依赖于计算机硬件，其可读性和可移植性都很差。而一般的高级语言却难以实现对计算机硬件的直接操作，所以人们希望有一种计算机语言能有高级语言的优点，同时又有低级语言的功能，C 语言就是在这种背景下产生的。

随着微型计算机的普及，出现了许多 C 语言版本。但是由于没有统一的标准，使得这些 C 语言之间出现了一些不一致的地方。为了改变这种情况，美国国家标准研究所（ANSI）为 C 语言制定了一套 ANSI 标准，成为现行的 C 语言标准。

1983 年，在 C 语言的基础上，贝尔实验室的 Bjarne Strou-strup 推出了 C++。C++进一步扩充和完善了 C 语言，成为一种面向对象的程序设计语言。

常用的 C 语言集成开发环境（IDE）有 Microsoft Visual C++，Dev-C++，Borland C++，Turbo C，Win-Tc，等等。以前我们习惯使用 Turbo C 作为教学软件，但是由于其 DOS 操作界面的局限性，近几年来 Microsoft Visual C++（VC++）越来越受到人们的钟爱。

由微软公司开发的 VC++6.0 是目前使用的最为广泛的 C++集成开发环境之一，它几乎支持 C 语言的全部功能，在语法上与 C 语言仅有极微妙的差别。对于一个 C 语言的初学者，Microsoft Visual C++是一个比较好的软件。其界面友好，功能强大，调试也很方便。

从 2008 年开始，中国教育部考试中心决定将全国计算机等级考试的 C 语言上机环境由此前的 Borland TC 2.0 改为 Microsoft Visual C++ 6.0。为了方便读者进一步提高，本书也选定 VC++6.0 作为上机环境。

1.2　C 语言的特点

C 语言的发展如此迅速，能够成为最受欢迎的语言之一，主要是由于它的功能十分强大。许多著名的系统软件，如 DBASE Ⅲ PLUS、DBASE Ⅳ都是用 C 语言编写的。C 语言具有下列特点。

1. C 是中级语言

C 语言把高级语言的基本结构和语句与低级语言的实用性结合起来，可以像汇编语言一样对位、字节和地址进行操作。

2. C 是结构化语言

结构化语言的特点是程序各个部分除了必要的数据交流外彼此独立。这种结构化方式可使程序层次清晰，便于程序员的使用、维护以及调试。同时，C 语言是以函数形式提供给用户的，这些函数可被方便地调用，并具有多种循环、条件语句控制程序流向，从而使程序完全结构化。

3. C 语言功能齐全

C 语言具有多种数据类型，并引入了指针概念，可使程序效率更高。C 语言也具有强大的图形功能，以及具有较强的计算功能、逻辑判断功能等。

4. C 语言适用范围大

C 语言对编写需要硬件进行操作的场合，明显优于其他解释型高级语言，同时具有绘图能力强、可移植性好、数据处理能力强等特点，适合于操作系统编写、三维/二维图形和动画编写等多种场合。

总体来说，C 语言的优势在于其简洁紧凑、灵活方便；运算符，数据结构丰富；语法限制不太严格，程序自由度大；可直接对硬件进行操作；程序执行效率高；可移植性好等等。

凡事有利必有弊，C 语言当然也有一定的缺点，例如数据安全性不高等。

1.3 C 语言的程序结构

1.3.1 C 程序的基本结构

组成 C 语言程序的基本单位是函数。每一个 C 程序都是由一个主函数[main()]和若干个其他函数组成的，或仅由 main()函数构成。

1.3.2 C 函数的格式

```
函数类型  函数名（形参表）
{
    函数体
}
```

为了说明 C 语言源程序结构的特点，我们先来看几个程序。这几个程序由简到难，表现了 C 语言程序在组成结构上的特点。虽然有关内容还未学习，但可以从这些例子中了解到 C 语言程序的基本架构和书写格式。

【例 1.1】 仅由 main()函数构成的 C 语言程序示例一。

```
#include <stdio.h>
main()
{
      printf("How do you do ! \n");
}
```

程序运行结果：

```
How do you do !
```

注意：

（1）C 程序的基本结构是函数，函数也叫模块，是完成某个整体功能的最小单位。

（2）C 函数从左花括号“{”开始，到对应的右花括号“}”结束。

【例 1.2】 仅由 main()函数构成的 C 语言程序示例二。

```
#include <stdio.h>     /*载入头文件 stdio.h*/
main()                 /*求两数之和*/
{
    int a,b,sum;
    a=123;b=321;
    sum=a+b;
```

```
    printf("sum =%d\n",sum);
}
```

程序运行结果：

```
sum=444
```

注意：

（1）语句是组成 C 函数的基本单位，具有独立的程序功能，每一条语句均必须以分号作为结尾。

（2）以/*……*/为标记的语句称为注释语句，注释语句只是对程序的解释说明，不会被系统编译和执行，它的目的主要是帮助程序员阅读理解程序，增强程序的可读性。除了这种写法外，还可以使用//作为单行注释标记，这与 C++的用法一致。

（3）书写风格。

① 书写位置：一行中可以书写多条语言，每条语句之间用“；”隔开；注释语句可出现在任何位置。

② 缩进格式：习惯上属于不同结构层次的语句从不同位置开始，按阶梯状书写，使程序结构清晰，易于阅读。

【例 1.3】 由 main()函数和 1 个其他函数 max()构成的 C 语言程序示例。

```
#include <stdio.h>
int max(int x, int y)                          /*  定义函数 max */
{
    int z;
    if (x>y) z=x;
    else z=y;
    return(z);
}
main()
{
    int n1, n2, z ;
    printf(" Input two numbers: ");
    scanf("%d,%d", &n1,&n2 );
    z= max(n1, n2);                  /*  函数调用*/
    printf("max=%d\n",z ); /*  输出函数的返回值  */
}
```

程序运行情况：

```
Input two numbers: 3,8↙        /*  符号 “↙” 代表回车键*/
max = 8
```

注意：

（1）max()函数是一个用户自定义函数。定义之后可在程序中调用。

（2）printf()函数是一个由系统定义的标准函数，可以无须定义在程序中而直接调用。

（3）main()函数可以在任何位置，C 程序执行时总是从 main()开始。最后回到 main()结束。一个程序中有且只能有一个 main()函数。

1.3.3 关键字

我们看到，上面的程序中有 int、if、return 字符串，它们被称为关键字。关键字是由 C 语言规定的具有特定作用的字符串，通过以后各章的学习，读者会逐渐了解它们的含义，学会正确地使用它们。C 语言中的关键字共有 32 个，根据关键字的作用，可分为数据类型关键字、控制语句关键字、存储类型关键字和其他关键字四类。

（1）数据类型关键字（12 个）：

Int，long，short,char，float，double，enum，signed，struct，union，unsigned，void。

（2）控制语句关键字（12 个）：

break，case，continue，default，do，else，for，goto，if，return，switch，while。

（3）存储类型关键字（4 个）：

auto，extern，register，static。

（4）其他关键字（4 个）：

const，sizeof，typedef，volatile。

1.3.4 小结

1．函数是 C 语言程序的基本单位

main()函数的作用相当于其他高级语言中的主程序，其他函数的作用相当于子程序。

2．C 语言程序总是从 main()函数开始执行

一个 C 语言程序，总是从 main()函数开始执行，而不论其在程序中的位置。最后总是回到 main()函数。当主函数执行完毕时，即程序执行完毕。main()函数在程序中的位置是任意的，习惯上，将主函数 main()放在最前头。

3．任何函数[包括主函数 main()]都由函数说明和函数体两部分组成

函数的一般结构如下：

```
[ 函数类型 ] 函数名( [函数参数表] )   ——→ 函数说明部分
            {
                       说明语句部分;   ⎫
                       执行语句部分;   ⎬   函数体部分
            }                         ⎭
```

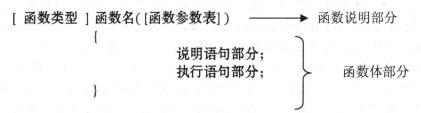

4．本书使用的语法符号约定

[. . .]——方括号表示可选（即可以指定，也可以缺省）；

……——省略号表示前面的项可以重复；

|　——多（含 2）项中选 1。

5. 函数说明

由函数类型（可缺省）、函数名和函数参数表三部分组成，其中函数参数表的格式为：

数据类型　形参 1[, 数据类型　形参 2，……]

6. 函数体

函数体一般由说明语句和可执行语句两部分构成。

（1）说明语句部分：说明语句部分由变量定义、类型定义、函数说明、外部变量说明等组成。函数体中的变量定义语句，必须在所有可执行语句之前。

（2）执行语句部分：一般由若干条可执行语句构成。

7. 源程序书写格式

（1）所有语句都必须以分号“;”结束，函数的最后一个语句也不能省略“;”。

（2）程序行的书写格式自由，既允许将几条语句写在一行内，也允许将一条语句分写在几行上。

（3）注释语句的位置，可以单占一行，也可以跟在语句的后面；如果一行写不下，可另起一行继续写；注释中允许使用汉字。在非中文操作系统下看到的是乱码，但不影响程序运行。

8. 提示

为避免遗漏必须配对使用的符号，例如注释符号“/**/”、花括号“{}”、圆括号“()”等，在输入时，可成对地连续输入这些起止标识符，然后再在其中插入要编辑的内容。

1.4 C 程序上机步骤

1.4.1 运行一个 C 语言程序的一般过程

VC++6.0 是 Microsoft 公司推出的一个基于 Windows 系统平台、可视化的集成开发环境，它的源程序按 C++语言的要求编写，同时也支持几乎全部的 C 语言功能。并且加入了微软提供的功能强大的 MFC（Microsoft Foundation Class）类库。MFC 中封装了大部分 Windows API 函数和 Windows 控件，它包含的功能涉及整个 Windows 操作系统。这样，开发人员不必从头设计、创建和管理一个标准 Windows 应用程序所需的程序，而是从一个比较高的起点编程，故节省了大量的时间。另外，它提供了大量的代码，指导用户编程时实现某些技术和功能。因此，使用 VC++提供的高度可视化的应用程序开发工具和 MFC 类库，可使应用程序的开发变得简单。

在 VC++6.0 中运行一个 C 语言程序的大致过程为：新建文件→编写源程序→编译→连接→运行，详细步骤如下：

（1）启动 VC++6.0，进入 VC++集成环境。

（2）新建一个 C 源程序文件（文件扩展名为 C)。

（3）进入程序编辑界面，输入源程序代码。

（4）对源程序进行编译。如果编译成功，可进行下一步操作；否则，返回编辑界面修改源程序，再重新编译，直至编译成功。编译成功后文件的扩展名为.obj。

（5）与库函数进行连接。如果连接成功，可进行下一步操作；否则，返回编辑界面修改源程序，再重新编译连接，直至连接成功。连接成功后生成可执行文件，其扩展名为.exe。

（6）运行可执行的目标程序。通过观察程序运行结果，验证程序的正确性。如果结果不是预期结果，说明出现逻辑错误，必须修改源程序，再重新编译、连接和运行，重复该过程，直至程序正确。

注意：

① 新建文件时，创建文件名称时，指定文件名称必须以“.c”作为扩展名，这样编译系统才会按照C语言的语法标准进行编译。否则创建出来的文件均为C++文件，系统编译有可能会出现错误。

② VC++创建的是一组项目文件，每一个项目中仅可以存在一个main()函数，如果需要重新创建文件，不可直接单击关闭按钮退出文件，需要选择“文件”菜单栏下的“关闭工作空间”命令或关闭整个VC++环境，才能退出该文件。

1.4.2　常用的操作命令

1．启动VC++6.0

方法一：双击桌面上的快捷图标“Microsoft Visual C++ 6.0”。

方法二：选择桌面左下角的“开始|所有程序|Microsoft Visual C++ 6.0”命令。

方法三：双击任一个VC++的项目文件。

启动之后即可进入Microsoft Visual C++6.0的初始界面，如图1.1所示。

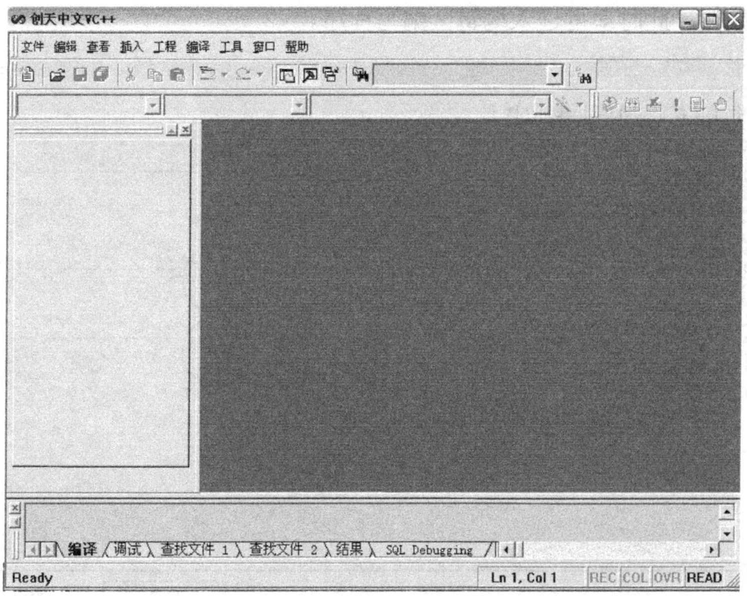

图1.1　Microsoft Visual C++ 6.0的初始界面

2. 新建 C 文件

方法如下：

（1）进入初始界面后，选择“文件”菜单栏下的“新建”命令（快捷键 Ctrl+N），即打开如图 1.2 所示的新建命令窗口。

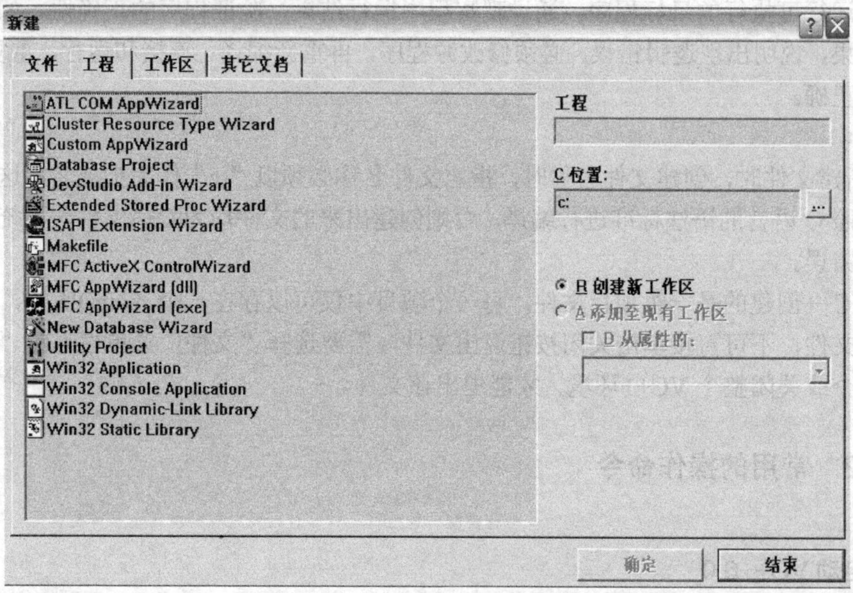

图 1.2　新建命令窗口

（2）选择新建窗口中的“文件”选项卡。选中文件类型为“C++ Source File”。

（3）在右侧的文件文本框中输入文件名称。文件名称必须以“.c”作为扩展名，如图 1.3 中的“file1.c”所示。在目录文本框中选择文件的存储位置，如图 1.3 中的“C:\file”所示，单击“确定”按钮。此时即可进入编辑区编写程序。

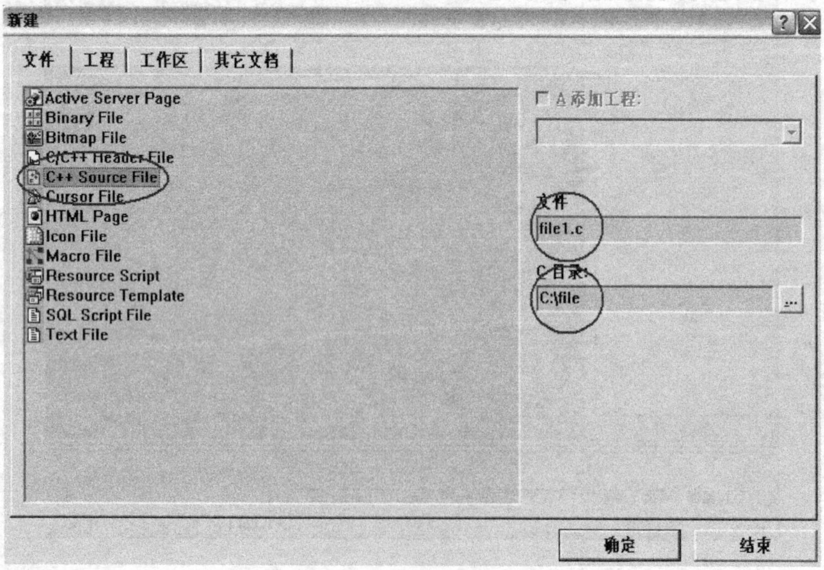

图 1.3　文件选项卡

3．退出 VC++6.0

方法一：选择“文件”菜单下的“退出命令”。
方法二：单击窗口右上角的“关闭”按钮。

4．编辑一个 C 语言源程序

VC++6.0 的编辑界面如图 1.4 所示，大致分为三个区域，分别为工作区、编辑区和输出区。

（1）工作区。

在工作区内可以查看、编辑当前项目中的所有文件。一个项目中可以有多种类型的文件，单击“Fileview”按钮可以查看这些文件。我们编写的 C 源程序属于“Source Files”（源程序）文件。

（2）编辑区。

在编辑区内可以输入、编辑 C 源程序代码。这也是我们主要利用的区域。

（3）输出区。

在输出区内可以查看程序的编译、连接结果。

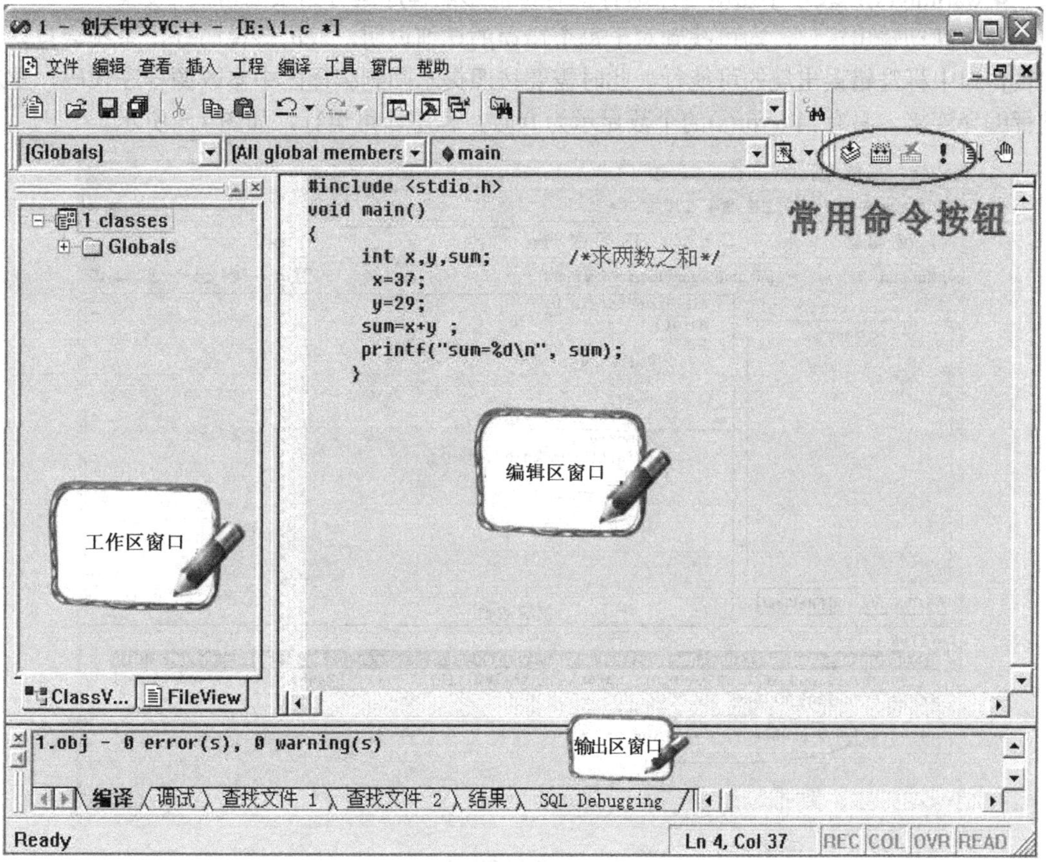

图 1.4　VC++程序编辑界面

5. 编译、连接——单个源程序文件

（1）编译当前编辑的文件。

方法一：单击工具栏中的 compile 图标（快捷键 Ctrl+F7）。

方法二：选择“编译”菜单下的“编译”命令。

说明：

编译结束后可在输出窗口中观察结果。

（2）连接当前编辑中的文件。

方法一：单击工具栏中的 Build 图标（快捷键 F7）。

方法二：选择“编译”菜单下的“重建全部”命令。

说明：

连接结束后可在输出窗口中观察结果。

（3）输出结果。

编译或连接的结果都会在输出窗口中显示。显示结果有两种：“error(s)”和“warning(s)”。

- error(s)：表示影响程序运行的错误个数。
- warning(s)：表示不影响程序运行但有可能影响程序运行结果的错误个数。

向上翻动输出窗口，均可找到对于每个错误的详细说明，双击该说明行，系统会自动在编辑窗口中标注错误出现的可能行。此时需要按照提示回到编译区中修改源程序代码，重新进行编译连接。只有当 error(s)的个数显示为 0 时，程序才可运行，如图 1.5 所示。

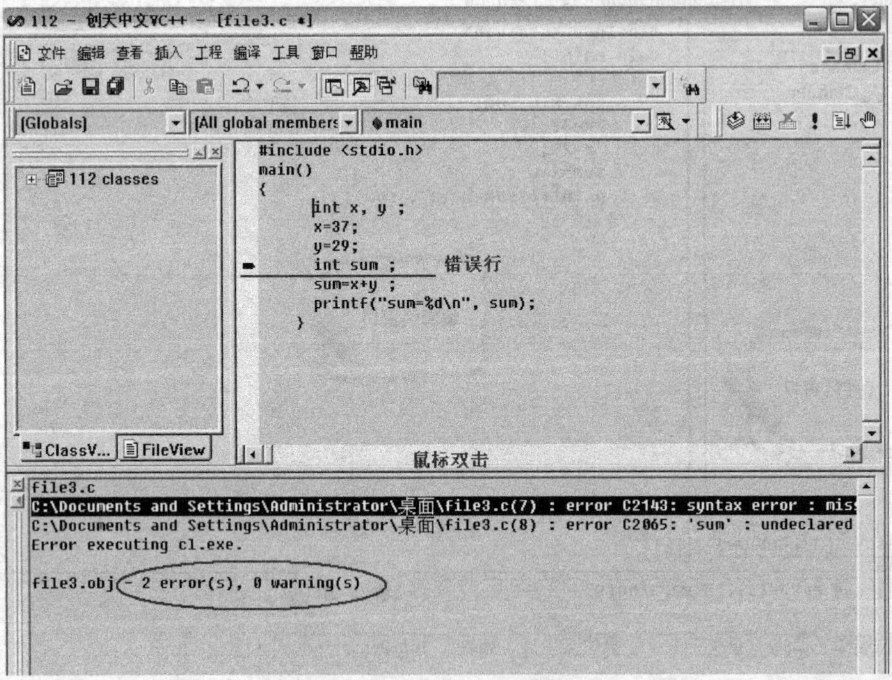

图 1.5　出错程序界面

说明：

在编译时，系统有可能弹出两个提示窗口，询问是否需要新建项目文件和是否需要保存文件，均单击“确定”按钮即可。

6. 运行查看结果

方法一：单击工具栏中的 BuileExecute 图标 ! （快捷键 Ctrl+F5）。
方法二：选择“编译”菜单下的“执行”命令。
说明：
如果发现程序结果与预期结果不同，则返回编辑窗口，重新修改源程序代码；然后再重新编译、连接、运行，直至结果正确为止。

7. 编辑下一个新的源程序

方法：选择“文件”菜单栏下的“关闭工作空间”命令，屏幕会显示如下提示信息：
Do you want to close all document windows?（你是否希望关闭所有的文件？）
选择“是”，关闭当前项目文件，回到初始界面。此时可重复新建文件步骤。

8. 调试

调试是一个程序员最基本的技能，可以帮助我们快速寻找程序中存在的问题。VC++的调试功能也是非常强大的。常用的调试技巧有：

（1）断点。

断点是调试器设置的一个代码位置。当程序运行到断点时，程序中断执行，回到调试器。断点是最常用的技巧。调试时，只有设置了断点并使程序回到调试器，才能对程序进行在线调试。

设置断点的方法：首先把光标移动到需要设置断点的代码行上，然后按下键盘上的 F9 键。

取消断点的方法：把光标移动到给定断点所在的行，再次按 F9 键就可以取消断点。

（2）进程控制。

VC 允许被中断的程序继续运行、单步运行和运行到指定光标处，分别对应快捷键 F5、F10/F11 和 Ctrl+F10。各快捷键功能说明如下。

- F5：调试状态运行程序，程序执行到有断点的地方会停下来。
- F10/F11：单步执行程序。如果涉及子函数，按 F10 键不进入子函数内部，按 F11 键进入子函数内部。
- Ctrl+F10：运行到当前光标处。

（3）调试步骤。

① 保存 c 文件。

② 根据断点调试找到错误处。

③ 采用 F10 键或 F11 键单步调试找到精确的错误处。一般先用 F10 键，确定函数输入/输出是否正确（与自己想的一样）。若不正确，则用 F11 键进入函数体一步一步调试。

④ 在调试过程中，肯定要监视程序中的变量。在 VC++6.0 的右下角有一个 Watch 窗口，专门用来设置监视变量。在调试过程中，鼠标轻轻放在变量上也会显示该变量的值。

（4）常出现的错误提示信息如下：

Argument list syntax error　参数表语法错误
Array bounds missing　丢失数组界限符
Array size too large　数组尺寸太大
Bad file name format in include directive　包含命令中文件名格式不正确

Call of non-function　调用未定义的函数
Call to function with no prototype　调用函数时没有函数的说明
Cannot modify a const object　不允许修改常量对象
Case outside of switch　漏掉了 case 语句
Case syntax error　Case 语法错误
Compound statement missing{　分程序漏掉“{”
Conflicting type modifiers　不明确的类型说明符
Constant expression required　要求常量表达式
Could not find file 'xxx'　找不到 xxx 文件
Declaration missing ;　说明缺少“;”
Default outside of switch　Default 出现在 switch 语句之外
Division by zero　用零作除数
Do statement must have while　Do-while 语句中缺少 while 部分
Expression syntax error　表达式语法错误
Function call missing)　函数调用缺少右括号
Fuction should return a value　函数必须返回一个值
Illegal character 'x'　非法字符 x
Illegal initialization　非法的初始化
Irreducible expression tree　无法执行的表达式运算
Mismatched number of parameters in definition　定义中参数个数不匹配
Misplaced break　此处不应出现 break 语句
Misplaced continue　此处不应出现 continue 语句
Misplaced decimal point　此处不应出现小数点
Misplaced else　此处不应出现 else
Not a valid expression format type　不合法的表达式格式
Possibly incorrect assignment　赋值可能不正确
Statement missing ;　语句后缺少“;”
Sub scripting missing]　下标缺少右方括号
Superfluous & with function or array　函数或数组中有多余的“&”
Too few parameters in call　函数调用时的实参少于函数的参数
Two consecutive dots　两个连续的句点
Type mismatch in parameter xxx　参数 xxx 类型不匹配
Unable to open include file 'xxx'　无法打开被包含的文件 xxx
Undefined label 'xxx'　没有定义的标号 xxx
Undefined structure 'xxx'　没有定义的结构 xxx
Undefined symbol 'xxx'　没有定义的符号 xxx
Unterminated string or character constant　字符串缺少引号
Wrong number of arguments　调用函数的参数数目错
xxx statement missing (　xxx 语句缺少左括号
xxx statement missing)　xxx 语句缺少右括号
xxx statement missing ;　xxx 语句缺少分号
xxx' declared but never used　说明了 xxx 但没有使用
xxx' is assigned a value which is never used　给 xxx 赋了值但未用过

9．其他常用操作

（1）保存文件。

在编辑源程序过程中，随时都可以按 Ctrl+S 键（或文件|保存），将当前编辑的文件存盘，

然后继续编辑。这是一个好的习惯！

（2）使用帮助系统（需要安装 MSDN）。

在任何窗口（或状态）下选中某对象，按 F1 键（或帮助|帮助目录），均可获得该对象的一定相关信息。同时 VC++默认编辑界面中所有的关键字为蓝色，注释信息为绿色，断点为红色，单步调试符为黄色。这些也可以为初学者提供一定的参考信息。同时，习惯查阅帮助系统，或者利用参考书籍和网络资源，养成自学的习惯，对于 C 语言的学习会有很大帮助！

实训 1　认识 C 语言程序

1. 实训目的

（1）熟悉 VC++6.0 系统环境。
（2）学会寻求 VC++6.0 的系统帮助。
（3）认识 C 语言程序的基本结构和书写格式。

2. 实训内容

（1）编程求 37+29 的值。
① 启动 VC++6.0 系统；
② 新建一个 C 源程序文件；
③ 在编辑窗口中输入、编辑如下程序：

```
#include <stdio.h>
 main()
{
  int x, y,sum;          /*变量定义语句：定义 3 个整型变量 x、y 、sum*/
  x=37;                  /*可执行语句：将 37 赋值给变量 x*/
  y=29;                  /*可执行语句：将 29 赋值给变量 y*/
  sum=x+y ;              /*可执行语句：将 x+y 的值赋值给变量 sum*/
  printf("sum=%d\n", sum);
     /*可执行语句，% d 为转换格式，用以输出十进制整数 sum */
}
```

④ 编译该程序；
⑤ 学习看屏幕提示信息、查错、改错，简单调试程序；
⑥ 运行该程序；
⑦ 查看程序运行结果；
⑧ 保存该程序文件。
（2）编程求 37+29 的值。
① 打开前面已经存盘的文件，编辑修改为如下的程序：

```
#include <stdio.h>
main()
{
     int x, y ;
```

```
        x=37;
        y=29;
        int sum ;
        sum=x+y ;
        printf("sum=%d\n", sum);
    }
```

② 上机运行这个程序，得到什么结果？

③ 系统通知你所存在的是什么问题 ？

（3）已知圆的半径为 3 厘米，求该圆的面积和周长。

① 启动 VC++6.0 系统；

② 新建一个 C 源程序文件；

③ 在编辑窗口中输入、编辑如下程序：

```
#include <stdio.h>
main()
{
//变量定义语句：定义 3 个整型变量 r、pi 、s、l，为 r 赋值为 3，pi 赋值为 3.14
        float r=3.0,pi=3.14,s,l;
        s=pi*r*r;   //可执行语句：计算面积 s 的值
        l=2*pi*r;   //可执行语句：计算周长 l 的值
        //可执行语句：输出半径 r，面积 s，周长 l
        printf("r=%f,s=%f,l=%f\n",r,s,l);
}
```

④ 编译该程序；

⑤ 学习看屏幕提示信息、查错、改错，简单调试程序；

⑥ 运行该程序；

⑦ 查看程序运行结果；

⑧ 保存该程序文件。

3．实训思考

通过上面的练习，你对 VC++了解了多少？你知道 C 程序的运行过程了吗？

本章小结

本章主要介绍了 C 程序设计语言的基础知识。主要包括了 C 语言的产生背景、C 语言的优势和不足之处、一个 C 程序的基本结构以及使用 VC++集成开发环境进行 C 程序的编写和调试的基本流程和注意事项。希望读者通过本章的学习，对于 C 程序设计语言有个总体的了解和认识，能够编写出简单的 C 语言程序。

习题 1

1．选择题。

（1）以下叙述中正确的是：

A. C 语言程序将从源程序中第一个函数开始执行。

B. 可以在程序中由用户指定任意一个函数作为主函数，程序将从此开始执行。

C. C 语言规定必须用 main 作为主函数名，程序将从此开始执行，在此结束。

D. main 可作为用户标识符，用以命名任意一个函数作为主函数。

（2）C 语言源程序名的后缀是：

A. exe　　B. C　　C. obj　　D. cp

（3）以下叙述中正确的是：

A. C 程序中的注释只能出现在程序的开始位置和语句的后面。

B. C 程序书写格式严格，要求一行内只能写一个语句。

C. C 程序书写格式自由，一个语句可以写在多行上。

D. 用 C 语言编写的程序只能放在一个程序文件中。

（4）计算机能直接执行的程序是：

A. 源程序　　B. 目标程序　　C. 汇编程序　　D. 可执行程序

（5）下列叙述中错误的是：

A. 计算机不能直接执行用 C 语言编写的源程序。

B. C 程序经 C 编译后，生成后缀为.obj 的文件是一个二进制文件。

C. 后缀为.obj 的文件，经连接程序生成后缀为.exe 的文件是一个二进制文件。

D. 后缀为.obj 和.exe 的二进制文件都可以直接运行。

（6）构成 C 语言程序的基本单位是：

A. 函数　　B. 过程　　C. 子程序　　D. 代码

2. 写出一个 C 程序的构成。

3. 请说出 C 语言程序上机的几个基本步骤，并说明扩展名.c 、.obj 、.exe 的含义。

4. 参照本章实训 1，写出一个 C 程序：已知一个长方形长 a=4，宽 b=3，求长方形的面积 s 的值并输出。

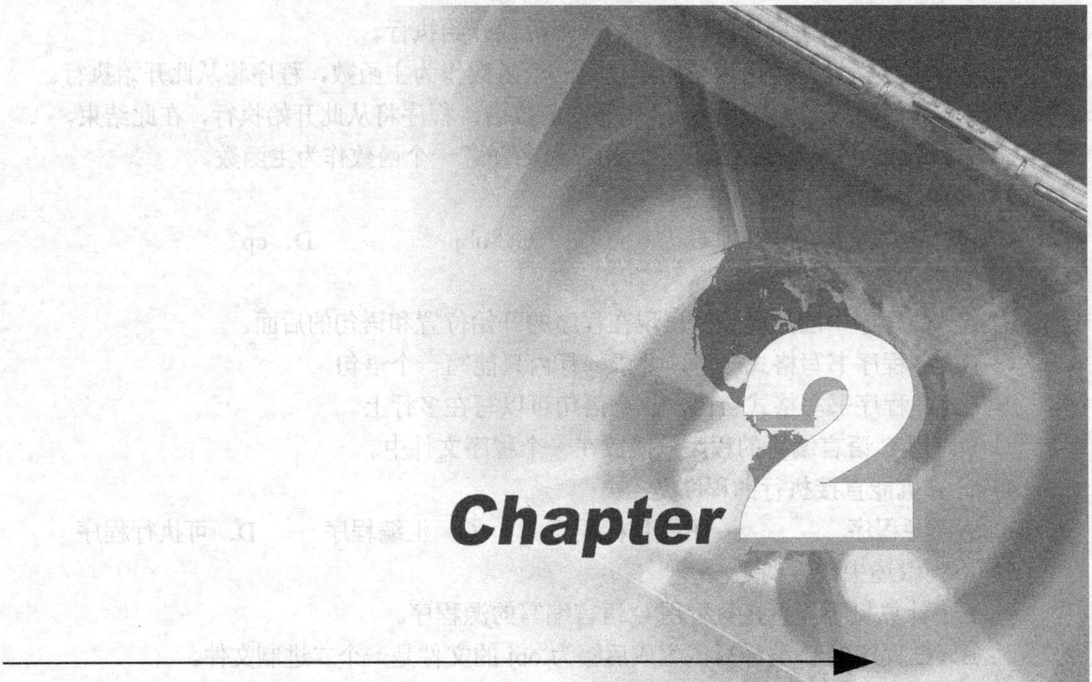

第 2 章　数据类型、运算符与表达式

在计算机的使用中，数据的存储和处理是必不可少的。C 语言为用户提供了各种标准的数据（基本类型）类型，也允许用户自己定义新的数据类型，本章介绍 C 语言的标准数据类型、指针类型和相关运算。

2.1　C 语言的数据类型

众所周知，计算机内使用二进制数来存放各种信息，比如图像、字符、音乐等，那么计算机是如何区分这些信息的？这主要取决于计算机如何解释这些二进制数据。比如 65 解释为数字是 65，而解释为字符则是“A”，这种不同的解释是人们对信息存放做出的规定，也就是数据的组织形式。

C 语言中是如何规定数据的存放形式的呢？C 语言的数据类型如图 2.1 所示，分为基本数据类型、构造数据类型、指针类型和空类型。

本章讲解基本数据类型中的整型、实型、字符型和指针类型，其余数据类型在以后各章中将陆续介绍。

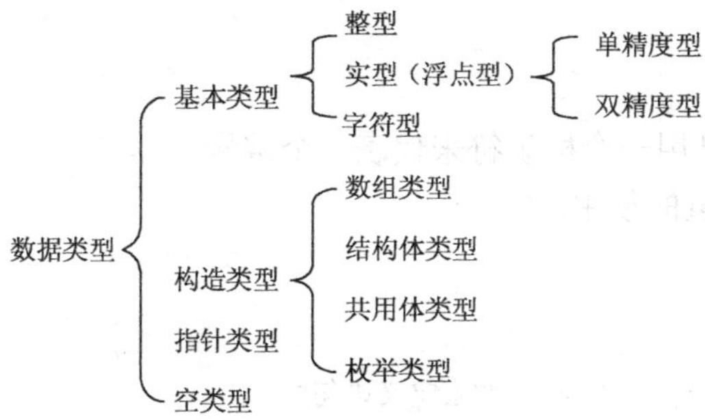

图 2.1　C 语言的数据类型

2.2　常量与变量

C 语言对常量和变量的定义是，在程序运行过程中，其值不会发生变化的量为常量；在程序运行过程中，其值可以发生变化的量为变量。

给变量所取的名字叫变量名，给变量取名时要遵循标识符的命名规则。所谓标识符是用来标识变量、符号常量、数组、函数、文件等名字的有效字符序列。

C 语言规定标识符只能由字母、数字和下画线三种字符组成，并且第一个字符必须为字母或下画线。例如：sum，day，_class，student_No，a123 等都是合法的标识符。

需要注意的是：

（1）用户选用的标识符不能和 C 语言的关键字重名。如 if（C 语言的关键字），main（C 语言的关键字）都是不合法的标识符。

（2）在 C 语言中，大写字母和小写字母被认为是两个不同的字符，如 max 和 MAX 是两个不同的标识符。

（3）标识符的长度在不同的 C 编译系统中有不同的规定。许多系统规定前 8 个字符有效，而在 Turbo C 中规定前 32 个字符有效，超过部分被忽略。

2.2.1　直接常量和符号常量

1. 直接常量（字面常量）

【例 2.1】　已知每千克牛肉的价格为 20 元，问买 6 斤需要多少钱？

```
#include <stdio.h>
main( )
{
    float sum;                  /*变量定义*/
    sum=20.0*6;                 /*给变量赋值*/
    printf("总价=%f \n",sum);    /*输出*/
}
```

程序运行结果如下：

总价=120.000000

显而易见，程序中的 20.0 和 6 都是常量，按其字面形式又可区分为不同的类型，20.0 是实型常量，6 是整型常量。

2. 符号常量

所谓符号常量，就是用一个标识符来代表一个常量。

【例 2.2】 符号常量的使用。

将例 2.1 改写如下：

```
#include <stdio.h>
#define PRICE 20                    /*宏定义语句*/
main()
{
    float num;
    float sum;                      /*变量定义*/
    num=6.0;
    sum=num* PRICE;
    printf("总价=%f",sum);          /*输出*/
}
```

程序运行的结果仍然为：

```
总价=120.000000
```

程序中用标识符 PRICE 来代表常量 20，PRICE 就是一个符号常量。为了与变量区别，习惯上符号常量用大写字母表示，变量名用小写字母表示。这并不是 C 语言的规定，仅仅是一种习惯，目的是便于程序的阅读。

符号常量在使用之前必须先定义，其一般形式为：

#define　　标识符　　常量

其中，#define 是一条预处理命令（预处理命令都以"#"开头），称为宏定义命令（在第 6 章中将详细介绍），其作用是把该标识符定义为其后的常量值。一经定义，以后在程序中所有出现该标识符的地方均代之以该常量值。

常量的值在其作用域内不能改变，也不能再被赋值。如：

```
#define PRICE 20
main()
{   ...
    PRICE=25;                       /*这里试图改变符号常量 PRICE 的值*/
    ...
}
```

程序在编译时，系统会给出错误的提示信息。

3. 使用符号常量的好处

使用符号常量有以下优点：

（1）阅读程序方便。在程序设计中，如果我们直接给出常量，阅读程序的人很难一下看出各常量的含义；而使用符号常量，可以起到"见名识义"的效果，提高程序的可读性。

（2）修改程序方便。程序中可能出现多处使用同一个常量的情况，如果需要修改该常量，程序员修改程序的操作烦琐而且容易遗漏，导致程序运行结果出错。当使用符号常量时只须修改定义处即可，做到“一改全改”。

在例 2.2 中，如果牛肉单价上涨，由每千克 20 元上涨为 25 元，只须把常量定义语句修改为：

```
# define   PRICE   25
```

这样，程序中所有 PRICE 全都改为 25 了。

2.2.2 变量

每一个变量都必须有一个名字，在程序中才能对其进行操作，变量名应该是合法的 C 标识符。每个变量在内存中占有一定的存储单元，在存储单元中存放的是该变量的值。

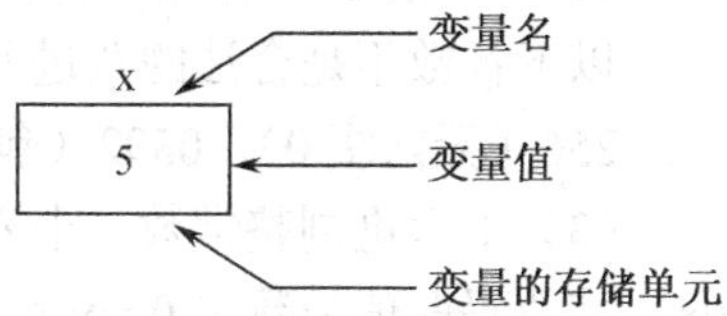

图 2.2 变量名与变量值

注意，变量名和变量值是两个不同的概念。变量名实际上是一个符号地址，即变量在内存中的存放位置。程序运行过程中从变量取值，实际上是通过变量名找到相应的内存地址，从存储单元读取数据；而对变量的赋值操作也是通过变量名找到相应的内存地址，然后将数据写入存储单元中。

不同类型的变量在内存中占据存储单元数量及存储的格式也不相同。C 语言要求对所有用到的变量进行强制性的定义，即对变量要“先定义，后使用”，这样做的目的主要体现在：

第一，保证程序中变量名的正确使用，凡是未被定义的不能用做变量名。

如有以下程序：

```
#include <stdio.h>
main( )
{
    int a=45,b=32,sum=0;
    svm=a+b;
    printf("sum=%d",sum);
}
```

程序的第 5 行错将 sum 写为 svm，在编译时，系统会报告 svm 未定义，并给出提示“undeclared identifier”。如果 C 语言中没有对变量做强制定义的要求，程序可以执行，但结果为 0，这样的错误很难被发现。

第二，变量定义时被指定为某一数据类型，在编译时就能为其分配相应的存储单元。如在 Turbo C 中，为 int 类型变量分配 2 字节的存储单元，为 float 类型分配 4 字节的存储单元。

第三，定义时指定变量的类型，便于在编译程序时检查对该变量的运算是否合法。如 int 型变量可以进行求余运算，而 float 型变量不允许进行求余运算。

2.3 整型数据

2.3.1 整型常量

整型常量就是整常数。C 语言中，整型常量可以用以下三种形式表示。

（1）十进制整常数：就是通常整数的写法，其数码为 0～9。

例如：123、−5、+256 等。

（2）八进制整常数：八进制整常数必须以数字 0 开头，即以 0 作为八进制数的前缀。数码取值为 0～7。

以下各数都是合法的八进制数：

015（十进制为 13）、0101（十进制为 65）、0177777（十进制为 65535）；

以下各数不是合法的八进制数：

256（无前缀 0）、0392（包含了非八进制数码 9）。

（3）十六进制整常数：十六进制整常数必须以数字 0 和字母 X（或 x）开头，即 0X 或 0x，其数码取值为数字 0～9 和字母 A～F（或 a～f）。

以下各数是合法的十六进制整常数：

0X2A（十进制为 42）、0XA0（十进制为 160）、0XFFFF（十进制为 65535）；

以下各数不是合法的十六进制整常数：

5A（无前缀 0X）、0X3H（含有非十六进制数码）。

注意：在程序中是根据前缀来区分各种进制数的，因此在书写常数时不要混淆前缀，否则会造成结果不正确。

2.3.2 整型变量

1. 整型数据在内存中的存放形式

计算机内部数据是以二进制的形式存放在内存中的。例如定义了一个整型变量 i，并给变量赋初值 12。

```
int i;
i=12;
```

在 Turbo C 编译系统中，每个整型变量在内存中占两个字节，其中最高位为符号位，整数符号位为 0，负数符号位为 1。

十进制数 12 的二进制形式为 1100，在内存中实际存放的情况如下：

0	0	0	0	0	0	0	0	0	0	0	0	1	1	0	0

实际上，在计算机中，为了方便计算，整数值是以补码表示的。一个正整数的补码就是其二进制表示形式，而负整数补码的求解方法是：将该数的绝对值的二进制形式按位取反后再加 1。

例如，求−12 的补码：

（1）−12 的绝对值为 12。

（2）12 的二进制形式为：

0	0	0	0	0	0	0	0	0	0	0	0	1	1	0	0

（3）按位取反：

1	1	1	1	1	1	1	1	1	1	1	1	0	0	1	1

（4）再加 1，结果为：

1	1	1	1	1	1	1	1	1	1	1	1	0	1	0	0

可以看出，左面的第一位就是符号位。

2. 整型变量的分类

整型的类型符是 int，C 语言提供以下 4 种整数类型。

（1）基本型：以 int 表示。

（2）短整型：以 short int 或 short 表示。

（3）长整型：以 long int 或 long 表示。

（4）无符号型：存储单元中所有二进制位都用来表示数值，没有符号位。

无符号型又可与上述三种类型匹配而构成：

① 无符号整型，以 unsigned int 或 unsigned 表示。

② 无符号短整型，以 unsigned short 表示。

③ 无符号长整型，以 unsigned long 表示。

如果不指定为无符号型，则默认为有符号型（signed）。无符号型变量只能存放不带符号的整数，而不能存放负整数。

表 2.1 列出了 Turbo C 中各类整型量在内存中所占的字节数及数的表示范围。

表 2.1　整型类型符

类型说明符	数值范围		占用字节数
int	−32768~32767	即 -2^{15} ~（$2^{15}-1$）	2
unsigned	0~65535	即 0 ~（$2^{16}-1$）	2
short	−32768~32767	即 -2^{15} ~（$2^{15}-1$）	2
unsigned short	0~65535	即 0 ~（$2^{16}-1$）	2
long	−2147483648~2147483647	即 -2^{31} ~（$2^{31}-1$）	4
unsigned long	0~4294967295	即 0 ~（$2^{32}-1$）	4

下面以整数 12 为例，我们来看看 12 被定义为不同的类型在内存中的存放形式。

int 型：

00	00	00	00	00	00	11	00

short int 型：

00	00	00	00	00	00	11	00

long int 型：

00	00	00	00	00	00	00	00	00	00	00	00	00	00	11	00

unsigned int 型：

00	00	00	00	00	00	11	00

unsigned short int 型：

00	00	00	00	00	00	11	00

unsigned long int 型：

00	00	00	00	00	00	00	00	00	00	00	00	00	00	11	00

3．整型变量的定义及初始化

C 语言程序中有多种方法为变量提供初值，在定义变量的同时给变量赋初值的方法称为初始化。

变量定义及初始化的一般形式：

类型说明符　变量 1[=值 1]，变量 2[=值 2]，……；

例如：

```
int    a, b, c;              /*  定义 a,b,c 为整型变量*/
long   x=15 ;                /*  定义 x 为长整型变量，且赋初值 15 */
unsigned   p=3, q;           / *p,q 为无符号整型变量，为 p 赋初值 3 */
```

变量定义时，需要注意以下几点：

（1）允许在一个类型说明符后，定义多个相同类型的变量。类型说明符与变量名之间至少用一个空格间隔，各变量名之间用逗号间隔。

（2）最后一个变量名之后必须以“；”号结尾。

（3）变量定义必须放在变量使用之前，一般放在函数体的开头部分。

【例 2. 3】　整型变量的定义与使用。

```
#include <stdio.h>
main( )
{
    int a=12,b= -24,c,d,u=10;                    /*定义 a,b,c,d,u 为整型变量*/
    c=a+u;
    d=b+u;
    printf("a+u=%d, b+u=%d\n",c,d);           /*输出语句*/
}
```

运行程序，结果为：

```
a+u=22, b+u=-14
```

4．整型数据的溢出

当数据超出所定义的数据类型范围时，就会产生溢出。我们先看下例。

【例 2. 4】　整型数据的溢出。

```
main()
{
    int a,b;
    a=30000;
```

```
        b=a+20000;
        printf("a=%d,b=%d\n",a,b);
    }
```

在 Turbo C 中运行程序，结果为：

```
    a=30000,b=-15536
```

读者一定会认为变量 b 的值应该是 50000，怎么会是-15536 呢？这是因为整型数据表示的数值范围最大是 32767，变量 b 的值已经超出了该范围，产生溢出，得不到正确结果。

【例 2.5】 无符号整型数据的溢出。

```
    main()
    {
        int a,b;
        a=65535;
        b=a+100;
        printf("a=%u,b=%u\n",a,b);
    }
```

在 Turbo C 中运行程序，结果为：

```
    a=65535,b=99
```

请读者自己分析出现这种结果的原因。

程序中如何避免整数的溢出？应该根据具体情况将整数相应地表示为长整型、无符号型或无符号长整型。

需要说明的是，例 2.4 和例 2.5 如果在 VC 环境下运行是不会产生溢出的。因为在 C++中，没有规定为每种整型变量分配的内存空间，每种整数类型的取值范围都取决于编译器。

5. 整型常数的后缀

对于在基本整型表示范围内的常量，要说明其是长整型数，可以用字母“L”或“l”作为后缀来表示。

例如：158L、358000L、012L、0X15L 等。

长整数 158L 和基本整常数 158 在数值上并无区别。但对 158L，因为是长整型量，Turbo C 编译系统将为它分配 4 字节的存储空间。而对 158，因为是基本整型，仅分配 2 字节的存储空间。要注意两者之间的区别。

同样，无符号数也可用后缀表示，整型常数的无符号数的后缀为字母“U”或“u”。

例如：358u、0x38Au、235Lu 均为无符号数。

前缀、后缀可同时使用以表示各种类型的数，如 0XA5Lu 表示十六进制无符号长整型数。

实训 2　使用整型数据

1. 实训目的

掌握整型数据，选择合适的整型变量存放数据。

2. 实训内容

（1）编写程序，求圆的面积。

```
#include <stdio.h>
#define PI 3.14159                    /* 定义符号常量 PI*/
main()
{
    float s;
    int r=2;
    s=PI*r*r;
    printf("s=%f\n",s);
}
```

运行程序，输出结果为：

```
s=12.566360
```

在实际应用中，应根据需要选择适当的数据类型，以保证程序的正确。

（2）某校二年级共有五个班级，人数分别为 41、39、37、40、42。求二年级的总人数。

```
#include <stdio.h>
main()
{
    unsigned a,b,c,d,e,sum;
    a=41;b=39;c=37;d=40;e=42;
    sum=a+b+c+d+e;
    printf("总人数=%u",sum);
}
```

程序中将班级人数用 a,b,c,d,e 五个变量来存放，sum 用来存放年级的总人数，由于人数不可能为负数，所以把上述变量均定义为无符号整型。

（3）某校发动学生义务植树，预计植树 50 000 株。由于天气原因，实际植树 35 126 珠，求实际植树株数和预计植树株数的差值。

```
#include <stdio.h>
main()
{
    long y,s,c;                  /*y 为预计植树株数，s 为实际植树株数，c 为差值*/
    y=50000;s=35126;
    c= y-s;
    printf("差值=%ld",c);
}
```

程序中把预计植树数、实际植树数和差值都定义为长整型，因为这些数值超出了基本整型的表示范围。

3. 实训思考

在实际应用中，选择合适的数据类型是必要的，为什么？

2.4 实型数据

2.4.1 实型常量的表示方法

实型也称为浮点型，实型常量也称为实数或者浮点数。在C语言中，实数只使用十进制表示，它有两种形式：一般的小数形式和指数形式。

（1）一般的小数形式：由数码0～9和小数点组成。

例如：0.0、25.0、5.789、0.13、300.、−267.8230等均为合法的实型常量。

注意，实型常量中必须含有小数点。

（2）指数形式：由十进制数，加阶码标志小写字母“e”或大写字母“E”以及阶码（只能为整数，可以带符号）组成。

例如：2.1E5（等于2.1×10^5）、3.7E−2（等于3.7×10^{-2}）、−2.8E−2（等于-2.8×10^{-2}）均为合法的实型常量。

以下不是合法的实型常量：

345（无小数点）

E7（阶码标志E之前无数字）

53.−E3（负号的位置不对）

2.7E（无阶码）

在Turbo C中，实型常数不分单、双精度，都按双精度（double）型处理。但可以添加后缀“f”或“F”，即表示该数为单精度浮点数。如128f和128.0是等价的。

【例2.6】 实型常量举例。

```
main()
{
    printf("%f\n ",128.);
    printf("%f\n ",128);
    printf("%f\n ",128f);
}
```

在Turbo C中运行程序，结果为：

```
128.000000
0.000000
128.000000
```

由于第二行语句中128不是一个实型常量，所以其输出为0.000000。

2.4.2 实型变量

1. 实型数据在内存中的存放形式

在Turbo C中实型数据占4字节（32位）的内存空间，按指数形式存储。

例如，实数3.14159在内存中的存放形式如下：

+	.314159	+	1
数符	小数部分	指符	指数

说明：小数部分占的位（bit）数越多，数的有效数字就越多，精度越高。指数部分占的位数越多，则能表示的数值范围就越大。

2. 实型变量的分类

在 Turbo C 中实型变量分为三种：单精度型（float）、双精度型（double）和长双精度型（long double）。在实际应用中，长双精度型用得比较少。

各种实数类型在内存中所占的字节数及数的表示范围如表 2.2 所示。

表 2.2 实数类型符

类型说明符	所占的字节数	有效数字	数值范围
float	4	6~7	−3.4E38~−3.4E−38、0、3.4E−38~3.4E38
double	8	15~16	−1.7E308~−1.7E−308、0、1.7E−308~1.7E308
long double	16	18~19	−1.2E4932~−1.2E−4932、0、1.2E−4932~1.2E4932

3. 实型变量的定义及初始化

实型变量的定义及初始化形式与整型变量类似。

例如：

```
double a,b,c;              /*  定义 a,b,c 为双精度实型变量*/
float x=1.2 , y=3.5 ;      /*定义 x 为单精度实型变量，且初值为 1.2 */
                           /*定义 y 为单精度实型变量，初值为 3.5*/
```

4. 实型数据的舍入误差

由于实型变量是由有限的存储单元组成的，因此能提供的有效数字也是有限的。我们先看一个例子。

【例 2.7】 实型数据的舍入误差。

```
#include<stdio.h>
main()
{
    float a=1.234567E10, b ;
    b=a+20;
    printf("a=%f\n", a);
    printf("b=%f\n", b);
}
```

运行程序，输出结果为：

```
a=12345669632.000000
b=12345669632.000000
```

对于上述结果读者可能要质疑，变量 b 比变量 a 要大 20，怎么显示结果都是 12345669632.000000 呢？这是因为变量 a 是浮点数，尾数只能保留 6～7 位有效数字，变量 b 所加 20 被舍弃。因此在进行计算时，要避免一个大数和一个小数直接相加/减。

注意：如果实型数据（float）的运算超出了所表示的最大范围，也会产生溢出，这时可以把数据定义为 double 类型或者 long double 类型。

实训 3　使用实型数据

1．实训目的

正确书写实型常量，选择合适的实型变量存放数据。

2．实训内容

（1）已知三角形的底为 2.8cm,高为 4.3cm，求三角形的面积。

程序如下：

```
#include<stdio.h>
main()
{
    float   d=2.8, h=4.3, s;
    s=d*h/2;
    printf("s=%f",s);
}
```

运行程序，输出结果为：

s=6.020000

（2）编写程序将摄氏温度 27.5 度转换为华氏温度显示。

转换公式为：$c=\frac{5}{9}(f-32)$

```
#include<stdio.h>
main()
{
    float f=27.5,c;
    c=5.0/9*(f-32);
    printf("c=%f",c);
}
```

运行程序，输出结果为：

```
c=-2.500000
```

2.5　字符型数据

2.5.1　字符常量

字符常量是用一对单引号括起来的一个字符。例如'a'、'B'、'='、'+'、'? '都是字符常量。在 C 语言中，字符常量有以下特点：

第一，字符常量只能用单引号括起来，不能用双引号或其他符号括起来。

第二，字符常量只能是单个字符，不能是多个字符。

第三，字符可以是字符集中的任意字符。

字符集是一套允许使用的字符的集合，在中小型计算机和微型机上广泛采用的是 ASCII 字符集。常用字符与 ASCII 码对照表见附录 A。但是数字被定义为字符型时，其含义就发生了变化。如'5'和 5 是不同的。

转义字符是一种特殊的字符常量，以反斜线“\”开头，后跟一个或若干个字符。转义字符与字符原有的意义不同，具有特定的含义，故称“转义”字符。例如，在例 2.7 中，有语句 printf（"a=%f\n", a）;其中“\n”就是一个转义字符，表示“回车换行”。

转义字符主要用来表示键盘上的控制代码或特殊符号，常用的转义字符见表 2.3。

表 2.3　常用的转义字符及其含义

转义字符	转义字符的意义	ASCII 码
\n	回车换行	10
\t	横向跳到下一制表位置（Tab）	9
\b	退格（Backspace）	8
\r	回车（不换行）	13
\f	走纸换页	12
\\	反斜线符（\）	92
\'	单引号符	39
\"	双引号符	34
\a	鸣铃	7
\ddd	1～3 位八进制数所代表的字符	
\xhh	1～2 位十六进制数所代表的字符	

广义地讲，C 语言字符集中的任何一个字符均可用转义字符来表示，表 2.3 中的\ddd 和\xhh 正是为此而提出的。ddd 和 hh 分别为八进制和十六进制的 ASCII 码。如\101 或\x41 表示大写字母“A”，\141 或\x61 表示小写字母“a”，\134 表示反斜线，\x0A 表示换行等。

【例 2. 8】　转义字符的使用。

```
#include <stdio.h>
main()
{
        printf("\"China\"\n");
        printf("An\tHui\n");
}
```

运行程序，输出结果为：

```
" China "
An          Hui
```

2.5.2 字符变量

字符变量用来存储字符数据，即存储单个字符。

字符变量的类型说明符是 char。字符变量的类型定义及初始化格式与整型变量相同。例如：

```
char ch1= 'x';              /*定义 ch1 为字符型变量，且初值为'x'*/
char ch2= 'y';              /*定义 ch2 为字符型变量，且初值为'y' */
unsigned char ch3;          /*定义 ch3 为无符号的字符型变量*/
```

在 C 语言中，每个字符变量被分配一个字节的内存空间，因此一个字符变量只能存放一个字符。字符变量是以 ASCII 码值的形式存储的。char 型数据的取值范围为-128～127，unsigned char 型数据的取值范围为 0～255，ASCII 码值为 0～127。

例如，小写字母 x 的 ASCII 码值是 120，小写字母 y 的 ASCII 码值是 121，那么上述定义的字符变量 ch1 和 ch2 在内存中的存储情况如下。

变量 ch1：

0	1	1	1	1	0	0	0

变量 ch2：

0	1	1	1	1	0	0	1

【例 2.9】 给字符变量赋整数值。

```
#include <stdio.h>
main( )
{
    char ch1, ch2;
    ch1=120;
    ch2=121;
    printf("%c, %c\n", ch1, ch2);
    printf("%d, %d\n", ch1, ch2);
}
```

运行程序，输出结果为：

```
x, y
120, 121
```

本例中 ch1、ch2 均为字符型变量，为什么可以赋给整型数值，而且又能以整数形式输出呢？

在 C 语言中，字符变量在内存中存储的是其对应的 ASCII 码值，字符型和整型密切相关，可以把字符型看做是一种特殊的整型。因此 C 语言允许对字符变量赋以整型值，允许把字符变量按整型输出；同样也允许对整型变量赋以字符型值，把整型变量按字符型输出。

从上述程序运行结果看，变量 ch1、ch2 的输出形式取决于 printf 函数格式串中的格式符，当格式符为“%c”时，对应输出的变量值为字符；当格式符为“%d”时，对应输出的变量值为整数。

需要说明的是整型变量为双字节，字符变量为单字节，当整型变量按字符型处理时，只有低八位字节参与处理。

【例 2.10】 将小写字母转换为大写字母并输出。

```
#include <stdio.h>
main( )
{
    char ch1, ch2;
    ch1='a';
    ch2='b';
    ch1=ch1-32;
    ch2=ch2-32;
    printf("%c, %c\n%d, %d\n",ch1,ch2,ch1,ch2);
}
```

运行程序，输出结果为：

```
A, B
65, 66
```

本例中，变量 ch1、ch2 被定义为字符型变量并赋予字符值，C 语言允许字符变量参与数值运算，即允许字符变量用其 ASCII 码值参与运算。由于大写字母和小写字母的 ASCII 码值相差 32，因此运算后把小写字母换成大写字母，然后分别以整型和字符型输出。

【例 2.11】 有以下程序：

```
#include <stdio.h>
main( )
{
    char a='\256';
    int b;
    b=a;
    printf("b=%d", b);
}
```

运行程序，输出结果为：

```
b= -82
```

程序中字符型变量 a 被赋值为转义字符'\256'，其十进制的 ASCII 码值为 174，那么把字符变量 a 的值赋给整型变量 b 后，b 的值为什么不是 174，而是−82 呢？这是因为把字符型变量按整型变量处理时，需要把字符的 ASCII 码值由一个字节扩展为两个字节。如字符'\256'的扩展情况如下。

一个字节：

1	0	1	0	1	1	1	0

扩展为两个字节：

1	1	1	1	1	1	1	1	1	0	1	0	1	1	1	0

这种扩展称为带符号位的扩展，即用字符 ASCII 码值的最高位填充扩展字节（高 8 位）。

如果把字符变量定义为 unsigned char 类型，将该字符变量赋给整型变量时，整型变量的高 8 位全部填入 0，即数值不变。请看下例。

【例 2.12】 将定义为 unsigned char 类型的字符变量赋给整型变量。

```
#include <stdio.h>
main( )
{
    unsigned char a='\256';
    int b;
    b=a;
    printf("b=%d", b);
}
```

程序运行的结果为：

```
b=174
```

2.5.3 字符串常量

字符串常量是由一对双引号括起的字符序列。例如，“CHINA”、“C program”、“$12.5”等都是字符串常量。

字符串常量和字符常量不同，二者具有以下区别：

（1）字符常量是由单引号括起来的字符，而字符串常量是由双引号括起来的字符。

（2）字符常量只能是 1 个字符，而字符串常量可以是多个字符。

（3）可以把一个字符常量赋予一个字符变量，但不能把一个字符串常量赋予一个字符变量。在C语言中没有专门的字符串变量，可以用一个字符型数组来存放一个字符串，本书在第 4 章数组中将详细介绍。

（4）字符常量占 1 字节的内存空间，而字符串常量所占内存的字节数等于其字符的个数加 1。C 语言规定，在字符串的结尾加一个字符串结束的标志'\0'（ASCII 码值为 0），以便系统据此判断字符串是否结束。

例如，字符串“CHINA”的字符长度为 5，在内存中占 6 字节：

C	H	I	N	A	\0

再比如，字符常量'a'和字符串常量“a”虽然都只有一个字符，但它们在内存中的存储情况是不同的。

'a'在内存中占 1 字节，可表示为：

a

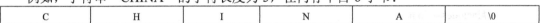

"a"在内存中占 2 字节，可表示为：

A	\0

注意：两个连续的双引号""也是一个字符串，我们称其为“空字符串”。空字符串在内存中也要占一个字节的存储空间来存放'\0'。

实训 4　使用字符型数据

1．实训目的

熟练使用字符型数据。

2．实训内容

（1）将小写字母 j 转换为大写字母输出。

```
#include<stdio.h>
main( )
{
    char ch='j';
    ch=ch-'a'+'A';
    printf("%c\n",ch);
}
```

由于大、小写字母的 ASCII 码值是连续，所以字母 j 和 J 的差值与字母 a 和 A 的差值是相等的。程序中语句：ch=ch-'a'+'A';实现了小写字母转换为大写字母的作用。

请考虑，如果用语句 ch=ch-32; 替换语句 ch=ch-'a'+'A'; 能否实现程序功能。

（2）按以下格式输出某个学生的成绩。

数学　　　　　英语

80.500000　　　90.000000

```
#include<stdio.h>
main( )
{
    float math=80.5, english=90;
    printf("数学\t\t 英语\n");
    printf("%f\t%f\n", math, english);
}
```

程序使用了转义字符\t 和\n，请读者分析转义字符的作用。

（3）有如下程序：

```
#include<stdio.h>
main( )
{
    char ch1='a',ch2='b',ch3='c';
    char ch4='\101',ch5='\102',ch6='\103';
    printf("a%cb%c\tc%c\tabc\n",ch1,ch2,ch3);
    printf("\t%c%c\b%c\n",ch4,ch5,ch6);
}
```

请上机运行程序，并分析产生结果的原因。

3．实训思考

在 C 语言中，字符型数据和整型数据可以相互通用吗？

2.6　算术运算符和算术表达式

计算机通过各种运算完成对数据的处理，例如对数据可以进行加、减、乘、除等算术运算，也可以进行关系运算、逻辑运算、位运算等。

用来表示各种运算的符号称为运算符，用运算符把各种运算对象（常量、变量、函数等）连接起来的、符合 C 语言语法规则的式子称为表达式。只有一个运算对象的运算符称为单目运算符，有两个运算对象的运算符称为双目运算符，有三个运算对象的运算符称为三目运算符。

当一个表达式中出现多个运算符时，就要考虑哪个运算符先运算，哪个运算符后运算，这就是运算符的优先级问题。优先级相同的运算符还有运算方向的规定，即结合性。自左向右进行运算的结合方向就为左结合性；而自右向左进行运算的结合方向为右结合性。因此在表达式中，各运算对象参与运算的先后顺序不仅要遵守运算符优先级的规定，还要受到运算符结合性的制约。

C 语言具有丰富的运算符和表达式，本章只介绍算术运算符、赋值运算符、逗号运算符和位运算符，其他运算符将在后续章节中介绍。

1．算术运算符

C 语言的算术运算符有 5 种：

+、−、*、/、%

它们分别是加法运算符、减法运算符、乘法运算符、除法运算符和求余（或取模）运算符。这些都是我们熟悉的运算，运算规则和数学中的基本一致。

以下有几点说明。

（1）“−”减法运算符：既是双目运算符又是单目运算符，用做单目运算符时，进行取负值运算，如，−5，−x 等。

（2）“/”除法运算符：当运算对象都是整型数据时，结果也为整型，舍去小数部分。如果运算对象中有一个是实型数据，则结果为实型。

（3）“%”求余运算符：要求运算对象必须为整型数据，结果是整除后的余数。如 a%b，结果为两数相除后的余数，结果的符号与 a 相同。

【例 2.13】 运行以下程序：

```
#include<stdio.h>
main( )
{
     printf("%d,%d\n",20/7,-20/7);
     printf("%f,%f\n",20.0/7,-20.0/7);
     }
```

输出结果为：

```
2,-2
2.857143,-2.857143
```

例中 20/7 和−20/7 的运算结果均为整型，而 20.0/7 和−20.0/7 由于有实数参与运算，因此结果为实型。

【例 2.14】 求余运算符应用举例。

```
#include<stdio.h>
main( )
{
```

```
    printf("%d\n",100%3);
    printf("%d,%d\n",(-5)%3,5%3);
    printf("%d,%d\n",(-5)%(-3),5%(-3));
}
```

程序运行的结果为：

```
1
-2, 2
-2, 2
```

对于这个结果很多读者会产生困惑，为什么 5%3 和 5%(-3)的结果都为 2？这是因为 C 语言规定，求余运算结果的符号和被除数的符号相同。

2．算术表达式

用算术运算符和括号将运算对象连接起来的、符合 C 语法规则的式子称为算术表达式。单个的常量、变量、函数可以看做是表达式的特例。表达式求值按运算符的优先级和结合性规定的顺序进行。

以下是算术表达式的例子：

a+b、(a*2) / c、(x+r)*8-(a+b) / 7、sin(x)+sin(y)等。

五种算术运算符中，单目运算符“−”优先级最高，其次是乘、除运算符“*”、“/”、“%”，最后是加、减运算符“+”、“−”。算术运算符的结合性是自左向右，即先左后右。

3．自加、自减运算符

自加运算符：+ +

自减运算符：− −

作用是使变量的值自加 1 或自减 1。自加、自减运算符均为单目运算符，具有右结合性，其优先级高于算术运算符。

例如：+ +i 与 i++都可以使变量 i 的值加 1，相当于 i=i+1，但是二者有不同之处。

如果初值 i=1，计算表达式+ +i 的值为 2，此时 i 的值也为 2；如果初值 i=1，计算表达式 i++的值为 1，此时 i 的值为 2。

+ +i 与 i++、− −i 与 i− −的区别如下。

● ++i、− −i：变量 i 自加（减）1 后，再参与其他运算，即先改值后用。

● i++、i − −：变量 i 先参与其他运算，后 i 值自加（减）1，即先用后改值。

特别是当自加、自减运算符出现在比较复杂的表达式或语句中时，常常难以弄清，因此读者应仔细分析。

【例 2.15】 自加自减运算符应用举例。

```
#include<stdio.h>
main( )
{
    int x=8,y=8 , i=8;
    x++;
    ++y;
```

```
        printf("%d,%d\n",x,y );
        printf("%d\n",++i);
        printf("%d\n",--i);
        printf("%d\n",i++);
        printf("%d\n",i--);
    }
```

程序运行的结果为：

```
9,9
9
8
8
9
```

对于自加自减运算符，需要注意以下几点：

（1）自加、自减运算符只能用于变量，不能用于常量和表达式。比如，表达式 5++、−−（x+9）都是非法的。

（2）自加、自减运算符具有右结合性，即结合方向从右向左。如，−a++等价于−a(++)。

（3）尽量不要在一个表达式中对同一个变量进行多次自加或自减运算。例如，表达式(a++)+(++a)+(a++)。这种表达式不仅可读性差，而且不同的编译系统对此类表达式的处理方式也不同，因而得到的结果也各不相同。

2.7 赋值运算符和赋值表达式

1. 赋值运算符

赋值运算符：“=”

由赋值运算符连接的式子称为赋值表达式。表达式的一般形式为：

变量=表达式

其作用是先计算表达式的值，再将值赋给左侧的变量。

例如：x=a+b、w=sin(a)+sin(b)、y=i++等都是赋值表达式。

赋值运算符具有右结合性，其优先级与算术运算符相同。整个赋值表达式的值就是赋给变量的值。

如赋值表达式：a=b=c=3

该表达式的值为 3，a=b=c=3 可理解为 a=(b=(c=3))。

再举一个例子：x=(a=5)+(b=8)

该表达式的值为 13，其含义是把 5 赋给变量 a，8 赋给变量 b，再把变量 a 和 b 相加，其和赋给变量 x，所以 x 的值应等于 13。

2. 类型转换

在给变量赋值时，要尽量做到赋值运算符两侧的数据类型一致，如果不一致，赋值运算时系统将自动进行类型转换，即把赋值运算符右侧表达式的值转换为与左侧变量相同的类型。

在 C 语言的赋值表达式中，具体规定如下。

（1）将实型数据赋给整型变量时，舍去实数的小数部分。

例如：i 为整型变量，执行赋值运算“i=3.14”后，变量 i 的值为 3。

（2）将整型数据赋给实型变量时，数值不变，以浮点形式存放，即增加小数部分（小数部分的值为 0）。

（3）将字符型数据赋给整型变量时，由于字符型为一个字节，而整型为两个字节，所以将字符的 ASCII 码值放到整型变量的低八位中。对于无符号整型变量，其高八位补 0；对于有符号整型变量，其高八位补字符的最高位（0 或 1）。

（4）将整型数据赋给字符型变量时，只把其低八位赋给字符变量。

【例 2.16】 赋值运算类型转换举例。

```
#include<stdio.h>
main( )
{
    int a, b=322, c;
    float x, y=8.88;
    char ch1='k', ch2;
    a=y;
    x=b;
    c=ch1;
    ch2=b;
    printf("%d, %f, %d, %c\n", a, x, c, ch2);
}
```

程序运行结果如下：

```
8，322.000000，107，B
```

例中，a 为整型变量，将实型变量 y 的值 8.88 取整后赋给 a，结果为 8。x 为实型变量，将整型量 b 的值 322 转换为实型后赋给 x，结果为 322.000000。将字符变量 ch1 的 ASCII 码值 107 赋给整型变量 c。整型变量 b 的值为 322（对应的二进制为 0000000101000010），取其低八位赋给字符变量 ch2，即 01000010（十进制为 66），对应于字符 B 的 ASCII 码值。

3. 复合的赋值运算符

在赋值运算符“=”之前加上其他双目运算符，即可构成复合赋值运算符。如+=、-=、*=、/=、%=。

构成复合赋值表达式的一般形式为：

变量 双目运算符=表达式

它等效于：**变量=变量 运算符 表达式**

例如：

a+=5	等价于 a = a+5
x*=y+7	等价于 x = x*(y+7)
r%=p	等价于 r = r %p

C 语言规定的复合赋值运算符除了上述五种外，还有以下五种：

<<=、>>=、&=、^= 、|=。

这五种是与位运算有关的，将在 2.9 节中介绍。

复合赋值运算符的优先级和赋值运算符相同，结合性也是从右到左。这种写法对初学者来说可能不习惯，但能够简化书写程序，提高编译效率。

【例 2. 17】 复合赋值运算符举例。

```
#include<stdio.h>
main( )
{
    int x=3,y=5;
    x*=x+y;
    printf("x=%d\n", x);
}
```

运行程序，结果输出：

```
x=24
```

4．各种类型数据之间的混合运算

在程序中，常常会出现不同类型数据之间的混合运算，C 语言是如何处理的呢？

我们先看一个例子。

【例 2. 18】 运行下面的程序：

```
#include<stdio.h>
main( )
{
float pi=3.14159;
    int s, r =5;
    s=r*r*pi;
    printf("s=%d\n", s);
}
```

结果输出：

```
s=78
```

例中，变量 pi 为实型，变量 s 和 r 为整型。执行语句“s=r*r*pi”时，先对变量的数据类型进行转换，使类型一致，然后再进行运算。

C 语言规定：基本类型数据可以混合运算。在运算时，不同类型的数据要先转换成同一类型，然后才能运算。转换的方法有两种，一种是自动转换，另一种是强制转换（人工转换）。自动转换发生在不同类型数据混合运算时，由编译系统自动完成。自动转换遵循以下规则：

（1）若参与运算的数据类型不同，则先转换成同一类型，然后进行运算。

（2）转换按数据长度增加的方向进行，以保证精度不降低。如 int 型和 long 型运算时，先把 int 型转成 long 型后再进行运算。

（3）所有的实数运算都是以双精度型进行的，即使仅含 float 单精度量运算的表达式，也要先转换成 double 型，再进行运算，结果为 double 型。

（4）char 型和 short 型参与运算时，必须先转换成 int 型。

（5）在赋值运算中，赋值号两侧的数据类型不同时，赋值号右侧的类型将转换为左侧的类型。如果右侧的数据类型长度比左侧的数据类型长度长，则将丢失一部分数据，这样会降低精度，丢失的部分按四舍五入向前舍入。

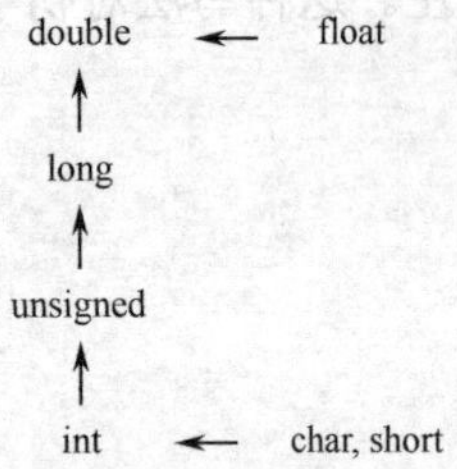

图 2.3　数据类型自动转换规则

图 2.3 表示了类型自动转换的规则。

【例 2. 19】　数据混合运算举例。

```
#include<stdio.h>
main( )
{
    float x=3.0, y;
    int i =2;
    char c='A';
    y=2.0+i*c+x;
    printf("y=%f\n", y);
}
```

运行程序，结果为：

```
y=135.000000
```

5．强制类型转换运算符

强制类型转换运算符的一般形式为：

（类型说明符）（表达式）

其功能是把表达式的运算结果强制转换成类型说明符所表示的类型。

例如：

(float) a　　　　将变量 a 强制转换为实型

(int)(x+y)　　　将 x+y 的结果强制转换为整型

【例 2. 20】　强制类型转换运算符应用举例。

```
#include<stdio.h>
main( )
{
    float a=12.8357;
    a=(int)(a*100+0.5)/100.0;
    printf("a=%.2f\n", a);
}
```

运行程序，结果为：

```
a=12.84
```

语句“a=(int)(a*100+0.5)/100.0;”中用到了强制类型转换和自动转换，其中(int)(a*100+0.5)运算的结果为 1284，是整型，除 100.0 运算时自动转换为实型 1284.0，所以结果为 12.84。该语句的作用是保留小数点后两位有效数字，并四舍五入。

在使用强制类型转换运算符时，应注意以下几个问题：

（1）强制类型转换运算符和表达式都必须加括号（单个变量可以不加括号）。

例如：把(int)(x+y)写成(int)x+y，则意义就大不相同了。前者是把 x+y 的结果转换为整型，后者是把 x 转换成整型之后再与 y 相加。

（2）无论是强制转换或是自动转换，都只是为了本次运算的需要而对变量的数据长度进行的临时性转换，并不改变变量原先的类型。

【例 2.21】 执行以下程序：

```
#include<stdio.h>
main( )
{
      float f=5.75;
      printf( " (int)f=%d, f=%f\n",(int)f, f);
}
```

结果输出：

```
(int)f=5, f=5.750000
```

本例中实型变量 f 虽然被强制转换为 int 型，但只在运算中起作用，是临时的，而变量 f 的实型类型并不改变。因此，(int)f 的值为 5，而 f 的值仍为 5.75。

（3）无论是强制转换还是自动转换，如果超出了类型的表示范围，将出现溢出错误或不可预料的结果。如在 TC 环境中运行以下程序：

```
main( )
{
int a;
float b=123456;
a=b;
printf("a=%d",a);
}
```

结果输出：

```
a= -7616
```

请读者分析产生上述结果的原因。

2.8 关系运算符和关系表达式

C 语言中一般用关系表达式或逻辑表达式来表示条件。把两个量进行比较的运算符称为**关系运算符**。“比较”，即是判定两个数据是否符合某种关系。

例如：

“x > 3”中的“>”是一个大于关系运算。

“y < x”中的“<”是一个小于关系运算。

1. 关系运算符

（1）C 语言提供 6 种关系运算符。

<， <=， >， >=， ==， !=

分别读作 ：小于，小于等于，大于，大于等于，等于，不等于。

注意：在 C 语言中，“等于”关系运算符是两个等号“==”，而不是一个等号“= ”（“= ”是赋值运算符）。

（2）优先级（运算次序）。

系统规定： <， <=，>，>= 优先级为 6；==， != 优先级为 7。

而算术运算符优先级为 3 (*,/,%) 或 4 (+,-)，赋值运算符优先级为 14，显然关系运算符的优先级低于算术运算符，高于赋值运算符。

2．关系表达式

用关系运算符将两个表达式连接起来，进行关系运算的式子就是**关系表达式**。

例如：

```
x > y ，  'x' +1 >= 'z'，  (a>b) !=(b>c)
```

关系表达式的值显然应该是逻辑值（非“真”即“假”）。我们用整数“ 1 ”表示“逻辑真”，用整数“ 0 ”表示“逻辑假”（注意，C 语言是没有逻辑型数据的）。

【例 2.22】 设 x1=1，x2=2，x3=3 则：

（1）x1>x2 的值为 0。

（2）(x1>x2)!=x3 的值为 1。

（3）x1<x2<x3 的值为 1。

【例 2.23】 设 x1=1，x2=2，x3=3 ，表达式 (x1<x2)+x3 是关系表达式吗？它的值是多少呢？为什么？

解：其值为 4，因为 C 语言用整数“1”表示“逻辑真”，用整数“0”表示“逻辑假”。所以，关系表达式的值，还可以参与其他类型的运算，例如算术运算、逻辑运算等。要认真体会关系表达式值的概念及其使用方法。

2.9 逻辑运算符和逻辑表达式

关系表达式描述的是单个条件，如“x>=1”。如果需要描述“x>=1” 的同时，还要满足“x<10”的条件，用单个条件就无法表示了，这时需要用逻辑表达式。

1．逻辑运算符

（1）C 语言提供三种逻辑运算符。

① && 逻辑与

② || 逻辑或

③ ! 逻辑非

下面的表达式都是逻辑表达式：

```
(x>=1) && (x<2) ，!(x<1) ，x||y
```

（2）运算规则。

① && 是二元运算符，当且仅当两个运算量的值都为“真”时，运算结果为“真”，否则为“假”。 等价于日常用语“同时”的意思。

② || 是二元运算符，当且仅当两个运算量的值都为“假”时，运算结果为“假”，否则

为“真”。 等价于日常用语“或者”的意思。

③！是一元运算符，当运算量的值为“真”时，运算结果为“假”；当运算量的值为“假”时，运算结果为“真”。 等价于日常用语 “否定”的意思。

例如，设 x=5，则：

① (x>=1) && (x<2)的值为“假”。

② !(x<1) 的值为“真”。

③ x||(!x）的值恒为“真”。

（3）优先级。

逻辑非的优先级为 2，逻辑与的优先级为 11，逻辑或的优先级为 12。常用运算符的优先级由高到低的顺序为：

！→ 算术运算 → 关系运算 → &&→ || → 赋值运算

2. 逻辑表达式

逻辑表达式的准确定义是：用逻辑运算符将关系表达式或逻辑量连接起来的式子。但是 C 语言把它扩展了：用逻辑运算符将若干个表达式（C 的任何表达式）连接起来，进行逻辑运算的式子，称为逻辑表达式。一般逻辑表达式用于描述多个条件的组合。

例如，需要说明 “x>=1” 同时又要满足 “x<10”的情况，可以用如下的逻辑表达式描述：

```
(x>=1) && (x<10)
```

说明：

（1）数学式子：“1<= x< 2”，在 C 语言中是不合法的。

（2）逻辑表达式的值是一个逻辑值（非“真”即“假”），用整数“1”表示“真”、用“0”表示“假”。

（3）因为 C 语言逻辑表达式的概念与通常意义上的不完全一致，所以对非逻辑量也可以进行逻辑运算。 判断一个数据的“真”或“假”时，都以 0 和非 0 为依据：如果为 0，判定为“假”；如果为非 0，判定为“真”。

例如，假设 x=-10，则：　！x 的值为“假”，x 被视为“真”。

（4）在计算逻辑表达式时，有时不是所有的表达式都被求解，只有在必须执行下一个表达式才能求解时，才求解该表达式 。如下所示：

① 对于逻辑与运算，如果第一个操作数被判定为“假”，系统不再判定或求解第二个操作数。

② 对于逻辑或运算，如果第一个操作数被判定为“真”，系统不再判定或求解第二个操作数。

例如：

x && y　如果 x 的值为假，就不需再判断 y 的值，该表达式的值就为假。

x ||y　如果 x 的值为真，就不需再判断 y 的值，该表达式的值就为真。

这样也是有道理的，不需要多做无用功了。

【例 2.24】求逻辑表达式的值。

```
#include <stdio.h>
main()
```

```
{
    int a=2,b=2 ;
    float x=0,y=2.3;
    printf("%d,%d\n",a*!b,!!a);
    printf("%d,%d\n",x||-1.5,a>b);
    printf("%d,%d\n",a==5 && (b=2),(x=2)&& a==b );
}
```

程序运行结果：

```
0,  1
1,  0
0,  1
```

2.10 逗号运算符和逗号表达式

在C语言中逗号“，”也是一种运算符，称为逗号运算符（也称为顺序求值运算符）。逗号运算符的优先级在C语言所有的运算符中最低，结合性为从左到右。

用逗号运算符把两个表达式连接起来组成的式子，称为逗号表达式。例如：a=3，2+4。

逗号表达式的一般形式为：

表达式1，表达式2

逗号表达式的求值过程是：先求解表达式1的值，再求解表达式2的值，整个逗号表达式的值就是表达式2的值。

如有表达式：a=3*5,a*4，a的值为15，表达式的值为60。

【例2.25】 逗号表达式应用举例。

```
#include<stdio.h>
main( )
{
    int a=2, b=4, c=6, x, y, z;
    y=(x=a+b), (b+c);
    z=(a+b, b+c);
    printf("y=%d, x=%d, z=%d\n", y, x, z);
}
```

运行程序，结果输出：

```
y=6, x=6, z=10
```

注意：语句“y=(x=a+b), (b+c);”中，逗号运算符的优先级低于赋值运算符，所以y=6而不是y=10。

对于逗号表达式还要说明两点：

（1）逗号表达式一般形式中的表达式1和表达式2可以是任何表达式，当然也可以是逗号表达式。

例如逗号表达式的嵌套形式：

表达式1，（表达式2，表达式3）

因此可以把逗号表达式扩展为如下形式：

表达式 1，表达式 2，…，表达式 n

此时，整个逗号表达式的值等于表达式 n 的值。

如执行以下语句：

```
a=3;
b=(a+=2, 3*4, a*5);
```

结果变量 b 的值为 25。

（2）程序中使用逗号表达式，通常是要分别求逗号表达式内各表达式的值，并不一定要求解整个逗号表达式的值。

注意：并不是任何地方出现的逗号都是逗号运算符。如变量定义语句中的逗号只是作为各变量之间的间隔符，如“int x, y, z”。另外，函数参数也是用逗号来分隔的，如“printf("x =%d, y =%d, z=%d\n", x, y, z)”。

2.11 位运算

C 语言除了具有高级语言的功能外，还有一个重要的特点，就是具有汇编语言的部分功能，即 C 语言提供的位运算功能。

位运算是指在 C 语言中能进行二进制位的运算。位运算有位逻辑运算和移位运算两种，位逻辑运算能够方便地设置或屏蔽内存中某个字节的一位或几位，也可以对两个数按位相加等；移位运算可以对内存中某个二进制数左移或右移若干位等。

C 语言提供了六种位运算符，如表 2.4 所示。

表 2.4 位运算符及含义

位运算符	含 义	举 例
&	按位与	A&b
|	按位或	a|b
∧	按位异或	a∧b
~	按位取反	~a
<<	左移	a<<1
>>	右移	b>>1

说明：

（1）位运算符的运算对象 a 和 b 只能是整型数据或字符型数据，不能是实型数据。

（2）位运算符中只有按位取反运算符“∧”为单目运算符，其他均为双目运算符，即要求运算符的两侧各有一个运算对象。

（3）位运算符优先级顺序为：“～”高于“<<”、“>>”高于“&”高于“∧”高于“|”。

（4）运算对象一律按二进制补码形式参与运算，并且是按位进行运算。

（5）位运算的结果是一个整型数据。

2.11.1 位逻辑运算符

假设以下各例题中 a 和 b 均为整型变量，a 的值为 5（对应二进制数为 0000000000000101），b 的值为 9（对应二进制数为 0000000000001001）。

1. 按位与运算符“&”

运算规则：参与运算的两数对应的各二进位相与，只有对应的两个二进位均为 1 时，结果位才为 1，否则为 0。

即：0&0=0；0&1=0；1&0=0；1&1=1。

【例 2.26】 计算 a&b 的值。

```
      a 的补码：0000000000000101
      b 的补码：0000000000001001
   &  ________________________
结果的补码：0000000000000001
```

即：a&b=1。

按位与常用于以下几种特殊的用途：

（1）将数据的某些位清零。

如执行语句：a=a&0；结果 a=0。

（2）判断数据的某位是否为 1。

比如计算表达式 a&0x8000，其值如果为 0，表示变量 a 的最高位为 0；其值如果非 0，表示变量 a 的最高位为 1。

（3）保留数据某些位的值。

如执行语句：a=a&0xff00；结果保留变量 a 中高八位不变，低八位数据被清空。

2. 按位或运算符“|”

运算规则：参与运算的两数对应的各二进位相或，如果对应的两个二进制位均为 0，则结果位为 0，否则为 1。

即：0|0=0；0|1=1；1|0=1；1|1=1。

【例 2.27】 计算 a|b 的值。

```
      a 的补码：0000000000000101
      b 的补码：0000000000001001
   |  ________________________
结果的补码：0000000000001101
```

即：a|b=13。

按位或通常用于将数据的某些特定位置 1。例如，要将变量 a 的低八位全部置 1，高八位不变，可以用以下语句来实现：a=a|0x00ff;。

3. 按位异或运算符“^”

运算规则：参与运算的两数对应的各二进位相异或，当两个对应的二进位相异时，结果为 1，相同则为 0。

即：0^0=0；0^1=1；1^0=1；1^1=0。

【例 2.28】 计算 a^b 的值。

```
a 的补码：0000000000000101
b 的补码：0000000000001001
    ^   ________________
```

结果的补码：0000000000001100

即：a^b=12。

按位异或具有“与 1 异或的位其值翻转；与 0 异或的位其值不变”的规律，所以通常用于保留数据的原值，或者使数据的某些位翻转（即变反）。

例如：

```
int   a=5, b, c;
b=a^0;              /*结果 b=5   */
c=a^0x000f;         /*结果  c=10   */
```

【例 2.29】 假设有整型变量 a 和 b，并且 a=3，b=4。现在要求不用临时变量将 a 和 b 的值互换。

用以下三条赋值语句实现变量值互换的功能：

```
a=a^b;        /*即  a=3^4=7     */
b=b^a;        /*即  b=4^7=3     */
a=a^b;        /*即  a=7^3=4     */
```

4．按位取反运算符“～”

运算规则：对参与运算的数的各二进位按位求反，即将 1 变为 0，0 变为 1。

例如：a 的补码为 0000000000000101，那么~a=1111111111111010。

以上位逻辑运算规则如表 2.5 所示，表中 a_i 和 b_i 均是一个二进制位。

表 2.5　位逻辑运算规则

运算对象		逻辑运算结果				
a_i	b_i	a_i&b_i	a_i|b_i	a_i^b_i	~a_i	~b_i
0	0	0	0	0	1	1
0	1	0	1	1	1	0
1	0	0	1	1	0	1
1	1	1	1	0	0	0

2.11.2　移位运算符

1．左移运算符“<<”

运算规则：对“<<”左侧的数据中的各二进制位全部左移，左移的位数由右侧数据指定。移位后右边出现的空位补 0，移到左边之外的位舍弃。

例如：a<<2，表示将 a 的各位依次向左移 2 位，a 的最高 2 位移出去舍弃，空出的低 2

位以 0 填补。

假设有 char a=5，则 a<<2 的过程如下：

```
a:              00000101
a<<2:     00 ← 00010100
          舍弃       补 0
```

即 a<<2 的值为 20。

说明：左移 1 位相当于该数乘以 2，左移 *n* 位相当于该数乘以 2^n，左移比乘法运算执行起来要快得多。但是左移 *n* 位相当该数乘以 2^n 只适合于未发生溢出的情况，即移出的高位中不含有 1 的情况。

2. 右移运算符“>>”

运算规则：对“>>”左侧的数据中的各二进制位全部右移，右移的位数由右侧数据指定。移到右边之外的位舍弃，左边空出的位补 0 还是补 1，分以下两种情况：

（1）对无符号数进行右移时，空出的高位补 0，这种右移称为“逻辑右移”。

例如，有语句 unsigned char a=0x80，则 a>>1 的过程如下：

```
a:          10000000          等于十进制数 128
a>>1:       01000000 → 0      等于十进制数 64
            补 0              舍弃
```

所以 a>>1 的值为 0x40。

（2）对带符号数进行右移时，空出的高位全部以符号位填补，即正数补 0，负数补 1，这种右移称为“算术右移”。

例如，有语句 char a=0x80，则 a>>1 的过程如下：

```
a:          10000000          等于十进制数-128
a>>1:       11000000 → 0      等于十进制数-64
            补 1       舍弃
```

又如：char　a=0x60；

```
a:          01100000          等于十进制数 96
a>>1:       00110000 → 0      等于十进制数 48
            补 0              舍弃
```

可以看出，数据右移 1 位相当于该数除以 2，同样，右移 *n* 位相当于该数除以 2^n。

2.11.3 位赋值运算符

位运算符与赋值运算符结合可以组成位赋值运算符。C 语言提供的位赋值运算符如表 2.6 所示，它们都是双目运算符。

表 2.6　位赋值运算符

位赋值运算符	含　义	举　例	等 价 于
&=	位与赋值	a&=b	a=a&b
|=	位或赋值	a|=b	a=a|b

（续表）

位赋值运算符	含　义	举　例	等 价 于
^=	位异或赋值	a^=b	a=a^b
<<=	左移赋值	a<<=b	a=a<<b
>>=	右移赋值	a>>=b	a=a>>b

【例 2.30】 执行以下程序：

```
#include<stdio.h>
main( )
{
    unsigned char a=2,b=4,c=5,d;
    d=a|b;
    d&=c;
    printf("d=%d\n", d);
}
```

结果输出：

```
d=4
```

请读者自行分析上述结果。

2.11.4　不同长度的数据进行位运算

如果两个长度不同的数据进行位运算时，如 a&b，变量 a 为 long 型，变量 b 为 int 型，系统会将二者按右端对齐的原则，将 b 扩充为 32 位。如果 b 为正数，则左侧 16 位补满 0。若 b 为负数，左侧应该补满 1；如果 b 为无符号整数，则左侧添满 0。

实训 5　使用运算符和表达式

1. 实训目的

熟练掌握 C 语言中各种运算符的使用。

2. 实训内容

（1）+、–、*、/运算符的使用。

```
#include<stdio.h>
main( )
{
    float a=2,b=4,h=3,s1,s2;
    s1=(1/2)*(a+b)*h;
    s2=h/2*(a+b);
    printf("s1=%f\ns2=%f\n",s1,s2);
}
```

运行程序，结果输出：

```
s1=0.000000
s2=9.000000
```

（2）%求余运算符的使用。

```
#include<stdio.h>
main( )
{
    int x=123;
    char c1,c2,c3;
    c1=x%10+'0';
    c2=x/10%10+'0';
    c3=x/100+'0';
    printf("%c,%c,%c\n", c3,c2,c1);
}
```

运行程序，结果输出：

```
1，2，3
```

（3）++、--运算符的使用。

```
#include<stdio.h>
main( )
{
    int x, y;
    x=3;
    printf("y=%d \n", y=x++);
    printf("x=%d \n", x);
    printf("y=%d \n", y=--x);
    printf("x=%d \n", x);
}
```

运行程序，结果输出：

```
y=3
x=4
y=3
x=3
```

（4）=赋值运算符的使用。

```
#include<stdio.h>
main( )
{
    int a=100, b=29, t;
    printf("a=%d, b=%d\n", a, b);
    t=a;
    a=b;
    b=t;
```

```
    printf("a=%d, b=%d\n", a, b);
}
```

运行程序，结果输出：

```
a=100, b=29
a=29, b=100
```

（5）强制类型转换运算符的使用。

```
#include<stdio.h>
main( )
{
    float x=1.6546,y;
    y=(int)(x*1000+0.5)/1000.0;
    printf("x=%f, y=%f\n", x, y);
}
```

运行程序，结果输出：

```
x=1.654600, y=1.655000
```

（6）位运算符的使用。

```
#include<stdio.h>
main( )
{
    int a=5, b=1, t;
    t=(a<<2) | b;
    printf("%d\n", t);
}
```

运行程序，结果输出：

```
21
```

3．实训思考

以上给出了各程序的运行结果，请读者自行分析产生结果的原因。

2.12　变量的地址和指向变量的指针

2.12.1　变量的地址

如果在程序中定义了一个变量，编译时就要给该变量分配内存单元。系统根据所定义变量的类型，为变量分配相应字节数目的存储空间。如在 Turbo C 中，系统为 int 型变量分配 2 字节的存储空间，为 float 型变量分配 4 字节的存储空间，为 char 型变量分配 1 字节的存储空间。计算机为了便于管理内存，为内存中的每一个字节进行了编号，这个编号就是“地址”。变量在内存中所占存储空间的首地址就称为该变量的地址。

如果有 int x=15，假设编译时为变量 x 分配的地址是 2000 和 2001，那么变量 x 的地址为 2000，而 2000 和 2001 两个单元中存放的数据 15 就是 x 的内容，如图 2.4 所示。

我们可以定义一种特殊的变量，这种变量专门用来存放另一个变量的地址。例如，定义一个特殊变量 p，用来存放整型变量 x 的地址，这样就在 p 和变量 x 之间建立了一种联系，即通过 p 可以知道 x 的地址，从而找到变量 x 的内存单元。将这种联系称为指向，即 p 指向 x，如图 2.5 所示。

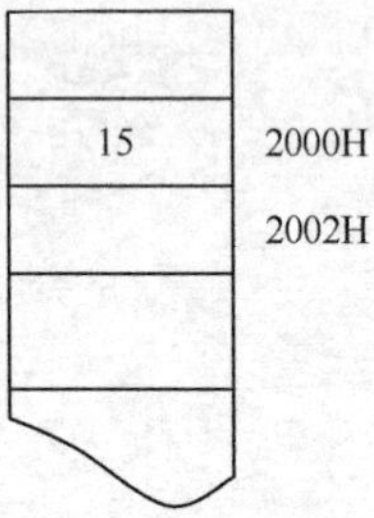

图 2.4　变量在内存中的存放

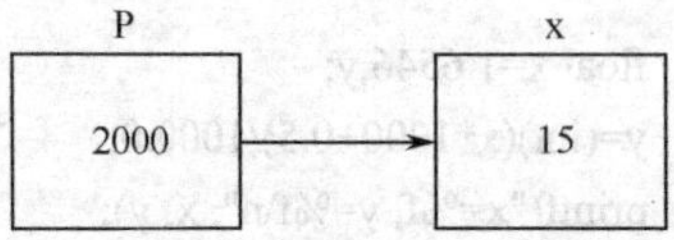

图 2.5　指针与变量

应当指出的是，变量的地址和变量中存放的数据是两个不同的概念，地址是变量在内存中的位置，数据是在相应内存单元中的值。

2.12.2　变量的指针和指向变量的指针变量

变量的指针就是变量的地址。例如：变量 x 的地址是 2000，则地址 2000 是变量 x 的指针。存放变量地址的变量是指针变量，定义一个指针变量的一般形式为：

基类型　　*变量名；

基类型用来指定该指针变量所指向的变量的类型。

例如：float　*p;　　/* 定义 p 为指向实型变量的指针 */

int　*q;　　/* 定义 q 为指向整形变量的指针 */

char　*s;　　/* 定义 s 为指向字符型变量的指针 */

2.12.3　指针运算符和取地址运算符

我们还需要学习两个相关的运算符“&”和“*”。

（1）“&”：取地址运算符。

例如：&a 是取变量 a 的地址。取地址运算符具有右结合性，其优先级和自增运算符相同。

（2）“*”：指针运算符（或称“间接访问”运算符）。

例如：*p 为指针变量 p 所指向的变量。同样，指针运算符也具有右结合性，优先级与&相同。

【例 2. 31】　指针变量的使用。

```
#include<stdio.h>
main( )
{
    int a=3;
    int *p;
```

```
        p=&a;
        printf("a=%d,*p=%d", a,*p);
    }
```

程序运行结果输出如下：

```
    a=3, *p=3
```

在使用指针变量时，需要注意的是指针变量的基类型说明了该指针变量只能存放这种基类型变量的地址，不能存放其他类型变量的地址。

运行以下程序：

```
#include<stdio.h>
main( )
{
    int *p;
    float x=12.0, y;
    p=&x;
    y=*p;
    printf("%f\n", y);
}
```

该程序在编译时会指出语句“p=&x;”有错误，请读者分析错误的原因。

我们再来看下一个程序。

【例 2.32】 运行程序：

```
#include<stdio.h>
main( )
{
    int a=1,b=2;
    int *p1,*p2;
    p1=&b;
    p2=&*p1;
    printf("a=%d,*&a=%d\n", a,*&a);
    printf("b=%d,*p2=%d\n", b,*p2);
}
```

结果输出：

```
a=1,*&a=1
b=2,*p2=2
```

由此例可以看出：*&a 等价于 a，&*p1 等价于 p1。由于“&”和“*”运算符都是按照从右到左的方向结合的，所以*&a 是先进行&a 运算，得到 a 的地址，再进行*运算，即&a 所指向的变量。&*p1 是先进行*p1 的运算，即 p1 所指向的变量 b，再进行&运算，&b 即为 p1。

实训 6　指针的初步应用

1．实训目的

理解指针变量的概念，能正确使用指针变量。

2．实训内容

（1）用指针的方法交换两个数。

```
#include<stdio.h>
main( )
{
    int x=100,y=29,t;
    int *p1,*p2;
    p1=&x; p2=&y;
    printf("x=%d, y=%d\n", x, y);
    t=*p1;
    *p1=*p2;
    *p2=t;
    printf("x=%d, y=%d\n", x, y);
}
```

运行结果为：

```
x=100, y=29
x=29, y=100
```

（2）分析以下程序和上述程序有何不同，并写出程序的运行结果。

```
#include<stdio.h>
main( )
{
    int x=100,y=29;
    int *p1,*p2,*t;
    p1=&x;p2=&y;
    printf("x=%d, y=%d\n", x, y);
    t=p1;
    p1=p2;
    p2=t;
    printf("x=%d, y=%d\n", x, y);
}
```

3．实训思考

指针变量与其他类型的变量有什么不同？

本章小结

本章讲述了 C 语言的数据类型、运算符和表达式等基本概念，在学习中要重点掌握以下内容：

（1）C 语言的数据类型可以分为基本类型、构造类型、枚举类型、指针类型四大类。

（2）常量与变量。

在程序的运行过程中，其值不能发生改变的量称为常量，其值可以发生改变的量称为变量。

常量又分为直接常量和符号常量。

标识符：用来标识变量名、符号常量名、函数名、数组名、类型名、文件名的有效字符序列。C 语言规定标识符只能由字母、数字和下画线三种字符组成，且第一个字符必须为字母或下画线。

（3）整型数据。

整数类型可以分为短整型（short）、长整型（long）和基本整型（int）三种。根据是否存放有符号数，又可分为无符号（unsigned）和有符号（signed）。

整型常量可以用三种形式表示：八进制数（前缀 0）、十进制数（无前缀）、十六进制数。整型常量还可以加后缀 u、U 和 l、L 来表示是无符号数和长整型。

（4）实型数据。

实型可以分为单精度（float）、双精度（double）、长双精度三种。实型常量都是双精度型，可以用十进制小数和指数法表示。

（5）字符型数据。

字符型数据在内存中，以其 ASCII 码形式存放。理解字符常量和字符串常量在内存中的存放形式。字符型数据可以作为整型数据使用，整型数据也可以作为字符型数据使用。理解二者相互的转换规则。

（6）运算符和表达式。

掌握运算符的优先级和结合性。重点掌握算术运算符“/”和“%”、“++”、“--”、“,”、“=”、类型转换运算符和位运算符。

学会正确书写 C 语言表达式，掌握表达式的计算顺序。

（7）指针。

理解变量指针和指针的概念，掌握简单的指针使用。

本章概念性的内容较多，在学习中应该在理解的基础上记忆，通过多作练习来巩固所学的知识。

习题 2

1．选择题。

（1）若以下选项中的变量均已正确定义，则正确的赋值语句是：

A．x1=26.8%3;　　B．1+2=x2;　　C．x3=0x12;　　D．x4=1+2=3;

（2）设有以下定义：

```
int a=0;
```

```
double b=1.25;
char c='a';
#define d 2
```

则下面语句中错误的是：

A．a++;　　B．b++;　　C．c++;　　D．d++;

（3）以下不是C语言合法标识符的是：

A．_del　　B．int　　C．m_ab　　D．b83d

（4）C语言中允许的基本数据类型包括：

A．整型、实型、逻辑型　　B．整型、实型、字符型

C．整型、字符型、逻辑型　　D．整型、实型、字符型、逻辑型

（5）下列属于C语言合法的字符常数是：

A．'\97'　　B．"A"　　C．'\t'　　D．"\0"

（6）执行语句“x=(y=3,z=y--);”后，整型变量x，y，z的值依次为：

A．3,2,2　　B．3,2,3　　C．3,3,2　　D．2,3,2

（7）以下选项中，与“a=b++”完全等价的表达式是：

A．a=b,b=b+1　　B．b=b+1,a=b　　C．a=++b　　D．a+=b+1

（8）设有如下定义：int a=2,b=3,c=4;，则以下选项中值为0的表达式是：

A.（！ a= =1 ）&&(!b= =0)　　B. (a<b)&&!c||1

C. a&&b　　D. a||(b+b)&&(c-a)

（9）执行以下程序段后，w的值为（　　　　）。

```
int   w='A',x=14,y=15;
  w=((x||y)&&(w<'a'));
```

A.-1　　B. NULL　　C. 1　　D. 0

（10）运行以下程序，输出结果是：

```
#include<stdio.h>
main( )
{
   int x=13,y=25;
   x+=y;
   y=x-y;
   x-=y;
   printf("x=%d, y=%d\n", x, y);
}
```

A．x=13, y=13　　B．x=25, y=25　　C．x=13, y=25　　D．x=25, y=13

2．写出下列各数学式的C语言表达式。

（1）$\text{area}=\sqrt{s(s-a)(s-b)(s-c)}$，其中 $s=(a+b+c)/2$

（2）$x1=\dfrac{-b+\sqrt{b^2-4ac}}{2a}$，$x2=\dfrac{-b+\sqrt{b^2-4ac}}{2a}$

（3）$0\leqslant y\leqslant 100$

3．假设有以下变量的定义：

```
int   x=5;
float y=6.5;
```

请计算下面各表达式的值。

（1）x+3,y-2　　　　（2）(int)y/x

（3）x+=x*=x/=x　　　　（4）x/3*y

4．写出以下程序的运行结果。

（1）
```
#include<stdio.h>
main( )
{
      char ch='x';
      int x;
      unsigned y;
      float z=0;
      x=ch-'z';
      y=x*x;
      y+=2*x+1;
      z-=y/x;
      printf("ch=%c, x=%d,y=%u, z=%f", ch, x, y, z);
}
```

（2）
```
#include<stdio.h>
main( )
{
   long b=312654;
   int a;
   char c;
   a=b;
   c=a;
   printf("b=%ld, a=%d, c=%c\n",b, a, c);
}
```

（3）
```
#include<stdio.h>
main( )
{
   int a=3,b=5;
   int *p1,*p2,*t;
   p1=&a;
   p2=&b;
   t=p1; p1=p2; p2=t;
   printf("a=%d, b=%d\n", a, b);
   printf("%d, %d\n",*p1,*p2);
}
```

（4）
```
#include<stdio.h>
main()
```

```
{
   float x=3.56743,y;
   y=(int)(x*1000)/1000.0;
   printf("x=%f, y=%f\n", x, y);
}
```

（5）

```
#include<stdio.h>
main()
{
   int x=1234;
   char c1,c2,c3,c4;
   c1=x%10+'0';
   c2=x/10%10+'0';
   c3=x/100%10+'0';
   c4=x/1000+'0';
   printf("c1=%c,c2=%c,c3=%c,c4=%c",c1,c2,c3,c4);
}
```

（6）

```
#include<stdio.h>
main( )
{
    int a, b, c;
    a=b=c=1;
    printf("%d, %d, %d\n", a++, b, c);
    printf("%d, %d, %d\n", a,++ b, c);
    printf("%d, %d, %d\n", a, b, c--);
}
```

（7）

```
#include<stdio.h>
#define G 9.8
    main()
    {
      int v=20,t=3;
      float y;
      y=v+1.0/2*G*t*t;
      printf("y=%f", y);
    }
```

第 3 章　基本程序结构

通过前面的学习我们已经知道计算机所以能够运行，主要取决于软件，也就是程序。程序是由计算机语言的序列语句组成的。计算机语言的程序有着严格的格式规定，必须按照格式的要求编写，计算机才能读得懂。程序设计者的任务就是让计算机按照自己的意图去工作。把自己要做的事情用计算机语言写出来，让计算机去执行，这就是程序设计。本章学习实现 C 语言程序设计的三种基本结构：顺序结构、选择结构、循环结构。

3.1　程序的 3 种基本结构

千变万化的计算机程序其实是由 3 种基本结构组成的，它们是顺序结构、选择结构、循环结构。C 语言程序也是如此。

3.1.1　结构化程序设计

结构化程序设计的基本思想是：任何程序都可以用顺序结构、选择结构、循环结构这三种结构来表示。由这三种基本结构组成的程序称为结构化程序。

图 3.1 是传统的流程图结构，由箭头指明程序的走向，菱形框是判断框，矩形框是执行框。图 3.2 是 1973 年提出的一种新型流程图：N-S 流程图。其中省去了箭头，约定为自上而下的程序走向。

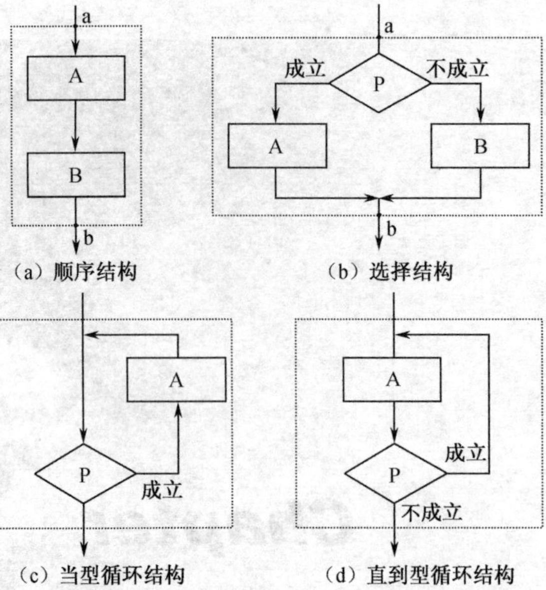

图 3.1　3 种基本结构的传统流程图

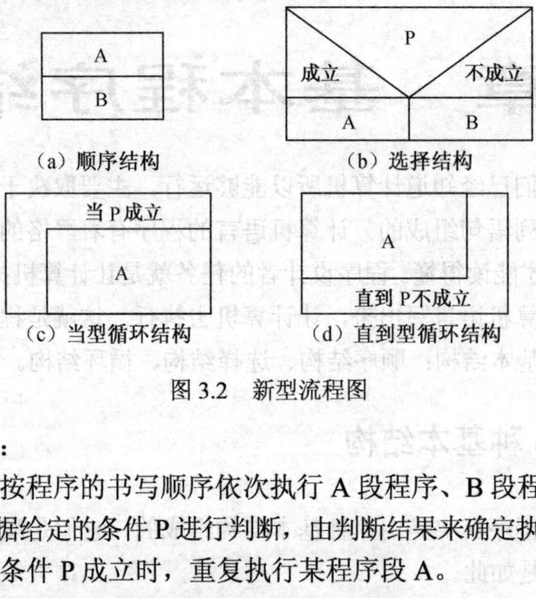

图 3.2　新型流程图

从流程图可以看出：

（1）顺序结构是指按程序的书写顺序依次执行 A 段程序、B 段程序 。

（2）选择结构是根据给定的条件 P 进行判断，由判断结果来确定执行 A 分支还是 B 分支。

（3）循环结构是在条件 P 成立时，重复执行某程序段 A。

结构化程序是由具有上述三种结构的程序模块组成的。

一般来说，一个程序包括两方面的内容：

（1）对数据的描述。在程序中要指定数据的类型和数据的组织形式，即数据结构。

（2）对操作的描述。即操作步骤，也叫做算法。

著名计算机科学家沃思提出的公式就是：数据结构+算法=程序。

做任何事情都要有一定的方法，广义地说，方法也就是算法，而计算机的算法是要求可以在计算机上实现的。

对算法的描述可以用自然语言，也可以用流程图或其他方法。结构化程序的算法可以用前面介绍的三种基本结构流程图来描述，整个算法的结构是由上而下地把各个基本结构顺序排列起来。

3.1.2 C 语言的语句

读者是否已经体会到，计算机语言的语句就是命令，指挥着计算机工作。C 语言也是利用函数体中的可执行语句，向计算机系统发出操作命令的。C 语言的语句分为五类。

1．控制语句

控制语句用于完成一定的控制功能。

（1）选择结构控制语句。例如：

```
if()～else～, switch()～
```

（2）循环结构控制语句。例如：

```
do～while(), for()～, while()～, break, continue
```

（3）其他控制语句。例如：

```
goto, return
```

2．函数调用语句

函数调用语句由一次函数调用加一个分号构成。例如：

```
printf("How do you do .");
```

3．表达式语句

表达式语句由表达式后加一个分号构成。最典型的表达式语句是，在赋值表达式后加一个分号构成赋值语句。

例如：

```
x=5
```

是一个赋值表达式，而

```
x=5;
```

是一个赋值语句。

4．空语句

空语句仅由一个分号构成。显然，空语句什么操作也不执行。有时用来做被转向点或循环体（此时表示循环体什么也不做）。

例如：

```
;
```

就是一个空语句：

5．复合语句

复合语句是由花括号括起来的一组语句构成，也称为分程序。例如：

```
#include <stdio.h>
  main()
    {⋮
        {  t=x ;
```

```
            x=y ;
            y=t ; }         /*复合语句*/
      ⋮
      }
```

复合语句的性质：

（1）在语法上和单一语句相同，即单一语句可以出现的地方，也可以使用复合语句。

（2）复合语句可以嵌套，即复合语句中也可出现复合语句。

3.2 赋值语句

计算机是处理数据的工具，进行数据处理时，程序应具有：提供数据、数据处理、数据输出三部分功能。所以，我们首先学习赋值语句、数据的输入和输出语句。它们是顺序执行语句，也是程序中使用最多的语句 。

前面已经知道，赋值语句是由赋值表达式加上分号构成的表达式语句。

其一般形式为：

变量=表达式;

功能：把表达式的值赋给变量。

例如：x=2+3;

执行该语句后，x 的值为 5。

说明：

（1）赋值表达式与赋值表达式语句的区别：前者仅是表达式，它可以出现在任何使用表达式的地方；而赋值语句则不同，它是可执行语句，和任何语句一样不能出现在表达式中。如，“（x=3）>0”是正确的表达式,而“（x=3;）>0”不正确。

（2）“变量=(变量=表达式);”是合法的，是赋值语句的嵌套形式，展开后的形式为：

变量=变量=表达式;

例如：x=y=0;

按照赋值运算符的右结合性，上式等价于下面的两个顺序语句：

```
y=0;
x=y;
```

注意：“x=y=0;”与“int x=y=0;”的不同。“int x=y =0;”是不合法的，因其不符合变量初始化的规定格式（第 2 章所学内容）。

3.3 数据的输入和输出

所谓输入是指从输入设备（如键盘、磁盘、光盘、扫描仪等）向计算机输入数据；输出是指从计算机向外部设备（如显示器、打印机、磁盘等）输出数据。在 C 语言中，所有的数据输入 / 输出都是由库函数完成的，因此都是函数语句。

在使用 C 语言库函数时，要用预编译命令“#include”将有关的“头文件”包括到源文件中。

使用标准输入/输出库函数（用于标准输入/输出设备键盘和显示器）时要用到“stdio.h”文件，因此源文件开头应有以下预编译命令：

```
#include< stdio.h >
```

或

```
#include"stdio.h"
```

其中，stdio 是 standard input &output 的缩写。

3.3.1 字符数据的输入/输出函数——putchar()函数和 getchar()函数

1. putchar 函数（字符输出函数）

putchar 函数是单个字符输出函数，其一般格式为：

putchar(ch);

功能：在显示器上输出字符变量 ch 的值。如：

```
putchar('x');       /* 输出字符常量'x' * /
putchar(x);         /* 输出字符变量 x 的值 */
putchar('\101');    /* 输出字符常量 A */
putchar('\n');      /*  换行 */
```

说明：

（1）ch 可以是一个字符变量或常量，也可以是一个转义字符，对转义字符则执行控制功能，屏幕上不显示。

（2）putchar()函数用于单个字符的输出，一次只能输出一个字符。

【例 3. 1】 putchar()函数的使用方法。

```
#include "stdio.h"              /*编译预处理命令：文件包含*/
main()
  {
    char c1='B', c2=' O ', c3='Y';
    putchar(c1); putchar(c2); putchar(c3);      /*输出 c1,c2,c3*/
    putchar('\n');                              /*换行*/
    putchar(c1); putchar('\n');                 /*输出 c1 的值，并换行*/
    putchar('O'); putchar('\n');                /*输出字符'O'，并换行*/
    putchar(c3); putchar('\n');
  }
```

运行结果：

```
BOY
B
O
Y
```

2. getchar 函数（字符输入函数）

getchar 函数的一般形式为：

```
getchar();
```

功能：从键盘上输入一个字符。

说明：

（1）getchar 函数只接受单个字符，数字也按字符处理。输入多于一个字符时，接收第一个字符。

（2）可以把输入的字符赋予一个字符变量或整型变量，构成赋值语句；也可以不赋给任何变量，作为表达式使用。如：

```
char c;
c=getchar();
putchar(getchar());
```

（3）使用本函数前必须包含文件“stdio.h”。

（4）函数运行时，退出 TC 屏幕进入用户屏幕以等待用户输入，输入完毕返回 TC 屏幕。

【例 3. 2】 getchar()函数的使用。

```
#include<stdio.h>
main()
{
    char c;
    printf("Please input two character:\n");
    c=getchar();                                /*输入一个字符，赋给 c */
    putchar(c); putchar('\n');
    putchar(getchar());                        /*输入一个字符，并输出*/
}
```

运行情况：

```
Please input two characters:
xy↙
x
y
```

3.3.2 格式输入/输出函数：printf 函数和 scanf 函数

printf 函数称为格式输出函数，因其可以按用户指定的格式，把数据输出到显示器屏幕上。其关键字最末一个字母 f 是 format 的缩写，即为“格式”的意思。

1. printf 函数的使用

（1）printf 函数调用的一般形式：

printf（“格式控制字符串”，变量输出表）

功能：按“格式控制字符串”的指定格式，输出对应的变量。

【例 3. 3】 已知矩形，长 a=10，宽 b=6，求矩形面积 s。

```
#include <stdio.h>
```

```
main()
{
    int a=10 ,b=6,s;
      s=a*b ;                          /*求矩形面积*/
      printf("s=%d\n",s); /* %d 说明输出变量 s 的类型是整型*/
    }
```

程序运行结果：

```
s=60
```

说明：

① 格式控制字符串：包含 3 种字符。

● 格式说明符：以%开头的字符串，在%后面跟有各种格式字符，以说明输出数据的类型、形式、长度、小数位数等。

● 转义字符：printf("\n")函数中的"\n"是转义字符，输出时产生一个"换行"操作。

● 普通字符：格式控制字符串中除去格式说明符和转义字符，其余都是普通字符，普通字符是原样输出的。如"printf("s=%d\n",s);"语句中的"s="是普通字符，输出时原样印出。

② 变量输出表。

● 变量输出表属于可选内容。如果输出的数据多于 1 个，相邻之间用逗号分隔。如：

```
printf("How do you do !\n");
printf("a=%d    b=%d\n", a, b);
```

● 变量输出表内容可以是表达式。如：

```
printf("%d",3*a+5);
```

③ "格式控制字符串"中的格式字符，必须与变量输出表中输出项的数据类型一致，否则会引起输出错误。如初学者会无意间出现如下的错误，看着莫名其妙的程序结果却不知道是怎么回事：

```
int a=10;
printf("%f",a);
```

（2）格式说明符。

printf 格式字符如表 3.1 所示。

表 3.1 printf 格式字符含义

格 式 字 符	含 义
d	以十进制形式输出带符号整数（正数不输出符号）
o	以八进制形式输出无符号整数（不输出前缀 0）
x,X	以十六进制形式输出无符号整数（不输出前缀 Ox）
u	以十进制形式输出无符号整数
f	以小数形式输出单、双精度实数
e,E	以指数形式输出单、双精度实数
g,G	以%f 或%e 中较短的输出宽度输出单、双精度实数
c	输出单个字符
s	输出字符串

表 3.2　printf 附加格式说明符

标　志	含　义
-	结果左对齐，右边填空格
m（正整数）	数据最小宽度
n（正整数）	对实数表示输出 n 位小数，对字符串表示截取的字符个数
字母 l	用于长整型整数，可以加在格式符 d、o、x、u 前面

① 格式字符 d——以带符号的十进制整数形式输出。

允许形式：%d 、%md、%-md 、%ld 等。

- %d——按整型数据的实际长度输出；
- %md——m 是正整数，表示输出数据宽度，如果 m 小于数据的实际位数，m 失效不起作用；
- %-md——数据宽度小于 m 时，负号“-”要求结果左对齐，右边填空格；
- %md——数据宽度小于 m 时，结果右对齐，左边填空格；
- %ld——字母 l 用于长整型数据输出，还可以加在格式符 o、x、u 前面。

【例 3.4】　格式符 d 的使用。

```
#include <stdio.h>
main()
      {int   n1=111;
       long   n2=222222;
       printf("n1=%d,n1=%4d,n1=%-4d,n1=%2d\n",n1,n1,n1,n1);
       printf("n2=%ld,n2=%9ld,n2=%2ld\n",n2,n2,n2);
       printf("n1=%ld\n",n1);
      }
```

运行结果：

```
n1=111,n1=□111,n1=111□,n1=111
n2=222222,n2=□□□222222,n2=222222
```

整数还有下面的输出形式：

- %o（小写字母 o）——整数八进制无符号形式输出；
- %x——整数十六进制无符号形式输出；
- %u——对于 unsigned 型数据，以十进制无符号形式输出。

② 格式字符 f——以小数形式输出单精度和双精度实数。

允许形式：%f、%m.nf、%-m.nf 、%mf、%.nf 等。

- %f——按系统默认宽度输出实数：整数部分全部输出，小数部分输出 6 位。单精度变量的输出有效位是 7 位；双精度变量的输出有效位是 16 位。
- %-m.nf——m 是正整数，表示数据最小宽度；n 是正整数，表示小数位数，m 和负号的用法与前面相同。

【例 3.5】　输出实数的有效位。

```
#include <stdio.h>
main( )
```

```
    {float   a=11111.111;b=33333.333
    printf("x+y=%f\n",x+y);
    }
```

程序运行结果：

```
x+y=44444.443359
```

显然有效数字只有 7 位：44444.44。

双精度变量的输出与此类似，只是有效位是 16 位。

- %e——以标准指数形式输出：尾数中的整数部分大于等于 1、小于 10，小数点占一位，尾数中的小数部分占 5 位；指数部分占 4 位，其中 e 占一位，指数符号占一位，指数占 2 位，共 11 位（不同系统的规定略有不同），如 3.33333e-03。
- %g——让系统根据数值的大小，自动选择%f 或%e 格式，且不输出无意义的零。

③ 格式字符 c——输出一个字符。

允许形式：%c。

%c——以字符形式输出一个字符。

【例 3.6】 字符和整数的输出。

```
#include <stdio.h>
main()
    {
    char ch='a';
    int i=97;
    printf("ch=%c,ch=%c\n", ch,i);    /*ch,i 以字符形式输出*/
    printf(" i=%d,i=%d\n", ch,i);    /*ch,i 以整数形式输出*/
   }
```

程序运行结果：

```
ch=a, ch=a
i=97,i=97
```

结论：整数可以用字符形式输出，字符也可以用整数形式输出。

在第 2 章中讲到，字符在内存中以 ASCII 的形式存放，ASCII 就是整数形式，所以它们之间根据需要可以相互转换。整数用字符形式输出时，系统先求该数与 256 的余数，然后将余数作为 ASCII，输出对应的字符。

④ 格式符 s——输出一个字符串。

允许形式：%s、%m.ns。

- %s——输出一个字符串。
- %m.ns——m 是正整数，表示允许输出的字符串宽度；n 是正整数，表示对字符串截取的字符个数。

【例 3.7】 输出字符串。

```
#include <stdio.h>
main()
```

```
{printf("%s,%3s,%-9s\n","student"," student "," student ");
printf("%8.3s,%-8.3s,%3.4s\n","student ","student ","student ");
}
```

运行结果：

student, student, student□□

□□□□□stu, stu□□□□□, stud

说明：

如果想输出字符%，可以在“格式控制字符串”中连续用两个%表示，如：

```
printf("%5.2f%%",1.0/2);
```

输出结果为

```
0.50%
```

2. scanf 函数（格式输入函数）

scanf 函数称为格式输入函数，它可以按用户指定的格式从键盘上把数据输入到指定的变量中。

（1）scanf 函数的一般形式：

scanf（“格式控制字符串”，变量地址表）；

功能：按“格式控制字符串”的要求，从键盘上把数据输入到变量中。

【例 3. 8】 已知矩形的长和宽，求矩形面积 s。

```
#include <stdio.h>
main()
    {
     int a ,b,s;
     printf("Please input a ,b : ");
     scanf("%d,%d",&a ,&b);                /* 从键盘输入两个整数并赋给变量 a 和 b */
     s=a* b;
     printf("s=%d\n",s);
}
```

程序运行情况：

```
Please input a ,b :10 ，6↙    （“↙”符号表示按回车键，作用是通知系统输入操作结束。）
     s=60
```

与例 3.3 做一个比较，你认为该程序的优势在哪里？

由已学习的内容知道，给变量提供数据，可以在初始化时提供，也可以在程序中用赋值语句提供。现在我们介绍 scanf()函数，它可以由键盘输入，给计算机提供任意的数据。

说明：

① 格式控制字符串。

格式控制字符串的作用与 printf 函数类似，只是将屏幕输出的内容转换为键盘输入的内容。例如，普通字符在输出数据时是原样印在屏幕上的，而在输入数据时，必须按格式由键盘输入。

② 变量地址。

变量地址由地址运算符“&”后跟变量名组成。如&a 表示变量 a 的地址，我们在第 2 章已经介绍过。

③ 变量地址表。

变量地址表由若干个被输入数据的地址组成，相邻地址之间用逗号分开。地址表中的地址可以是变量的地址，也可以是字符数组名或指针变量。

（2）格式说明符。

① 格式字符：表示输入数据的类型，其格式符如表 3.3 所示。

表 3.3　scanf 函数格式字符及含义

格式字符	含　义
d	输入十进制整数
o	输入八进制整数
x	输入十六进制整数
u	输入无符号十进制整数
f 或 e	输入实型数（用小数形式或指数形式）
c	输入单个字符
s	输入字符串

② 附加格式说明符。

● 宽度 n。

指定输入数据的列宽为 n。即，只接收输入数据中相应的 n 位，赋给对应的变量，多余部分舍去。如：

```
scanf("%2c%c",&c1,&c2);
printf("c1=%c,c2=%c\n",c1,c2);
```

如果输入“abcd”，则系统将读取的“ab”中的“a”赋给变量 c1；将读取的“cd”中的“c”赋给变量 c2，所以 printf()函数的输出结果为：

```
c1=a,c2=c
```

● 抑制符号*。

该字符可以使对应的数据输入后被抑制，不赋给任何变量。如：

```
scanf("%2d%*2d%2d",&x1,&x2);
printf("x1=%d,x2=%d\n",x1,x2);
```

如果输入 112233↙，则：

系统读取“11”，赋值给 x1；读取“22”，被抑制，舍去；读取“33”，赋值给 x2。所以，输出结果为：

```
x1=11,x2=33
```

● 字符 l：常用格式有%ld，%lo，%lx，%lu，用于输入长整型数据；%lf，%le，用于输入实型数据。

- 字符 h：常用格式有%hd，%ho，%hx，用于输入短整型数据。

③ 数据输入格式。

- 如果相邻格式说明符之间没有数据分隔符号（如%d%d），则由键盘输入的数据间可以用空格分隔（至少一个），或者用 Tab 键分隔，或者输入 1 个数据后按“回车键”，然后再输入下一个数据。

例如，scanf("%d%d",&x1,&x2);

如果给 x1 输入 11，给 x2 输入 33，则正确的输入操作为：

```
11□33↙
```

或者：

```
11↙
        33↙
```

- “格式控制字符串”中出现的普通字符，包括转义字符，需要原样输入。例如：

```
scanf("%d,%d",&x1,&x2);
```

输入格式为：

```
    11，33↙
scanf("%d ：%d",&x1,&x2);
```

输入格式为：

```
    11 ：33↙
scanf("x1=%d,x2=%d\n",&x1,&x2);
```

输入格式为：

```
x1=11，x2=33\n↙
```

这样的输入格式是很麻烦的，最好不这样设计。

- 输入数据时，遇到以下情况，该数据被认为输入结束：
  - ✧ 遇到空格，或者“回车”键，或者“跳格”（Tab）键。
  - ✧ 指定的输入宽度结束时。如“%5d”，只取 5 列。
  - ✧ 遇到非法输入。如输入数值数据时，遇到非数值符号。
- 使用“%c”输入字符时，不要忽略空格的存在。如：

```
scanf("%c%c ",&c1,&c2,);
printf("c1=%c,c2=%c \n",c1,c2);
```

如果输入：

```
□xy↙
```

则系统将空格“□”赋值给 c1，字母“x”赋值给 c2。

注意：

① 如果需要实现人机对话的效果，设计数据输入格式时，可以先用 printf()函数输出提示信息，再用 scanf()函数进行数据输入。

例如，把 scanf("x1=%d,x2=%d\n",&x1,&x2);改为：

```
printf("x1="); scanf("%d",&x1);
printf("x2="); scanf("%d",&x2);
```

这样就可以有屏幕提示的效果了。

② 格式输入/输出函数的规定比较烦琐，可以先掌握一些基本的规则，多上机操作，随着学习的深入，通过编写和调试程序逐步深入自然地掌握。

实训 7　使用输入/输出函数

1．实训目的

熟练使用字符输出函数 putchar()、字符输入函数 getchar()、格式输出函数 printf()和格式输入函数 scanf()。

2．实训内容

（1）字符输出函数 putchar()的使用。

① 启动 Turbo C 系统；

② 在 Edit 窗口中输入、编辑如下程序：

```
#include<stdio.h>
main()
{
  char a, b;        /*变量定义语句：定义 2 个字符变量 a,b*/
  a='B';        /*可执行语句：将'B'赋值给变量 a*/
  b='O';          /*可执行语句：将'O'赋值给变量 b */
  putchar(a) ; putchar（'   '）; putchar(b) ;
}
```

③ 编译、运行该程序；

④ 观察程序运行结果；

⑤ 保存该程序文件。

（2）字符输出函数 putchar()的使用。

① 打开前面已经存盘的文件，编辑修改为如下的程序：

```
#include<stdio.h>
main()
{
  char a,b;
  a='B';
```

```
    b='O';
    putchar(a); putchar('\n');putchar(b);putchar('\n')
}
```

② 上机运行这个程序，得到什么结果？与上题结果有何不同?

（3）字符输入函数 getchar()的使用。

① 在 Edit 窗口中输入、编辑如下程序：

```
#include<stdio.h>
main()
{
    char c;
    c=getchar();        /*赋值语句：将输入得到的字符赋值给变量 c*/
    putchar(c);
    putchar(getchar());
}
```

② 编译、运行该程序；

③ 观察程序运行结果。

（4）分析下面程序的输出结果。

```
#include <stdio.h>
main()
{    int k=18;
     printf("%d,%o,%x\n",k,k,k);
}
```

认真思考三种输出格式的不同。

（5）格式输出函数 printf()的使用。

① 在 Edit 窗口中输入、编辑如下程序：

```
#include<stdio.h>
main()
{int a=6;
  float b=12.3456;
  char c='B';
  long d=1234567;
  unsigned e=95533;
  printf("a=%d,b=%3d\n",a,a);   /* 按整型数据的实际长度和指定长度输出变量 a */
  printf("%f,%e\n",b,b);        /* 按小数和指数形式输出变量 b */
  printf("%-10f,%10.2e\n",b,b); /* 按指定格式的小数和指数形式输出变量 b*/
  printf("%c,%d,%o,%x\n",c,c,c,c); /* 将字符变量 c 以字符型、整型输出*/
  printf("%ld,%lo,%lx\n",d,d,d);    /* 将长整型变量 d 以十进制、八进制、十六进制输出*/
  printf("%u,%o,%x,%d\n",e,e,e,e); /* 将无符号变量 e 以无符号型、整型输出*/
  printf("%5.3s\n","HELLO");    /* 将字符串“HELLO”以指定格式输出*/
}
```

② 分析并写出程序运行结果；

③ 运行该程序，查看结果是否与你分析的一致。

（6）格式输入函数 scanf()的使用。

① 用下面的 scanf()函数输入数据，使 a=1, b=2, c='A', d=5.5，问在键盘上如何输入？

```
#include<stdio.h>
main()
{int a,b;
      char c;
      float d;
      scanf("%d，%d",&a,&b);
      scanf(" %c    %f\n" ,&c,&d); /
}
```

② 请加上输出函数语句，以帮助核对输出结果。

③ 保存该程序文件。

（7）格式输入函数 scanf()的使用。

① 打开前面已经存盘的文件，编辑修改为如下的程序：

```
#include<stdio.h>
{ main()
   int a,b;
      char c;
      float d;
      scanf("a=%d    b=%d",&a,&b);
      scanf(" %c    %e\n" ,&c,&d);
}
```

此时，在键盘上如何输入数据呢？

② 通过这两题的练习，你认为“scanf(“a=%d　b=%d”,&a,&b);”的输入格式可取吗？

③ 如果需要屏幕提示，以方便输入数据（即人机对话），请修改程序。

（8）有如下程序：

```
#include <stdio.h>
main()
{       int x=3,y=2,z=1;
      printf("%d%d\n",(++x,y++),z+2);
}
```

分析该程序的输出结果是什么？

3. 实训思考

（1）通过上面的练习，你对字符输出函数 putchar()和字符输入函数 gerchar()、格式输出函数 printf()和格式输入函数 scanf()了解了多少？会熟练使用了吗？

（2）通过比较程序的运行结果体会它们的不同之处有哪些，掌握其中的知识点。

3.4 顺序结构程序设计

前面学习的是 C 语言的顺序执行语句。顺序结构程序就是由顺序执行语句组成的，程序运行是按照书写的顺序进行，不发生控制转移，所以又称为最简单的 C 程序。顺序结构程序一般由以下几部分组成：

（1）编译预处理命令（在主函数 main()之前）。

如果程序中需要使用库函数，或自己设计了头文件，就要使用编译预处理命令，将相应的头文件包含进来。

（2）顺序结构程序的函数体。

该函数体一般由 4 部分内容构成：

① 定义变量类型。

② 给变量提供数据。

③ 运算处理数据。

④ 输出结果数据。

【例 3. 9】　已知圆柱体的底半径为 r，高为 h，求圆柱体体积。

分析：根据题意画出 N-S 流程图，如图 3.3 所示。

输入半径 r 和高 h
v =pi*r *r *h
输出圆柱体体积

图 3.3　N-S 流程图

```
#include <stdio.h>
main()
{
   float r ,h ,v ,pi=3.14159 ;                          /*  定义变量类型    */
   printf("Please input radius & high: ");              /*  屏幕提示，输入半径和高    */
   scanf("%f%f",&r ,&h );                               /*  为 r，h 提供数据   */
   v =pi*r *r *h ;                                      /*  运算部分    */
   printf("radius=%7.2f, high=%7.2f, vol=%7.2f\n", r ,h ,v );   /*  输出结果    */
}
```

运行结果：

```
Please input radius & high: 1.0□2.0↙
```

radius=□□□1.00,high=□□□2.00,vol=□□□6.28

【例 3. 10】　输入任意两个整数，求它们的平均值及和的平方根。

```
#include <stdio.h>
#include   < math.h >                                  /*  包含头文件  */
main()
{
   int x1 , x2,   sum ;                                 /*  类型说明    */
   float aver , root;
   printf("Please input two numbers:");
   scanf("%d,%d ",&x1,&x2  );                           /* 提供数据 */
   sum=x1+x2 ;                                          /*  数据处理：求和*/
   aver=sum/2.0;                                        /*  数据处理：求均值 */
```

```
    root=sqrt (sum);                                    /* 数据处理：求方根 */
    printf("x1=%d,x2=%d \n",x1,x2   );
    printf("aver=%7.2f，root=%7.2f \n", aver,root);        /* 输出结果   */
}
```

运行结果：

```
Please input two numbers: 1，2 ↙
x1=1,x2=2
aver= □□□1.50, root= □□□1.73
```

说明：平方根函数 sqrt()是数学函数库中的函数，所以开头要有 #include <math . h>。凡是用到数学函数库中的函数，都要包含“math.h”头文件。

思考：

① 把该例中语句“aver=sum/2.0;”改为“aver=sum/2;”合适吗?

② 顺序结构程序由哪几部分内容组成？

③ 顺序结构程序的流程图有什么特点？

3.5 选择结构程序设计

顺序结构的程序执行时，计算机是按照程序的书写顺序一条一条顺序执行的。而实际工作中需要的程序不会总是顺序执行，很多时候不同的条件要执行不同的程序语句。这种情况下，必须根据某个变量或表达式（称为条件）的值做出选择，决定执行哪些语句而不执行哪些语句。这样的程序结构称为选择结构或分支结构。

本节学习分支语句（if 语句）和多分支语句（switch 语句）及选择结构的程序设计。

用 C 语言设计选择结构程序，要考虑两个方面的问题：一是如何表示条件；二是用什么语句实现选择结构。

3.5.1 if 语句

if 语句是程序设计中最常用的语句之一，中学数学中，有求一个数的绝对值的计算：已知 x 的值，求绝对值 y。

$$y=\begin{cases} x\text{（当 }x\geqslant 0\text{ 时）} \\ -x\text{（当 }x<0\text{ 时）} \end{cases}$$

这是典型的分支结构，需要根据 x 的情况确定 y 的值。

【例 3. 11】 计算绝对值函数。

程序的 N-S 流程图如图 3.4 所示。

程序码如下：

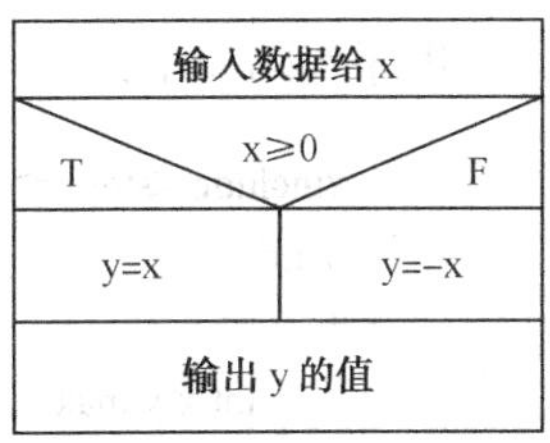

图 3.4 N-S 流程图

```
#include <stdio.h>
main()
{
    int x,y ;
```

```
        printf("\n Please input    x: ");
        scanf("%d ",&x    );
        if ( x>=0 )          /* if 选择语句，关系式 x>=0 是条件     */
            y =x ;
        else
            y =-x;
         printf("y=%d", y );    /*  输出函数值 y * /
    }
```

运行情况：

```
    Please input    x: 3↙
    y=3
    Please input    x: -6↙
    y=6
```

本程序中，输入一个数 x，用 if 语句判别 x 和 0 的大小，如果 x 大于等于 0，则把 x 赋予 y。否则，把−x 赋予 y，最后输出 y 的值。

用 if 语句可以构成选择结构。它根据给定的条件进行判断，以决定执行某个分支程序。C 语言的 if 语句有 3 种基本形式。

（1）if 语句的 3 种形式。

① if 形式。

if （表达式）语句组

功能：如果表达式的值为真，则执行其后的语句组，否则不执行该语句组。其过程可表示为图 3.5。

【例 3.12】 对任意两个数，求出最大的一个数。

画出程序的流程图，如图 3.6 所示。

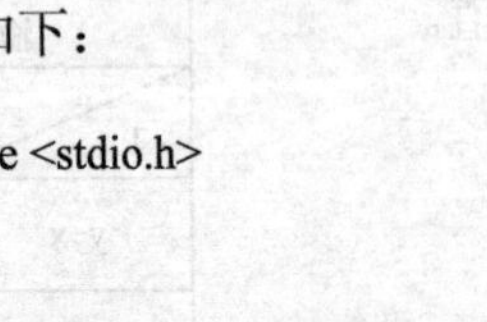

图 3.5 if 语句的 N-S 流程图

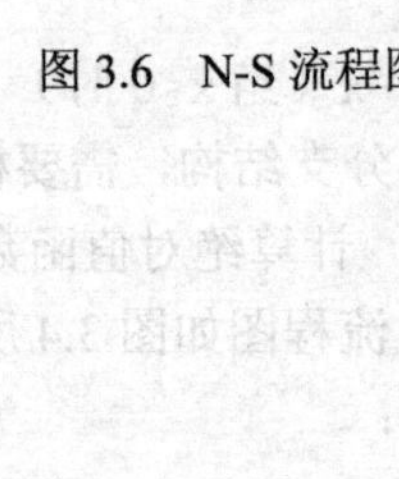

图 3.6 N-S 流程图

程序代码如下：

```
#include <stdio.h>
main()
{
    int x,y,max;
    printf(" Please input two numbers: ");
    scanf("%d%d",&x,&y);
    max=x;
```

```
    if (max<y) max=y;
    printf("max=%d",max);
}
```

本例中，把 x 先赋给变量 max，用 if 语句判别 max 和 y 的大小，如果 max 小于 y，再把 y 赋给 max。所以 max 中总是两数中的大数。

② if-else 形式。

if（表达式）
　　语句组 1
else
　　语句组 2

功能：如果表达式的值为真，则执行语句组 1，否则执行语句组 2 。其执行过程如图 3.7 所示。

例 3.11 中用的就是 if-else 结构。现在把例 3.12 改写为例 3.13，同学们做一个对比，体会不同的设计方法。

【例 3. 13】 对任意两个数，求出最大的一个数。

程序的流程图如图 3.8 所示。

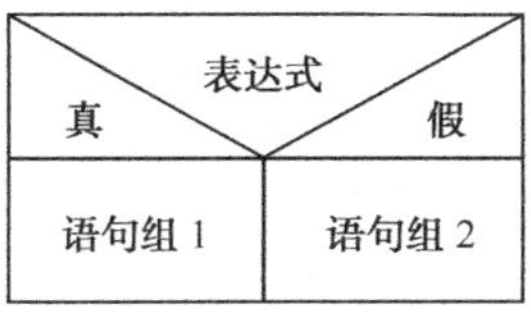

图 3.7 if-else 结构的 N-S 流程图

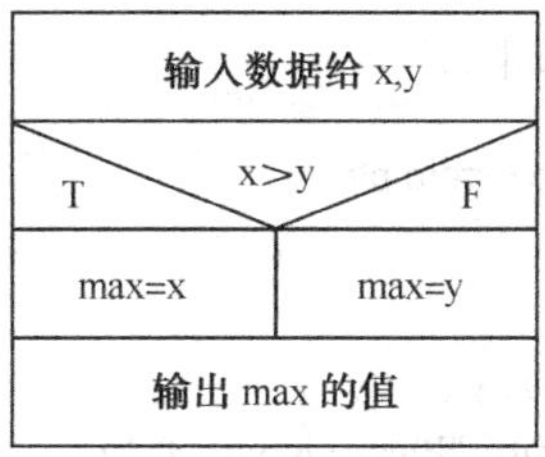

图 3.8 N-S 流程图

程序代码如下：

```
#include <stdio.h>
main()
{
  int x,y,max;
  printf("Please   input two numbers: ");
  scanf("%d%d",&x,&y);
  if(x>y )              /* max 是 x 和 y 中较大的一个*/
      max=x;
    else
      max=y;
    printf("max=%d",max);
}
```

③ 第三种形式（if-else-if 形式）

前面两种形式的 if 语句适用于两个分支的情况。如果选择多个分支，可采用 if-else-if 语句，其一般形式为：

```
if (表达式 1)
    语句组 1;
else if(表达式 2)
    语句组 2;
else   if (表达式 3)
    语句组 3;
       ⋮
else    if (表达式 m)
    语句组 m;
else 语句组 n;
```

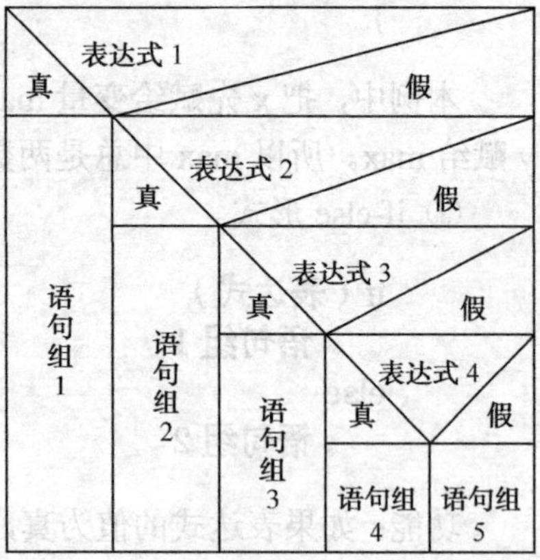

图 3.9　if-else-if 语句的 N-S 流程图

功能：由上而下，依次判断表达式的值，当某个表达式的值为真时，就执行其对应的语句。然后跳到 if-else-if 语句之外继续执行。如果所有的表达式全为假，则执行语句组 n。if-else-if 语句的执行过程如图 3.9 所示。

【例 3. 14】　求分段函数的值（符号函数）。

$$y=\begin{cases}1 & (x>0)\\ 0 & (x=0)\\ -1 & (x<0)\end{cases}$$

程序代码如下：

```
#include <stdio.h>
main()
  {
     int x, y ;
     prnitf ("Please input : x=");
     scanf ("%d", & x);
     if (x > 0)   y=1;
     else   if (x= =0)   y=0;
              else   y= -1;
     printf ("y=%d/n", y);
  }
```

程序运行结果：

```
Please input : x= 5↙
y=1
Please input : x= -6↙
y= −1
```

说明：使用 if 语句时还应注意以下问题：

① if 之后的表达式是判断的“条件”，它不仅可以是逻辑表达式或关系表达式，还可以是其他表达式。如赋值表达式，或仅是一个变量。如：

if(x=10)语句；

if(x)语句；

都是合法的语句。

② if 语句中，作为条件的表达式必须用括号括起来，在语句之后必须加分号。

③ if-else-if 语句格式其实就是 if-else 语句的嵌套形式，只是将条件语句的嵌套都放在 else 分支。

（2）if 语句的嵌套。

处理多分支的情况时，C 语言允许在 if 或 if-else 中的“语句组 1”或“语句组 2”部分中再使用 if 或 if-else 语句，这种设计方法称为嵌套。

if 语句的嵌套中，else 部分总是与前面最靠近的、还没有配对的 if 配对。为避免匹配错误，最好将内嵌的 if 语句一律用花括号括起来。

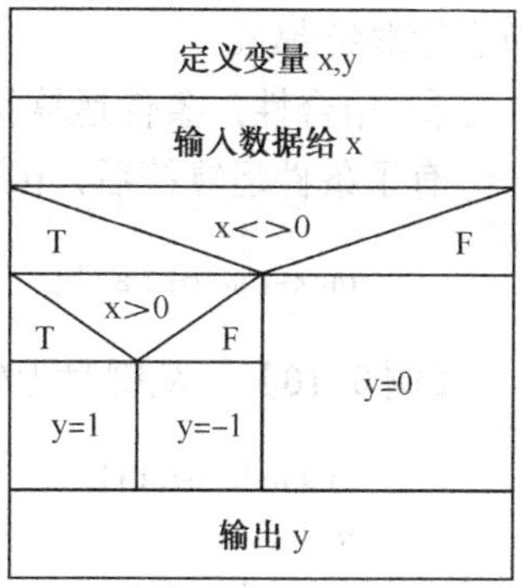

图 3.10　N-S 流程图

【例 3.15】　计算符号函数（用嵌套的 if 语句）：

$$y=\begin{cases}1 & (x>0)\\ 0 & (x=0)\\ -1 & (x<0)\end{cases}$$

程序流程图如图 3.10 所示。

程序代码如下：

```
#include <stdio.h>
main()
{
    int x, y ;
    prnitf ("Please input : x= "
    scanf ("%d", & x);
    if (x!=0)
      if (x>0) y=1;
      else   y= -1;
    else y=0;
    printf ("y=%d\n ", y);
}
```

程序运行结果：

```
Please input : x=0↙
y=0
Please input : x=3↙
y= 1
```

注意：初学者容易出错的地方是，上例的“else　y= -1;”往往写为“else　if (x<0)　y= -1;”。原因是对 else 分支的逻辑含义没理解清楚。

（3）条件运算符和条件表达式。

① 条件运算符“?”是一个三元运算符，即有三个量参与运算。

条件表达式的格式为：

表达式 1? 表达式 2：表达式 3

求值规则为：如果表达式 1 的值为真，以表达式 2 的值作为该条件表达式的值，否则以表达式 3 的值作为该条件表达式的值。

如，表达式“3？1：0”的值为 1。

② 优先级：条件运算符的运算优先级是 13，只高于赋值运算符和逗号运算符，比其他所有运算符都低。

③ 结合性：条件运算符的结合方向是从右到左（右结合性）。

有了条件运算符后，if 语句“if(a>b)　max=a; else max=b;”就可以简化为条件语句：

```
max=( a> b) ? a : b;
```

【例 3.16】　从键盘上输入一个字符，把小写字母转换成大写字母。

```
#include <stdio.h>
main()
{     char ch
      printf("Please input a character: ");
      scanf("%c",&ch);
      ch=(ch>='a' && ch<='z') ? (ch-32) : ch;
      printf("ch=%c\n",ch);
}
```

程序运行结果：

```
Please input a character: A ↙
ch=a
```

3.5.2　switch 语句

if 语句的嵌套适用于多种情况的选择判断，这种实现多路分支处理的程序结构也称为多分支选择结构。显然，用嵌套的方法处理多分支结构来得不轻松。为此 C 语言提供了直接实现多分支选择结构的语句——switch 语句，称为多分支语句，也叫开关语句。它的使用比用 if 语句的嵌套要简单一些。

（1）switch 语句的一般格式：

```
switch(表达式)
{
   case     常量表达式 1：语句组 1；[break;]
   case     常量表达式 2：语句组 2；[break;]
   ⋮
   case     常量表达式 n ：语句组 n；[break;]
   [default：语句组 n+1；[break;]]
}
```

（2）执行过程。

① 当 switch 后面“表达式”的值与某个 case 后面的“常量表达式”的值相同时，就执行该 case 后面的语句组；当执行到 break 语句时，跳出 switch 语句，转向执行 switch 语句的下一条语句。

② 如果没有任何一个 case 后面的“常量表达式”的值与“表达式”的值相同，则执行

default 后面的语句组。然后，再执行 switch 语句外的语句。

【例 3.17】 输入某学生成绩，根据成绩的情况输出相应的评语。成绩在 90 分以上，输出评语：优秀；成绩在 70～90 之间为：良好；成绩在 60～70 之间，输出评语：合格；60 分以下，输出评语：不合格。

分析：设表示成绩的变量为 score 。

设计程序的算法步骤为：

① 输入学生的成绩 score。

② 将成绩整除 10，转化成 switch 语句中表达式。

③ 根据学生的成绩输出相应的评语：

- 先判断成绩是否在 90 分以上，若是则输出评语；
- 再判断成绩是否在 90～70 之间，若是输出评语；
- 再判断成绩是否在 70～60 之间，若是输出评语；
- 否则，输出评语：不合格。

④ 程序流程图如图 3.11 所示。

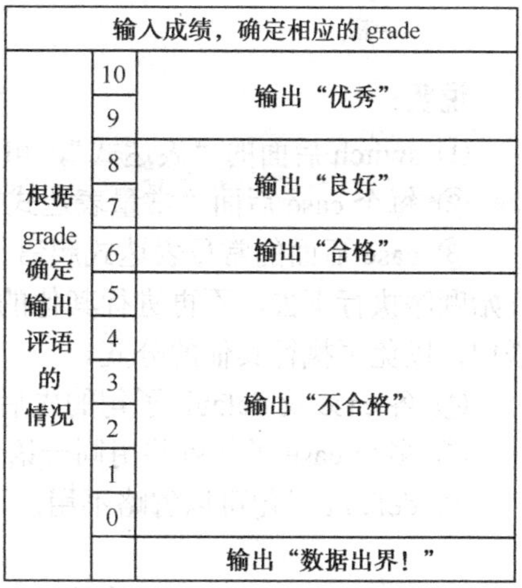

图 3.11 N-S 流程图

程序代码如下：

```
#include <stdio.h>
main()
{
  int   score, grade;
  printf("Input a score(0~100): ");
  scanf("%d", &score);
  grade = score/10; /*将成绩整除 10，转化成 switch 语句中的 case 标号*/
  switch (grade)
    {case   10:
     case     9: printf("优秀\n"); break;
     case     8:
     case     7: printf("良好\n"); break;
     case     6: printf("合格\n"); break;
     case     5:
     case     4:
     case     3:
     case     2:
     case     1:
     case     0: printf("不合格\n"); break;
     default: printf("数据出界!\n");
    }
}
```

运行情况如下：

```
Input a score(0~100): 95↙
优秀
Input a score(0~100): 66↙
合格
```

说明：

① switch 后面的“表达式”，可以是 int、char 和枚举型中的一种。

② 每个 case 后面“常量表达式”的值应该各不相同，否则会出现自相矛盾的现象。

③ case 后面的常量表达式起语句标号的作用，系统一旦找到对应的标号，就从这个标号开始顺序执行下去，不再进行其他的标号判断。所以必须加上 break 语句，以便跳出 switch 语句，以免再执行其他的分支。

④ 各 case 及 default 子句的先后次序不影响程序执行结果。

⑤ 多个 case 子句可共用同一语句组。

⑥ default 子句可以省略不用。

实训 8　if 语句和 switch 语句的使用

1．实训目的

熟练使用 if 语句和 switch 语句。

2．实训内容

（1）现有下面程序：

```
#include <stdio.h>
main()
{
  int a=-1,b=1;
    if ((++a<0)&&!(b--<=0))
    printf("%d%d\n",a,b);
    else
        printf("%d%d\n",b,a);
}
```

编译、运行该程序，分析并写出程序运行结果，从中学会逻辑表达式的使用。

（2）编程判断某年是否为闰年。

① 在 Edit 窗口中输入、编辑如下程序。

```
#include<stdio.h>
main()
{
    int   year;
    printf("input a year: ");
    scanf("%d",&year);
        if ((year%4= =0&&year%100!=0)||year%400= =0)
```

```
        printf("The year is leapyear. ");        /*利用逻辑表达式表示判断条件*/
    else printf("The year is not leapyear. ");
}
```

② 输入年份，得到程序运行结果。

③ 分析并学会用逻辑表达式表示判断条件。

（3）编程输入两个实数，按代数值由小到大的次序输出这两个数。

①程序流程图如图 3.12 所示。

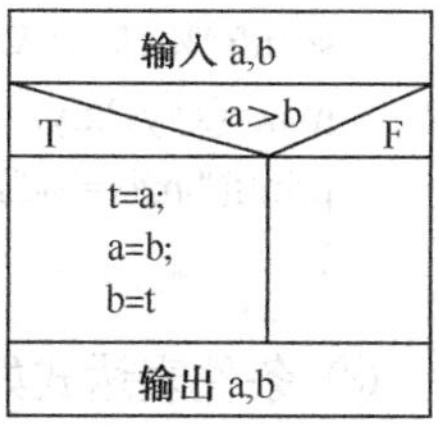

图 3.12　N-S 流程图

② 源程序代码如下：

```
#include<stdio.h>
main()
{
    float a,b,t;
    scanf("%f,%f",&a,&b);
    if(a>b)                 /*if 语句：比较变量 a,b 的值*/
    {t=a;a=b;b=t;}          /*复合语句：实现变量 a 和 b 的互换*/
    printf(" %5.2f,%5.2f" ,a,b); /*输出排过序的变量 a，b*/
}
```

③ 复合语句{t=a;a=b;b=t;}的括号可以省略吗？试一试。

④ 保存该程序文件。

（4）编程输入三个实数，按由小到大的次序输出这三个数。

① 程序流程图如图 3.13 所示。

② 打开前面已经存盘的文件，编辑修改为如下的程序：

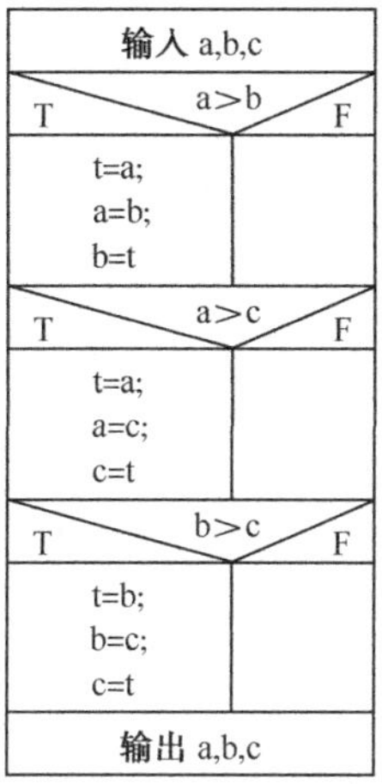

图 3.13　N-S 流程图

```
#include<stdio.h>
main()
{
    float a,b,c,t;
     scanf("%f,%f,%f",&a,&b,&c);
    if(a>b)
       {t=a;a=b;b=t;}
    if(a>c)
       {t=a;a=c;c=t;}
    if(b>c)
       {t=b;b=c;c=t;}
  printf(" %5.2f,%5.2f,%5.2f " ,a,b,c);
}
```

③ 测试这个程序：选择 3 组不同的数据，使每个分支都执行一遍。单步跟踪程序的执行，并打开 watch 窗口，观察变量的变化。

（5）使用条件表达式，编程将两个整数 x，y 中最大者输出。

① 程序流程图如图 3.14 所示。

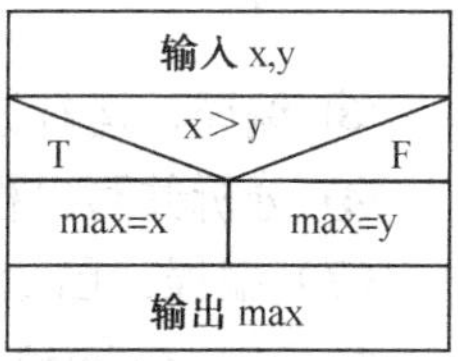

图 3.14　N-S 流程图

② 源程序代码如下：

```c
#include<stdio.h>
  main()
  { int x,y,max;
  scanf("%d,%d",&x,&y);
  max=(x>y)?x:y;
  printf(" max=%d\n",max);
  }
```

③ 条件表达式好用吗？

（6）4 个圆塔，圆心分别为（2，2）、（−2，2），（2，−2），（−2，−2），圆半径为 1。这 4 个塔的高度为 10m。塔以外无建筑物。现输入一个点的坐标，求该点的建筑高度（塔外的高度为 0），见图 3.15。

① 程序流程图如图 3.16 所示。

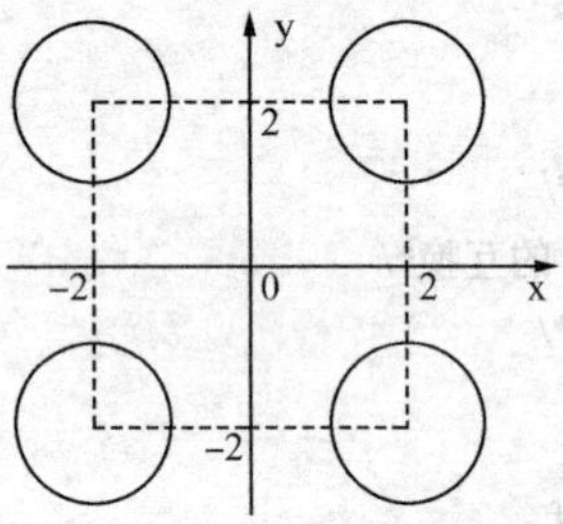

图 3.15 圆塔位置示意图

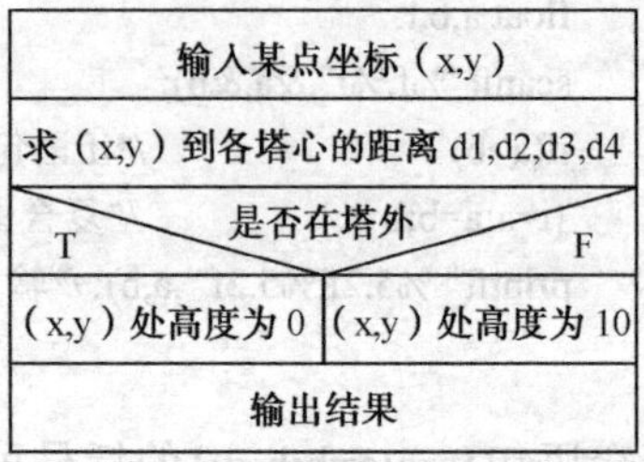

图 3.16 N-S 流程图

② 在 Edit 窗口中输入、编辑如下程序。

```c
#include <stdio.h>
main()
  {
    int h=10;
    float x,y,x0=2,y0=2,d1,d2,d3,d4;
    printf("请输入一个点（x,y）：");
    scanf("%f,%f",&x,&y);
    d1=(x-x0)*(x-x0)+(y-y0)*(y-y0);          /*求该点到各中心点距离*/
    d2=(x-x0)*(x-x0)+(y+y0)*(y+y0);
    d3=(x+x0)*(x+x0)+(y-y0)*(y-y0);
    d4=(x+x0)*(x+x0)+(y+y0)*(y+y0);
    if(d1>1&&d2>1&&d3>1&&d4>1)          /*判断该点是否在塔外*/
        h=0;
    printf("该点高度为%d",h);
  }
```

③ 编译、运行该程序。

④ 分析并写出程序运行结果。

（7）编程。已知以下函数：

$$y=\begin{cases}\sin(x) & (x<0)\\ 0 & (x=0)\end{cases}$$

cos(x)　　　(x>0)

输入 x 值，输出 y 值。

① 在 Edit 窗口中输入、编辑如下程序。

```
#include<math.h>
#include <stdio.h>
main()
{      int x,y;
       scanf("%d",&x);
       if(x<0)   y=sin(x);
       else if (x= =0)   y=0;
               else   y=cos(x) ;
     printf("x=%d,y=%d\n",x,y);
}
```

② 编译、运行该程序。

③ 为什么用预处理命令“#include<math.h>”？

④ 画出该程序的 N-S 结构流程图。

⑤ 体会 if -else -if 语句的使用，其实它也是选择结构的嵌套。

（8）分析以下程序（Ⅰ）。

```
#include <stdio.h>
main()
{
int a=2,b=-1,c=2;
          if (a<b)
               if (b<0) c=0;
              else c++;
printf("%d\n",c);
}
```

① 该程序的输出结果为多少？

② 画出 N-S 结构流程图，体会 if 语句的嵌套结构。

（9）分析以下程序（Ⅱ）。

```
#include <stdio.h>
main()
{
      int x=1,a=0,b=0;
      switch(x)
      { case 0:b++;
      case 1:; a++;
      case 2: a++; b++;
      }
      printf("a=%d,b=%d\n",a,b);
}
```

请问该程序的输出结果是什么？了解 switch 语句的格式。

（10）设计一个简单计算器。

输入两个数值和一个运算符，输出运算结果。

① 分析：两个运算数值为 x, y, 运算符为 ch，结果为 z。

假定运算符的取值范围是：+、–、*、/ 。

程序的设计步骤是：首先，输入 x ,ch , y；然后，计算结果 z。

这是一个多分支选择，根据 ch 的值选择计算：

- +：z = x + y
- –：z = x– y
- *：z = x * y
- /：z = x / y

最后，输出结果：x+y = z

② 程序代码如下：

```
#include <stdio.h>
main()
{       float   x ,   y,   z;
        char ch;
        printf("Please input , y : ");
        scanf("%f, %f",&x,&y );
        printf("Please input ch : ");
        scanf("%c",&ch );
        switch(ch )
        { case '+': z = x + y ;break;
           case '–': z = x -y;break;
           case '*':   z = x  *  y ;break;
           case '/':   z = x/y ;break;
           default : printf("error\n");
        }
        printf("x+y =%f\n", z)
}
```

输入 grade		
根据grade确定分数段	A	打印"85～100"
	B	打印"70～84"
	C	打印"60～69"
	D	打印"<60"
	其他	打印 error

图 3.17 N-S 流程图

③ 编译、运行该程序。

④ 你可以把界面设计得漂亮一些吗？

（11）编程：要求输入学生考试成绩的等级并打印出百分制分数段。

① 程序流程图如图 3.17 所示。

② 在 Edit 窗口中输入、编辑如下程序。

```
#include<stdio.h>
main()
{
     char grade;
     printf("input grade: ");
     scanf("%c",&grade);
```

```
    switch(grade)
    { case   'A':printf("85-100\n");break;
       case   'B': printf("70-84\n"); break;
       case   'C': printf("60-69\n"); break;
       case   'D': printf("<60\n"); break;
       default : printf("error\n");
    }
}
```

③ 编译、运行该程序。

④ 观察程序运行结果。

3. 实训思考

（1）通过上面的练习，你对 if 语句和 switch 语句掌握了多少？条件运算符会用了吗？

（2）通过比较程序的运行结果体会其不同之处有哪些？并掌握其中的知识点。

3.6 循环结构程序设计

循环是客观存在的最普遍的现象之一，许多问题需要做大量雷同的重复处理。所以，循环结构（或称重复结构）是我们程序设计中的一个基本结构，如求 1～100 的累加和。

根据已有的知识，可以用“1+2+…+100”直接赋值来求解，要把其中的每一项都写出来，显然不太好办。我们想，如果只写一组语句，令它执行 100 次，这样既书写简单，又增强了程序的结构性，下面介绍的循环结构语句正是要解决这样的问题。

在 C 语言中，可用以下语句实现循环：

（1）用 goto 语句和 if 语句构成循环。

（2）用 for 语句。

（3）用 do-while 语句。

（4）用 while 语句。

3.6.1 goto 语句及 goto 语句构成的循环

【例 3.18】 使用 goto 语句实现求解 1～100 的累加和。

```
#include <stdio.h>
main()
{
    int   sum=0，n=1;                  /* 初始化，循环开始前的准备工作*/
    loop: sum += n;                     /* 累加求和*/
         n++;                           /*指向下一项 */
         if (n<=100)   goto   loop;     /* 转到 loop 标示的行，执行对应的语句*/
    printf("sum=%d\n", sum);            /* 输出结果*/
}
```

运行结果：

sum=5050

分析：

（1）首先要设置一个累加器 sum，其初值为 0，也叫加法器。

（2）利用 sum =sum+ n 来累加。

（3）n 依次取 1，2，…，100。

n 称为循环变量，随着循环的进行，它的值在变化。（n 也称为“指针”，因其值一直指向被加的项数；n 又称为“计数器”，表示已累加的项数。）

算法步骤如下。

① 循环前的初始化：sun =0, n=1。

② 循环体：求累加和 sum=sum+n。n 指向下一位：n=n+1。

③ 循环结束，输出结果。

注意：（1）初学者容易轻视初始化，导致结果面目全非。

（2）循环结束时 n=101。

知识点：goto 语句。goto 语句是一种无条件转移语句。其语句的语法格式为：

goto　语句标号；

功能：使系统转向标号所在的语句行执行。

说明：

（1）标号是一个标识符，这个标识符加上一个“:”，用来标识某个语句。

如上例的“loop: ”,执行 goto 语句后，程序跳转到该标号处并执行其标识的语句：sum += n;，而后继续运行。

（2）标号必须与 goto 语句同处于一个函数中，但可以不在同一个循环层中。

（3）goto 语句不是循环语句，与 if 语句连用才可以构成循环。也可以不构成循环，当满足某一条件时，程序跳转到别处运行。

（4）结构化程序设计不提倡用 goto 语句，因为它会使程序结构无规律，不易读。所以它也不是必需的语句，但有时用 goto 语句也比较方便。

3.6.2　while 语句 / do-while 语句 / for 语句

1．当型循环 while 语句

（1）while 语句的格式：

while(表达式) 语句组

其中表达式是循环条件，语句组为循环体。

（2）执行过程：当条件表达式为真时，执行一次循环体，再检查条件表达式是否为真，为真时，再执行循环体……直到有一次执行循环体后条件表达式的值为假时终止。然后执行循环体外的语句。当一开始条件表达式就为假时，循环体根本就不执行。其执行过程如图 3.18 所示。

说明：循环体语句由若干语句组成。循环体中必须有修改条件表达式的语句，可以使条件由成立转为不成立，从而结束循环。否则如果开始时条件为真，就会永远为真，使循环体永远重复执行下去。这种情况称为“死循环”。

【例 3.19】 用 while 语句求$\sum_{n=1}^{100} n$。

程序流程图如图 3.19 所示。

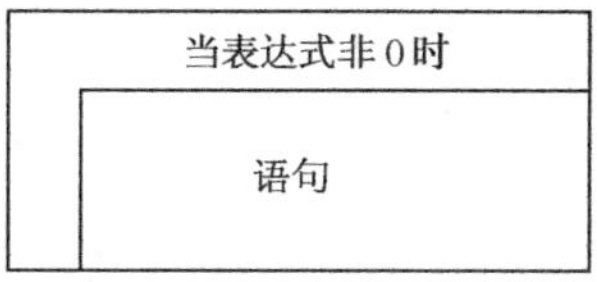

图 3.18 while 语句执行过程

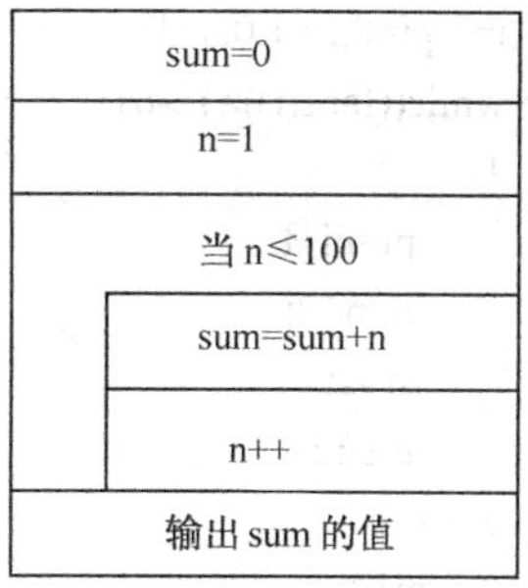

图 3.19 N-S 流程图

程序代码如下。

```
#include <stdio.h>
main()
{
     int n=1,sum=0;
     while(n<=100)
         {
             sum=sum+n;
             n++;
         }
     printf("sum=%d\n",sum);
}
```

运行结果：

```
     sum=5050
```

循环体有多个语句时，要用花括号“{}”把它们括起来。

分析步骤如下。

① 初始化：sum 初值为 0，n 初值为 1；

② 循环条件：当 n<=100 时，继续循环累加；

③ 循环体：累加 sum=sum+n；指向下一项 n=n+1；

④ n=101 时循环结束；

⑤ 输出 sum。

【例 3.20】 用$\pi/4 \approx 1-\frac{1}{3}+\frac{1}{5}-\frac{1}{7}+\cdots$公式求π的近似值，直到最后一项的绝对值小于 10^{-6} 为止。

程序流程图如图 3.20 所示。

程序代码如下。

```
#include <stdio.h>
#include<math.h>
```

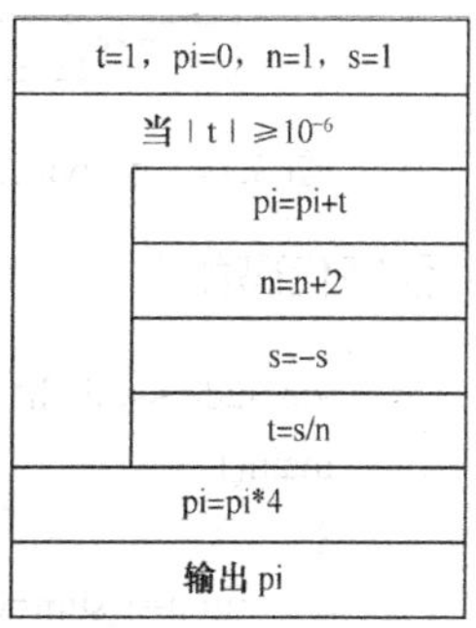

图 3.20 N-S 流程图

```
main()
{
    int s;
    float n,t,pi;
    t=1;pi=0;n=1.0;s=1;
    while((fabs(t))>1e-6)
    {
        pi=pi+t;
        n=n+2;
        s=-s;
        t=s/n;
    }
     pi=pi*4;
     printf("pi=%10.6f\n",pi);
}
```

2．直到型循环 do-while 语句

do-while 语句的格式：

```
do
      语句
      while(表达式);          /*本行的分号不能缺省*/
```

这个循环与 while 循环的不同之处仅在于：它先执行循环中的语句，然后再判断表达式是否为真。如果为真则继续循环；如果为假，则终止循环。因此，do-while 循环至少要执行一次循环语句，其执行过程可用图 3.21 表示。

【例 3.21】　用 do-while 语句求 $\sum_{n=1}^{100} n$。

程序流程图如图 3.22 所示。

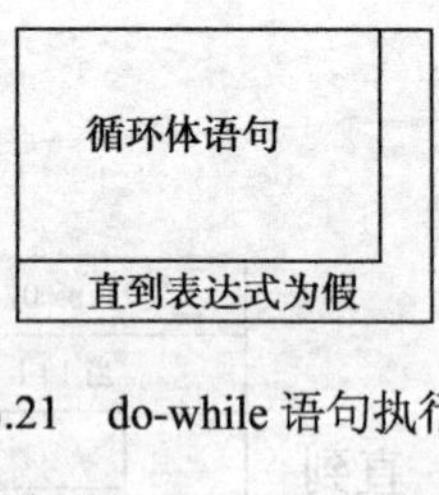

图 3.21　do-while 语句执行过程

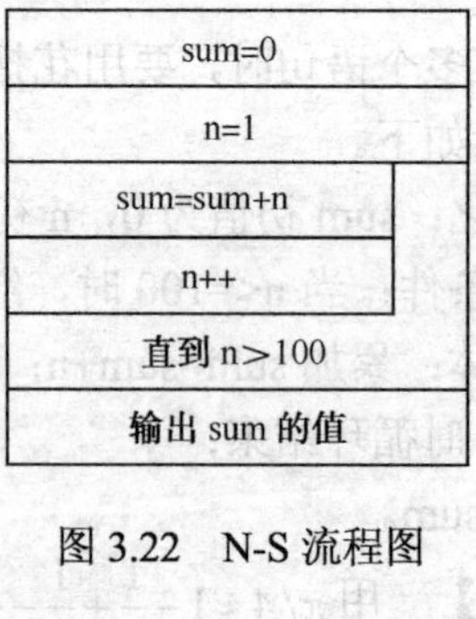

图 3.22　N-S 流程图

程序代码如下。

```
#include <stdio.h>
main()
{
    int n=1,sum=0;
    do
```

```
    {
        sum=sum+n;
        n++;
      }
    while(n<=100)
    printf("%d\n",sum);
}
```

运行结果：

```
sum=5050
```

同样，循环体有多个语句时，要用花括号“{}”把它们括起来。

do-while 语句比较适用于不论条件是否成立，先执行 1 次循环体语句组的情况。

3. for 语句

在 C 语言中，for 语句使用最为灵活，它完全可以取代 while 语句。

（1）for 语句的一般格式：

for([表达式 1]；[表达式 2]；[表达式 3])
语句组

表达式 1：给循环控制变量赋初值；
表达式 2：循环条件，是一个逻辑表达式，它决定什么时候退出循环；
表达式 3：循环变量增值，规定循环控制变量每循环一次后按什么方式变化。
这三个部分之间用“；”分开。

for 语句的格式还可以直观地描述为：

for([变量赋初值]；[循环继续条件]；[循环变量增值])
语句组

使用中括号“[ ]”表明其内的项是可以缺省的。

（2）for 语句的执行过程：

① 求解“变量赋初值”表达式。
② 求解“循环继续条件”表达式。如果其值非 0，执行③；否则，转向④。
③ 执行循环体语句组，并求解“循环变量增值”表达式，然后转向②。
④ 执行 for 语句的下一条语句。

其执行过程可用图 3.23 表示。

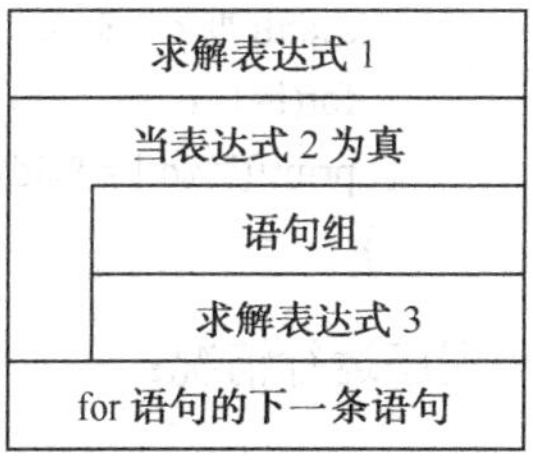

图 3.23　for 语句的 N-S 流程图

【例 3.22】 用 for 语句求 $\sum_{n=1}^{100} n$。

```
#include <stdio.h>
main()
{
    int n ,sum=0;
    for(n=1; n<=100; n++)   sum += n ;        /*实现累加*/
```

```
    printf("sum=%d\n",sum);
}
```

程序运行结果如下：

```
sum=5050
```

分析步骤：

① 先给 n 赋初值 1；

② 判断 n 是否小于等于 100，若是则执行循环体语句；

③ n 值增加 1。再重新判断；

④ 直到条件为假，即 i>100 时，结束循环；

⑤ 输出结果。

这 3 种循环语句，语句功能相同，可以互相代替，但 for 语句结构简洁，使用起来灵活、方便，不仅可用于循环次数已知的情况，也可用于循环次数未知、但给出了循环继续条件的情况。

比较一下可以看出：

```
for(n=1; n<=100; n++) sum=sum+n;
```

相当于：

```
n=1;
while（n<=100）
{ sum=sum+n;
  n++;
}
```

其实，while 循环是 for 循环的一种简化形式（缺省“变量赋初值”和“循环变量增值”表达式）。

【例 3.23】 求 n 的阶乘 n!（n!=1＊2＊…＊n）。

```
#include <stdio.h>
main()
{
 int i, n;
 long   fact=1;                /*将累乘器 fact 初始化为 1*/
 printf("Please input   n: ");
 scanf("%d", &n);
 for(i=1; i<=n; i++)   fact＊= i;            /*实现累乘*/
 printf("%d ! = %ld\n", n, fact)
}
```

程序运行情况：

```
Please   Input   n: 6↙
6 ! = 720
```

思考：累乘器 fact 的初始化值可以为 0 吗？

（3）说明。

① “变量赋初值”、“循环继续条件”和“循环变量增值”部分均可缺省，甚至全部缺省，但其间的分号不能省略。

② 当循环体语句组由多条语句构成时，要使用花括号，即复合语句。

③ “循环变量赋初值”表达式可以是逗号表达式，既可以是给循环变量赋初值，也可以是与循环变量无关的其他表达式。

例如，求和的例子可写为：

```
n=1;
for( sum=0 ; n<=100 ;n++)    sum += n ;
```

或

```
for( sum=0, n=1 ; n<=100 ; n++)    sum += n ;
```

④ “循环继续条件”一般是关系（或逻辑）表达式，也允许是其他表达式。

4．循环语句的嵌套结构

（1）循环嵌套的概念。如果一个循环结构的循环体中又包含一个循环结构，就称为循环的嵌套，或称多重循环。前面学习的三种循环语句，每一种语句的循环体部分都可以再含有循环语句，所以多重循环很容易实现。

按照嵌套层数，循环的嵌套可以分别称为二重循环、三重循环等。处于内部的循环叫做内循环，处于外部的循环叫做外循环。循环嵌套的概念对所有高级语言都是一样的。

（2）多重循环的执行过程。以二重循环为例。从最外层开始执行，外循环变量每取一个值，内循环就执行一个循环；内循环结束，回到外循环，外循环变量取下一个值，内循环又开始执行下一个循环；如此继续，直到外循环结束。

【例 3.24】 打印如下图形：

```
********
********
********
********
********
```

分析：这是一个简单的二维图形：5 行，8 列。用二重循环设计程序正好合适。这里循环次数已知，使用 for 语句循环方便。用变量 i 表示行号，取值范围 1～5；变量 j 表示列号，取值范围 1～8。

因为打印图形是按行打印，先打印第一行，再打印第二行，…，所以应该由内循环完成行的打印。对某一行 i，有循环：

```
for ( j=1 ; j<= 8 ; j++ )   printf ("*") ;
```

实现对第 i 行的打印，打印出第 i 行的全部*号。

所以 j 就是内循环变量了。外循环 i 是控制行号的，i 是外循环变量。

程序代码如下：

```
#include <stdio.h>
main()
{
int i , j ;
   for (i=1 ; i<= 5 ; i++ )
      { for ( j=1 ; j<= 8 ; j++ )   printf (" * ") ;
        printf ("\n");
      }
}
```

思考：

（1）“printf ("\n");”的作用是什么？是打印这个图形所是必需的吗？

（2）内循环中的花括号{ }也是必需的吗？其作用是什么？

5．break 和 continue 语句

为了使循环控制更加方便，C 语言提供了 break 语句和 continue 语句。

（1）格式：

```
break;
continue;
```

（2）功能：break 和 continue 语句对循环控制的影响如图 3.24 所示。

① break：强行结束循环，转向执行循环语句的下一条语句。

② continue：对于 for 循环，跳过循环体其余语句，转向循环变量增值表达式的计算；对于 while 和 do-while 循环，跳过循环体其余语句，但转向循环继续条件的判定。

说明：

① break 可以用于循环语句和 switch 语句中，continue 只能用于循环语句中。

② 循环嵌套时，break 和 continue 只能向外跳一层。

③ 通常，break 语句和 continue 语句是和 if 语句连用的。

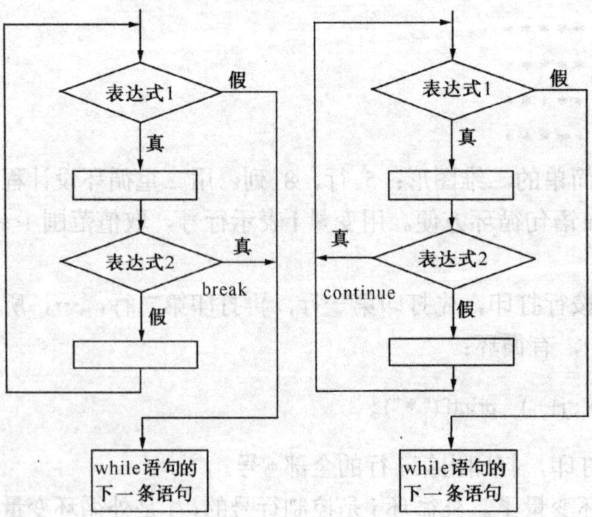

图 3.24　break 和 continue 语句对循环控制的影响

【例 3.25】 continue 语句的使用。

```
#include <stdio.h>
#include <stdio.h>
main()
{
    int n;
    for( n=1; n<=20;n++)
    {
        if （n%3==0） continue;   /* n 可以被 3 整除时，继续下一次循环的判断*/
        printf("%3d\n", n);   /* n 不可以被 3 整除时，输出*/
    }
}
```

该程序输出了 1～20 之间不可以被 3 整除的数。

【例 3.26】 输出 100～200 之间的全部素数。所谓素数 n，是指除 1 和 n 之外，不能被 2～（n−1）之间的任何整数整除。

分析：

① 内循环设计出判断某一个数 n 是否是素数的算法。

② 判断某数 n 是否是素数的算法：根据素数的定义，用 2～（n−1）之间的每一个数去整除 n，如果都不能被整除，则表示该数是一个素数。

③ 外循环：被判断数 n，从 101 循环到 199。

程序代码如下：

```
#include <stdio.h>
main()
{
    int i , n ;
    for( n=101 ;n< 200;n+=2)          /*外循环：为内循环提供一个整数 n */
      { for( i=2 ; i< = n-1 ;   i++ )  /*内循环：判断整数 n 是否是素数*/
          if(n%i= =0)                 /*n 不是素数*/
            break;                    /*n 不是素数时，强行退出内循环，回到外循环继续*/
          if( i >= n )                /* n 是素数时，输出.n   */
            printf("%5d",n);
      }
 }
```

外循环控制变量 n 的初值从 101 开始，增量为 2，这样做节省了一半的循环次数。本例还可以有其他更好的设计方法。对比实训中的求素数设计，可以加深理解。

实训 9 while 语句、do-while 语句和 for 语句的使用

1. 实训目的

熟练掌握各种循环程序设计的方法。

2．实训内容

（1）分析下面的程序代码：

```
#include <stdio.h>
main()
{     int n=9;
      printf("\n");
            while(n>6) {n--;printf("%d",n)};
}
```

写出程序的运行结果，了解 while 语句的使用。

（2）分析下面的程序代码：

```
#include <stdio.h>
main()
{ int x=23;
   do
      printf("%d",x--);
   while(!x);
}
```

写出程序的运行结果，了解 do-while 语句的使用。

（3）分析下面的程序代码：

```
#include <stdio.h>
main()
{ int i,sum=0;
   for (i=1;i<=3;i++)    sum+=i;
   printf("%d\n",sum);
}
```

写出程序的运行结果，了解 for 语句的使用。

（4）编程求 1+2！+3！+ … +20！

① 程序流程图如图 3.25 所示。

② 源程序代码如下：

```
#include <stdio.h>
main()
{
      float s=0,t=1;
      int n;
      for(n=1;n<=20;n++)
      {
            t=t*n;                          /*求 n！*/
            s=s+t;                          /*将各项累加*/
      }
      printf("1!+2!+…+20!=%e\n",s);
```

```
}
```

③ 运行该程序。

④ 分析并写出程序运行结果。

（5）求 $S_n=a+aa+aaa+\cdots+\underbrace{aa\cdots a}_{n}$ 的值，其中 a 是一个数字。

例如：2+22+222+2222+22222（此时 n=5），n 由键盘输入。

① 程序流程图如图 3.26 所示。

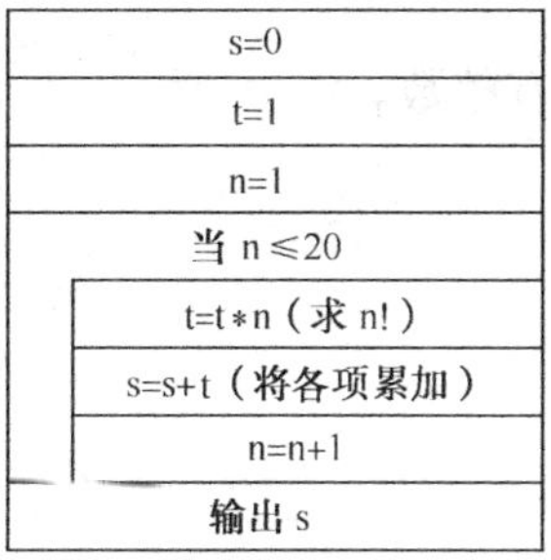

图 3.25　N-S 流程图

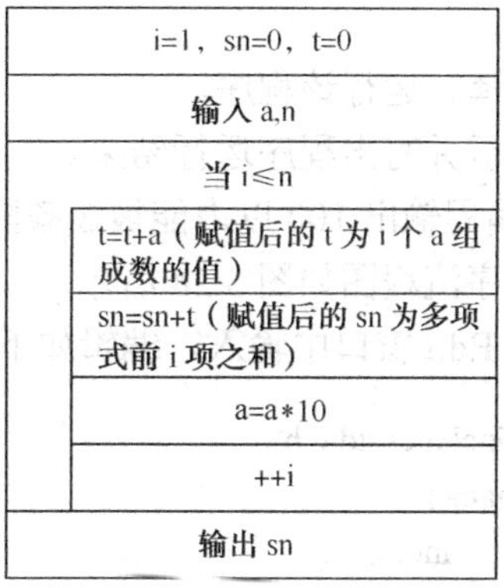

图 3.26　N-S 流程图

② 程序代码如下：

```
#include <stdio.h>
main()
{
      int a,n,i=1,sn=0,t=0;
      printf("a,n=:");
      scanf("%d,%d",&a,&n);
      while(i<=n)
      {t=t+a;
      sn=sn+t;
      a=a*10;
      ++i;
      }
      printf("a+aa+aaa+…%d\n",sn);
}
```

③ 编译、运行该程序。

④ 分析并写出程序运行结果。

（6）编程求 1～10 之间的奇数之和及偶数之和。

① 程序流程图如图 3.27 所示。

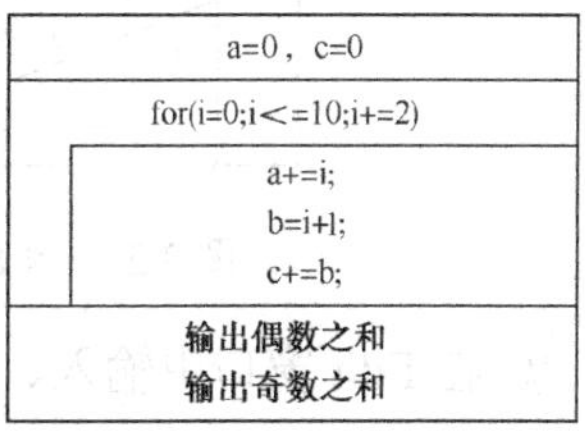

图 3.27　N-S 流程图

② 在 Edit 窗口中输入、编辑如下程序。

```
#include<stdio.h>
main()
{     int a,b,c,i;
```

```
    a=c=0;
    for(i=0;i<=10;i+=2)
    { a+=i;
      b=i+1;
      c+=b;
    }
    printf("偶数之和=%d\n",a);
    printf("奇数之和=%d\n",c-11);
}
```

③ 编译、运行该程序。

④ 分析并写出程序运行结果。

（7）编程输出 100 以内能被 3 整除且个位数为 6 的所有整数。

① 程序流程图如图 3.28 所示。

② 在 Edit 窗口中输入、编辑如下程序。

```
#include<stdio.h>
main()
{   int i,j;
    for(i=0;i<=9;i++)
    { j=i＊10+6;
      if (j%3!=0) continue;
      printf("%4d",j);
    }
}
```

③ 编译、运行该程序。

④ 分析并写出程序运行结果。

⑤ 学会使用 continue 语句。

（8）编程实现：从键盘上输入若干个学生的成绩，统计并输出最高成绩和最低成绩，当输入负数时结束输入。

① 程序流程图如图 3.29 所示。

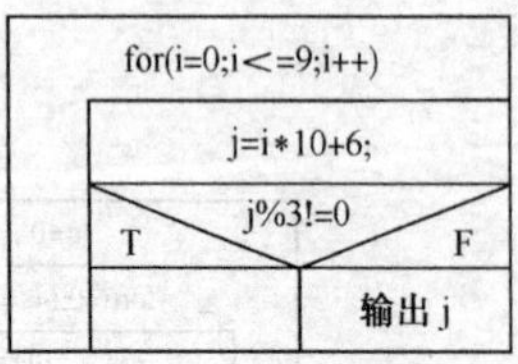

图 3.28　N-S 流程图

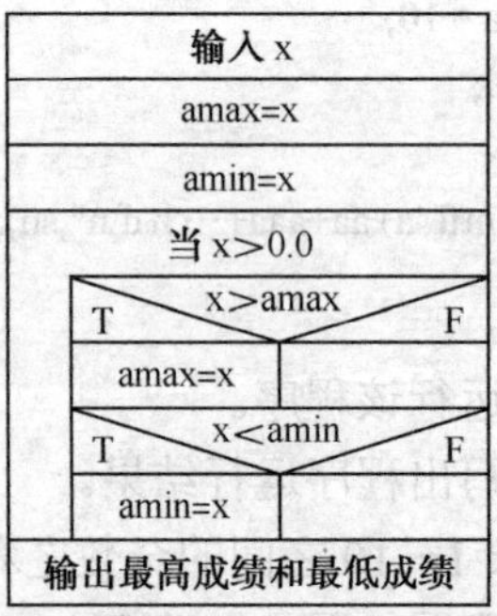

图 3.29　N-S 流程图

② 在 Edit 窗口中输入、编辑如下程序。

```
#include <stdio.h>
```

```
main()
{
      float x,amax,amin;
      scanf("%f",&x);
      amax=x;
      amin=x;
      while (x>0.0)
      {if (x>amax) amax=x;
       if (x<amin) amin=x;
       scanf("%f",&x);
      }
      printf("\namax=%f\naming=%f\n",amax,amin);
}
```

③ 编译、运行该程序。

④ 分析并写出程序运行结果。

（9）下面程序的输出结果是多少？

```
#include <stdio.h>
main()
{     int i,j,m=0,n=0;
      for(i=0;i<2;i++)
       for(j=0;j<2;j++)
       if(j>=i) m=1;n++;
       printf("%d\n",n);
}
```

了解 for 语句是如何进行嵌套的。

（10）编程打印以下图案。

```
*
*  *
*  *  *
*  *  *  *
```

① 在 Edit 窗口中输入、编辑如下程序。

```
#include <stdio.h>
main()
{
   int i,j;
   for (i=0;i<=3;i++)          /*使用 for 语句完成图案的输出*/
   {
      for (j=0;j<=i;j++)  /*使用 for 语句完成每行图案中*的输出*/
      printf(" * ");
      printf("\n");
   }
}
```

② 编译、运行该程序。

③ 分析图形的形成规律。

（11）编程打印以下图案。

```
      *
    *   *
  *   *   *
*   *   *   *
```

① 在 Edit 窗口中输入、编辑如下程序。

```
#include <stdio.h>
main()
{
    int i,j,k;
    for (i=0;i<=3;i++)          /*使用 for 语句完成图案的输出*/
    {
        for (j=0;j<=2-i;j++)   /*使用 for 语句完成图案中空格的输出*/
        printf("   ");
        for (k=0;k<=i;k++)    /*使用 for 语句完成图案中*的输出*/
            printf(" * ");
        printf("\n");
    }
}
```

② 编译、运行该程序。

③ 程序运行结果与第（10）题类似，两个图形相差不大，但两个程序的难度不一样。分析程序，找出区别在哪里，为什么？

④ 保存该程序文件。

（12）编程打印以下图案。

有了前面两题的基础，打印下面这个图形，应该很容易了。

```
            *
        *   *   *
    *   *   *   *   *
*   *   *   *   *   *   *
```

打开前面已经存盘的文件，编辑修改为如下的程序即可。

```
#include <stdio.h>
main()
{
    int i,j,k;
    for (i=0;i<=3;i++)
    {
    for (j=0;j<=2-i;j++)
    printf("   ");
    for (k=0;k<=2*i;k++)
```

```
            printf(" * ");
        printf("\n");
        }
    }
```

(13) 有了前面的准备，就应该能够轻松打印下面这个漂亮的图案了。

```
      *
    * * *
  * * * * *
* * * * * * *
  * * * * *
    * * *
      *
```

源程序代码如下：

```
#include <stdio.h>
main()
{
   int i,j,k;
   for (i=0;i<=3;i++)
   {
      for (j=0;j<=2-i;j++)
      printf("   ");
      for (k=0;k<=2*i;k++)
      printf("*");
      printf("\n");
   }
for (i=0;i<=2;i++)
{
      for (j=0;j<=i;j++)
      printf("   ");
      for (k=0;k<=4-2*i;k++)
      printf("*");
      printf("\n");
   }
}
```

思考几个 for 语句的作用。

(14) 编程：判断 m 是否为素数。

① 程序流程图如图 3.30 所示。

② 在 Edit 窗口中输入、编辑如下程序。

```
#include <stdio.h>
#include<math.h>
main()
{
```

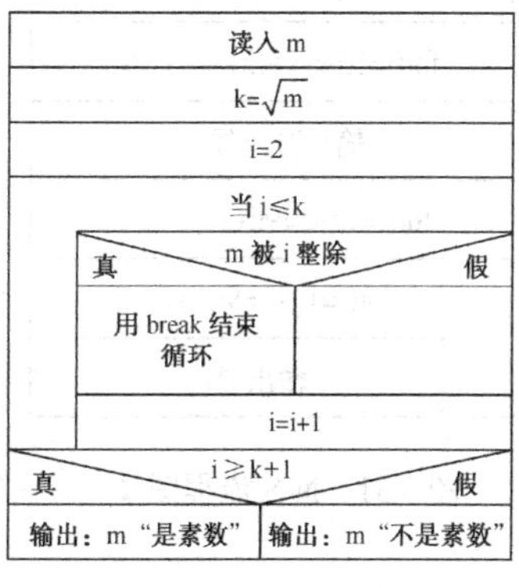

图 3.30 N-S 流程图

```
    int m,i,k;          /*定义 3 个整型变量 m,i,k*/
    scanf("%d",&m); /*输入变量 m*/
    k=sqrt(m+1);
    for (i=2;i<=k;i++)   /*判断 m 是否为素数*/
    if (m%i= =0)   break;
    if (i>=k+1)   printf("%d is a prime number\n",m);   /*输出 m 是否为素数的信息*/
    else printf("%d is not a prime number\n",m);
}
```

③ 编译、运行该程序。

④ 与例题程序比较，优化在哪里？

⑤ 保存该程序文件

（15）编程求 100～200 间的全部素数。

① 打开前面已经存盘的文件，编辑修改为如下的程序：

```
#include <stdio.h>
#include<math.h>
main()
{
 int m,k,i,n=0;
 for (m=101;m<=200;m=m+2)
   {
      k=sqrt(m);
      for (i=2;i<=k;i++)
      if (m%i= =0) break;
      if (i>=k+1){printf("%4d",m);n=n+1;}
      if(n%10= =0) printf("\n");
   }
 printf("\n");
}
```

② 上机运行这个程序，想一想哪些语句是判断是否为素数的，哪些是控制素数输出的？

③ 与例题程序比较，区别在哪里？

（16）编程打印九九表。

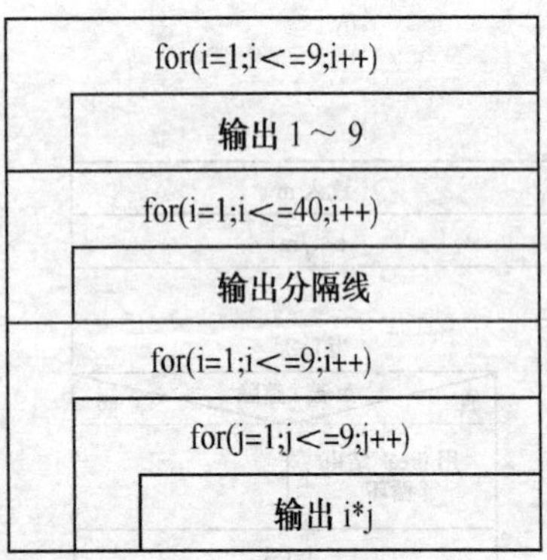

图 3.31　N-S 流程图

① N-S 流程图如图 3.31 所示。

② 在 Edit 窗口中输入、编辑如下程序。

```
#include <stdio.h>
main()
{
    int i,j;
    for (i=1;i<=9;i++)
    printf("%4d",i);
    printf("\n");
    for (i=1;i<=40;i++)
    printf("%c",'-');
    printf("\n");
  for (i=1;i<=9;i++)
```

```
    {
      for (j=1;j<=9;j++)
      printf("%4d",i*j);
      printf("\n");
    }
  }
```

③ 编译、运行该程序。

④ 认真分析程序中的每个 for 语句分别控制什么的输出。

⑤ 保存该程序文件

（17）猴子吃桃问题。

猴子第一天摘下若干个桃子，当即吃了一半，还不过瘾，又多吃了一个。第二天早上又将剩下的桃子吃掉一半，又多吃了一个。以后每天早上都吃了前一天剩下的一半零一个。到第 10 天早上想再吃时，见只剩一个桃子了。求第一天共摘了多少桃子。

① N-S 流程图如图 3.32 所示。

② 在 Edit 窗口中输入、编辑如下程序。

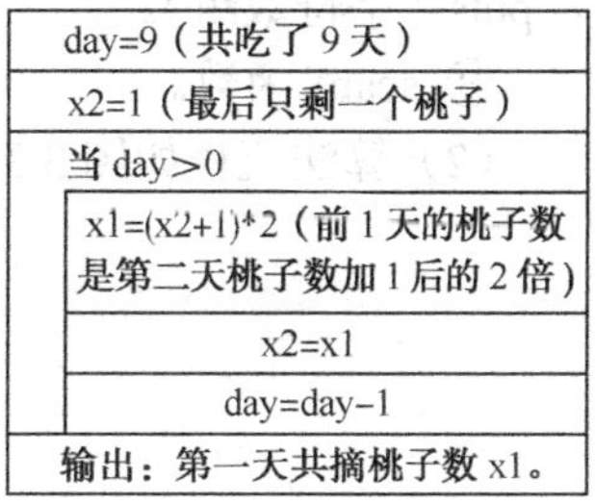

day=9（共吃了 9 天）
x2=1（最后只剩一个桃子）
当 day>0
x1=(x2+1)*2（前 1 天的桃子数是第二天桃子数加 1 后的 2 倍）
x2=x1
day=day-1
输出：第一天共摘桃子数 x1。

图 3.32　N-S 流程图

```
#include <stdio.h>
main()
{int day,x1,x2;
   day=9;
   x2=1;
   while(day>0)
      {x1=(x2+1)*2;
      x2=x1;
      day--;
      }
   printf("total=%d\n",x1);
}
```

③ 编译、运行该程序。

④ 分析并写出程序运行结果。

3. 实训思考

（1）通过上面的练习，你对循环语句掌握了吗？

（2）通过比较不同的程序设计，体会其不同之处有哪些？

课程设计 1　模拟 ATM 取款机界面

1. 模拟 ATM 取款机

模拟 ATM 取款机。

2. 设计概要

要求掌握分支结构 if 语句的嵌套及相应规则；需要用到输入/输出函数和分支结构及其嵌

套。(包括 puts(),printf(),scanf(),if 条件判断语句)

3．系统分析

先由用户输入密码，密码正确后，用户输入数据，程序提示输入款项与真实款项的关系。

4．总体设计思想

通过价格范围的缩小来实现输入价格的判断。

方案一：不使用 if 语句嵌套。

方案二：使用 if 语句嵌套。

5．功能模块设计

（1）在程序中主要用到以下函数。

① printf 函数。

② puts 函数：其作用是将一个字符串（以'\0'结束的字符序列）输出到终端。一般格式为 puts（字符数组）。

③ scanf 函数。

（2）算法流程如图 3.33 所示。

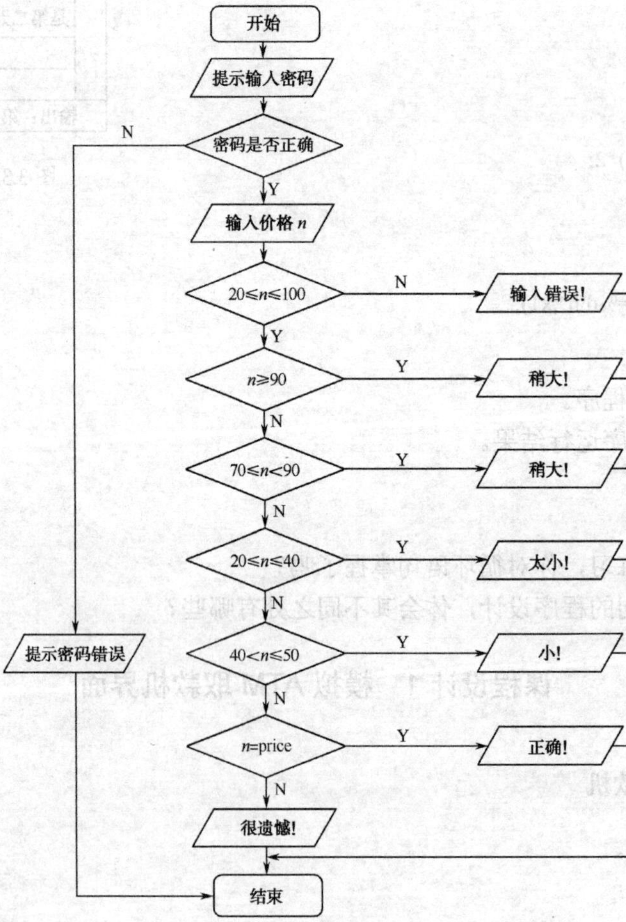

图 3.33　模拟 ATM 取款机界面程序流程图

6．程序清单

```
#include <stdio.h>
void main()
{
    int password,number,price=53;
    clrscr();
    puts("Please input password: ");
    scanf("%d",&password);
    if( password != 0000 )
    {
        printf("Password Error!\n");
        return;
    }
    puts("Please input a number :20 --- 100: ");
    scanf("%d",&number);
    if( number>=20 && number<=100 )
      {printf("Your input number is %d\n",number);
    else
     {printf("Input Error!\n");
      return;
    }
    if( number >= 90 )
    {printf("Too Bigger!\n");
    }
    else if( number >= 70 && number < 90 )
        {printf("Bigger!\n");
          }
        else if( number >= 20 && number <= 40 )
            {printf("Too Small!\n");
                }
          else if( number > 40 && number <= 50 )
                {printf("Small!\n");
                    }
              else
             {if( number == price )
                    {printf("OK! \n");
                          }
              else
              {printf("Sorry!\n");
              }
      }
}
```

7. 运行结果

```
Please input password:
0000
Please input a number: 20---100
53
Your input number is 53
OK!
```

8. 总结

编程的方法有很多种，可以尝试用 switch 语句来实现；还可以在外层加上循环控制，多给用户几次机会等。另外，这个程序的密码判断部分还可以设计得更加完善。

本章小结

本章内容较多，知识点也多，主要是介绍 C 语言程序三种基本结构的实现方法。

（1）顺序结构：介绍了顺序执行语句，包括输入/输出函数的使用、赋值语句、顺序结构的程序组成等。本节初学程序设计，常见的错误有：

① 顺序设计的思路不清楚，先后逻辑次序、条理不清楚；

② 表达式与计算公式不一致；

③ 输入/输出的格式说明符与输入/输出变量的类型不一致。

尽管顺序结构程序设计简单，但学习开始时应该注意培养良好的程序设计习惯。首先分析所给的问题，明确要求，找出解决问题的途径（即算法）。然后安排分配合适的变量，再一步一步地写出处理步骤，最后输出结果。算法设计是自顶向下进行的，复杂的算法要逐步求精。用 N-S 流程图设计算法比较方便。

（2）选择结构：选择结构是根据“条件”来决定选择哪一组语句。我们学习了二分支和多分支，以及分支的嵌套。本节的关键点是分支结构的产生和条件表达式的确立。编程前，首先对要解决的问题进行逻辑分析，再确立每个分支点的判定条件，并确定每个分支各自的出入通道，要把各种情况所对应的处理语句都列出来，不能“混流”。

（3）循环结构：循环结构的程序设计比前面两个要复杂一些。循环结构的思想是利用计算机高速处理运算的特性，以完成大量有规则的重复性运算。

设计循环结构要根据具体的问题，确定三方面的内容。

① 循环前的准备：确定循环变量、循环初值、循环结束条件（即终值）。这些内容看起来没什么，其实也是关键点，很重要。循环变量选择得合适，可以使程序结构简洁，易于设计；循环初值、终值的确定不能有丝毫大意，否则循环的结果将会“差之毫厘，误之千里”。

② 设计循环体：四种循环相比，for 语句使用最方便，goto 型循环不提倡使用。用 while 和 do-while 循环时，循环体中一定要包括有使循环趋于结束的语句，以保证循环正常结束。

③ 循环后的处理：根据需要安排。

设计循环结构的程序段时，可以根据实际问题的需要，选择合适或自己喜欢的循环语句。

习题 3

1. C 语言中的语句有哪几类？
2. 请叙述表达式与语句的区别。
3. 用于 printf 函数的控制字符常量中，代表“回车”的字符是什么？
4. 在 printf 格式字符中，以带符号的十进制形式输出整数的格式字符是（　）；以八进制无符号形式输出整数的格式字符是（　）；以十六进制无符号形式输出整数的格式字符是（　）；以无符号十进制形式输出整数的格式字符是（　）。
5. 以下程序的输出结果为（　）。

```
main()
{
    #include <stdio.h>
    int a,b;
    a=100;b=200;
    printf("%d\n",(a, b));
}
```

6. 当执行下面两个语句后，输出的结果为（ ）。

```
char c1=97;c2=98;
printf("%d%c",c1,c2);
```

7. 要得到下列结果：

```
a,b
A,B
97,98,65,66
```

按要求填空，完整以下程序：

```
#include <stdio.h>
main()
{
    char c1,c2;
    c1='a';c2='b';
    printf("_____",c1,c2);
    printf("%c,%c\n",_____);
    ________;
}
```

8. 已知大写字母 D 的 ASCII 为 68，以下程序的运行结果为（ ）。

```
#include<stdio.h>
main()
{   char c1='D',c2='R';
    printf("%d,%d\n"c1,c2);
```

```
}
```

9．用下面的 scanf 函数输入数据，使 a=3，b=8，x=12.5，y=70.83，c1='A'，c2='a'。问在键盘上如何输入？

```
#include <stdio.h>
main()
{
    int a,b;
    float x,y;
    char c1,c2;
    scanf("a=%d b=%d",&a,&b);
    scanf(" %f %e",&x,&y);
    scanf(" %c %c",&c1,&c2);
}
```

10．请写出下面程序的输出结果。

```
#include <stdio.h>
main()
{
    int a=5,b=7;
    float x=67.8564,y=-789.124;
    char c='A';
    long n=1234567;
    unsigned u=65535;
    printf("%d%d\n",a,b);
    printf("%-10f,%-10f\n",x,y);
    printf("%c,%d,%o,%x\n",c,c,c,c);
    printf("%ld,%lo,%x\n",n,n,n);
    printf("%u,%o,%x,%d\n",u,u,u,u);
    printf("%s,%5.3s\n","COMPUTER", "COMPUTER");
}
```

11．下面程序段的输出结果是（ ）。

```
int i=0,sum=1;
do
{sum+=i++;}
while(i<6);
printf("%d\n",sum)
```

12．标有/* */的语句的执行次数是多少？

```
int y,i;
for(i=0;i<20;i++)
{
  if(i%2==0)
  continue;
```

```
    y+=i; /* */
}
```

13．现有以下语句：

```
i=1;
for(;i<=100;i++)
sum+=i;
```

与下面语句等价吗？

```
i=1;
for(;;)
{sum+=i;
if(i==100)break;
i++;
}
```

14．以下程序的输出结果是什么？

```
#include<stdio.h>
main()
{
    int a,b;
    for (a=1,b=1;a<=100;a++)
    {if(b>=20)break;
     if(b%3==1)
    {b+=3;
    continue;
      }
    b-=5;
    }
    printf("%d\n",a)
}
```

15．以下程序的输出结果是什么？

```
#include<stdio.h>
main()
{
    int i;
    for(i=1;i<=5;i++)
    {
     if(i%2)
         printf("＊");
     else
       continue;
     printf("#");
    }
```

```
printf("$\n");
}
```

16．编程序，用 getchar 函数读入两个字符给 c1、c2，然后分别用 putchar 函数和 printf 函数输出这两个字符，并思考以下问题：

（1）变量 c1、c2 应定义为字符型或整型？抑或二者皆可？

（2）要求输出 c1 和 c2 值的 ASCII，应如何处理？用 putchar 函数还是 printf 函数？

（3）整型变量与字符变量是否在任何情况下都可以互相代替？如 char c1，c2；与 int c1，c2；是否无条件地等价？

17．以下程序运行后的输出结果是（　　　）。

```
main()
{   int x,a=1,b=2,c=3,d=4;
    x=(a<b)?a:b;x=(x<c)?x:c;
    printf("%d\n",x);
}
```

18．若变量已正确定义，有以下程序段：

```
int a=3,b=5,c=7;
if(a>b) a=b; c=a;
if(c!=a) c=b;
printf("%d,%d,%d\n",a,b,c);
```

其输出结果是（　　　）。

19．以下程序的输出结果是（　　　）。

```
main()
{   int x=1,y=0,a=0,b=0;
    switch(x)
    {   case 1:switch(y)
              {case 0:a++;break;
               case 1:b++;break;
              }
        case 2: a++;b++;break;
    }
    printf("%d   %d",a,b);
}
```

20．执行以下程序后，输出结果是（　　　）。

```
main()
{   int y=10;
      do   { y--;}while(--y);
      printf("%d",y--);
}
```

21. 下面程序的输出结果是（　　）。

```
main()
{   int s,k;
    for(s=1,k=2;k<5;k++)
        s+=k;
    printf("%d\n",s);
}
```

22. 当输入 19、2、21 时，以下程序的输出结果是（　）。

```
#include <stdio.h>
main()
{
    int a,b,max;
    printf("please scan three numbers a,b,c:\n");
    scanf("%d,%d,%d",&a,&b,&c);
    max=a;
    if(max<b)
    max=b;
    if(max<c)
    max=c;
    printf("max is:%d",max);
}
```

23. 已知有函数：

$$y=\begin{cases} x+3 & (x>0) \\ 0 & (x=0) \\ x^2-1 & (x<0) \end{cases}$$

输入 x 值，输出 y 值。

24. 有三个整数由键盘输入，输出其中最大的数。

25. 读入三个数，要求按由小到大的顺序输出。

26. 读入三角形的三个边 a、b、c，计算并打印三角形的面积 s。

27. 从键盘输入一个大写字母，要求改用小写字母输出。

28. 输入一个三位整数，将它反向输出。例如，输入 123，输出 321。

29. 求 $ax^2+bx+c=0$ 方程的根，a、b、c 由键盘输入。设 $b^2-4ac>0$。

30. 编写程序，判断某一年是否是闰年。

31. 输入两个正整数 m 和 n，求其最大公约数和最小公倍数。

32. 输入一个百分制成绩，要求输出成绩等级 A、B、C、D、E。90 分以上为 A，80～89 分为 B，70～79 分为 C，60～69 分为 D，60 分以下为 E。

要求：（1）用 if 语句编写程序；

（2）用 switch 语句编写程序。

第 4 章　数　组

对于稍微复杂的程序设计，仅仅使用 C 语言中的标准数据类型是远远不够的，本章将介绍一种新的数据类型——数组。数组属于构造数据类型。数组是有序数据的集合，数组中的每一个数据被称为数组元素。一个数组中的所有元素都属于同一个数据类型，它又可以是基本数据类型或是构造数据类型，所以，数组可以分为整型数组、实型数组、字符数组、指针数组、结构体数组等。本章主要介绍如何定义和使用数组，以及数组与指针的关系。

4.1　一维数组

现在我们来看一个例子，从 10 个学生成绩中找出最高的分数。

【例 4.1】　输入 10 个学生的成绩，输出最高成绩。

```
main()
{
    float a[10];                    /*定义一维数组用以存放学生成绩*/
    float max;
    int i;
    printf("pleas input 10 student score\n");
    for(i=0;i<10;i++)
        scanf("%f",&a[i]);          /*输入 10 个学生成绩*/
    printf("\n");
    max=a[0];                       /*设第一个学生的成绩最高*/
    for(i=1;i<10;i++)
        if(max<a[i])                /*当前学生的成绩与最高成绩比较*/
```

```
        max=a[i];                /*最高成绩等于当前学生成绩*/
    printf("max=%5.2f",max);/*输出最高成绩*/
}
```

运行结果：

```
pleas input 10 student score
66 77 85 68 90 98 87 75 69 80↙
98.00
```

说明：这里使用了数组。引入数组后，可以用循环引用数组中的元素，优化了程序结构。

4.1.1 一维数组的定义、引用和初始化

1. 一维数组的定义

一维数组的定义形式为：

类型说明符 数组名 [常量表达式];

说明：

（1）类型说明符是任何一种标准数据类型或构造数据类型。数组名是用户定义的数组标识符。方括号中的常量表达式表示数据元素的个数，也称为数组的长度。

例如：

```
int a[8];          /*定义整型数组 a，有 8 个元素，下标从 0 到 7。*/
float x[5];        /*定义实型数组 x，有 5 个元素，下标从 0 到 4。*/
char ch1[10];      /* 定义字符数组 ch1，有 10 个元素,下标从 0 到 9。*/
```

（2）对于同一个数组，其所有元素的数据类型都是相同的。数组的类型是指构成数组的元素的类型。

（3）数组名的书写规则应符合标识符的命名规则，并且不能与其他变量同名。

（4）常量表达式可以是包含符号常量或字面常量的表达式，但是不能包含变量，即不能对数组的大小进行动态定义。以下的定义是合法的：

```
#define LEN 5
⋮
int a[3+5],b[3+LEN];
```

但是如下的定义却是非法的：

```
int n;
scanf("%d",&n);
int a[n];
```

2. 一维数组元素的引用

数组是由若干数组元素组成的，因此数组元素是构成数组的基本单元。每个数组元素又

是一个变量，对于单个变量我们用变量名引用，对于数组元素采用以下形式引用。

数组元素引用的一般形式为：

数组名[下标]

这里的下标表示元素在数组中的顺序号，所以又称为下标变量。

说明：

（1）通常下标只能为整型常量或整型表达式。例如：

```
int a[8],i=3,j=4;
```

则 a[0]、a[i+j]、a[i++]分别代表数组的第 0 个、第 7 个和第 3 个元素。

【例 4.2】 数组元素的引用。

```
main()
{
    int i,a[10];
    for(i=0;i<=9;i++)
        a[i]=0;
    for(i=9;i>=0;i--)
        printf("%d ",a[i]);
    printf("\n");
}
```

运行结果为：

```
0 0 0 0 0 0 0 0 0 0
```

说明：例中用一个循环语句给 a 数组各元素赋值为 0，然后用第二个循环语句输出各元素的值。

（2）在 Turbo C2.0 中，如果下标是实数，C 语言自动将它转换为整型，即舍弃小数部分。

【例 4.3】 使用实数类型的下标引用数组元素。

```
main()
{
        int a[5];
        float i;
        for(i=0.5;i<5;i++)
            scanf(%d",&a[i]);
        for(i=0.5;i<5;i++)
            printf("%d",a[i]);
        printf("\n");
}
```

运行结果为：

```
输入：1 3 5 7 9↙
输出：1 3 5 7 9
```

说明：程序中使用实型作为下标，Turbo C 语言 2.0 会自动转换为整型，按照转换规则，实型数据转换成整型数据时将丢弃小数部分。注意：在 Visual C++6.0 中，本程序在编译时会报错。

（3）在 C 语言中规定只能逐个地引用数组元素，而不能一次引用整个数组。

例如，输出有 10 个元素的数组必须使用循环语句逐个输出各下标变量：

```
for(i=0; i<10; i++)
  printf("%d",a[i]);
```

而不能用一个语句输出整个数组。下面的写法是错误的：

```
printf("%d",a);
```

3．一维数组的初始化

一个变量可以在定义时赋初值，即完成对变量的初始化。同样，也可以在定义数组时赋初值，这就是数组的初始化。

例如：

```
int a[5]={ 1,2,3,4,5 };
```

相当于以下两行语句：

```
int a[5];
a[0]=1;a[1]=2;a[2]=3;a[3]=4;a[4]=5;
```

这里为数组 a 中的所有元素提供了初值。在对全部数组元素赋初值时，C 语言允许在定义时省略数组元素的个数。如：

```
int a[]={ 1,2,3,4,5 };
```

等价于：

```
int a[5]={ 1,2,3,4,5 };
```

如果在定义时，只给出部分元素的初值，例如：

```
int a[5]={1,2,3};
```

C 语言会如何处理呢？我们来看下面的例子。

【例 4. 4】 一维数组的初始化。

```
main()
{
    int i,a1[]={1,2,3,4,5};
    int a2[5]={1,2,3};
    for(i=0;i<5;i++)
    printf("%d ",a1[i]);
    printf("\n");
    for(i=0;i<5;i++)
    printf("%d ",a2[i]);
```

```
}
```

运行结果为：

```
1 2 3 4 5
1 2 3 0 0
```

可以看出，对于没有给出初值的数组元素，初始化时按初值为 0 处理。所以要将一个数组的所有元素都初始化为 0，可以写成如下形式：

```
int a[5]={0};
```

4.1.2 数组与指针

任何一个变量在内存中都有其地址，而数组包含了多个元素，每个数组元素在内存中也占有相应的地址。一个指针变量既然可以指向变量，当然也可以指向数组元素。在 C 语言中，数组名本身就是首个元素的地址，所以指针与数组之间自然有着密切的联系。

1．指向数组元素的指针

所谓数组元素的指针就是数组元素的地址。定义一个指向数组元素的指针变量，与前面介绍的定义指向变量的指针变量方法相同。例如：

```
int a[10];
int *p;
p=&a[0]; /* 把 a[0]元素的地址赋给指针变量 p，即 p 指向 a[0]*/
```

应当注意，指针变量定义时的类型要与所指向的数组类型一致。数组 a 为 int 型，所以指针变量 p 也应为 int 型的指针变量。

在定义指针变量时可以赋初值，如

```
int *p=&a[0];
```

等价于：

```
int *p;
p=&a[0];
```

一个数组是按（下标）顺序存储在内存中的，也就是说各元素在内存中是连续的。如图 4.1 所示是 int a[5]={8,4,3,7,5}在内存中的存储情况。

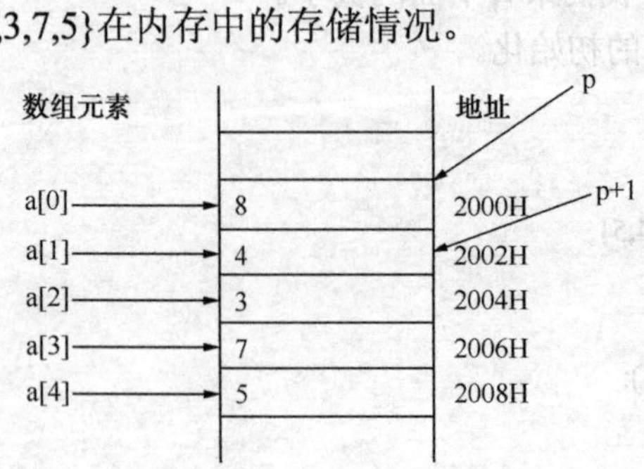

图 4.1 数组 a 在内存中的存储情况

C 语言规定：数组名代表数组首个元素的地址，也就是第 0 号元素的地址。因此，语句“p=&a[0];”和“p=a;”是等价的。所以“int *p=a;”的含义是定义整型一个指针 p，它指向数组 a，也就是指向数组的第 0 号元素 a[0]。所以说，p,a,&a[0]均指向同一单元，它们是数组 a 的首地址，也是第 0 号元素 a[0]的首地址。应该说明的是 p 是指针变量，而 a,&a[0]都是指针常量。在编程时应予以注意。

2. 通过指针引用数组元素

C 语言规定：如果 p 为指向某一数组的指针变量，则 p+1 指向同一数组中的下一个元素。如果有以下定义：

```
int a[5];
int *p=a;
```

则 p 指向 a[0]，p+1 指向 a[1]，p+2 指向 a[2]，…，p+i 指向 a[i](i 小于数组 a 的长度)。

根据以上叙述，引用一个数组元素可以用以下两种方法。

（1）下标法：用 a[i]形式访问数组元素。在前面介绍数组时采用的都是这种方法。

【例 4.5】 用下标法输出数组中的全部元素。

```
main()
{
    int a[5],i;
    for(i=0;i<5;i++)
        a[i]=i;
    for(i=0;i<5;i++)
        printf("a[%d]=%d\n",i,a[i]);
}
```

运行结果为：

```
a[0]=0
a[1]=1
a[2]=2
a[3]=3
a[4]=4
```

（2）指针法：采用＊(a+i)或＊(p+i)的形式，用间接访问的方法来访问数组元素，其中 a 是数组名，p 是指向数组 a 的指针变量。

【例 4.6】 用指针法输出数组中的全部元素。

```
main()
{
    int a[5],i;
    for(i=0;i<5;i++)
        *(a+i)=i;
    for(i=0;i<5;i++)
        printf("a[%d]=%d\n",i,*(a+i));
}
```

运行结果为：

```
a[0]=0
a[1]=1
a[2]=2
a[3]=3
a[4]=4
```

以上两个例子的输出结果完全相同，只是引用数组元素的方法不同。下标法比较直观，用指针变量引用数组元素速度较快。

说明：

① 数组名是指针常量，始终是指向数组的首地址；而指针是一个变量，可以实现本身值的改变。如以下语句是合法的：

```
p=a;
p++;
p+=3;
```

而 a++；a=p；都是错误的。

② 注意指针变量的当前值。请看下面的程序。

【例 4.7】　指针法引用数组元素。

```
main()
{
    int *p,i,a[5];
    p=a;
    for(i=0;i<5;i++)
        *p++=i;                    /*循环结束时 p 的指向已超出了 a 数组*/
    p=a;                           /*重新让 p 指向数组 a */
    for(i=0;i<5;i++)
        printf("a[%d]=%d\n",i,*p++);
}
```

运行结果为：

```
a[0]=0
a[1]=1
a[2]=2
a[3]=3
a[4]=4
```

程序中，使用指针变量 p 自增引用数组元素，当第一个循环结束时指针 p 已指到 a 数组以后的内存单元，要继续使用指针 p 引用数组元素，必须重新让 p 指向 a 数组。由于++和＊的优先级相同，结合方向自右而左，所以＊p++等价于＊(p++)。

③ 在使用中应注意＊(p++)与＊(++p)的区别。

若 p 的初值为 a，则＊(p++)等价于 a[0]，＊(++p)等价于 a[1]。而(＊p)++表示 p 所指向的元素值加 1。

如果 p 当前指向 a 数组中的第 i 个元素，则

*(p—)相当于 a[i—]；

*(++p)相当于 a[++i]；

*(—p)相当于 a[—i]。

实训 10　一维数组的应用

1. 实训目的

（1）掌握一维数组的定义、引用和初始化。

（2）理解指针与数组的关系。

（3）熟练使用一维数组解决实际问题。

2. 实训内容

（1）用筛法求 100 以内的素数。

算法介绍：

① 用一个数组存放 1～100 之间的整数。

② 先将 1 去除（因为 1 不是素数）。

③ 用 2 除以它后面的各数，把能被 2 整除的数去掉。

④ 用 3 除以它后面的各数，把能被 3 整除的数去掉。

⑤ 用以后各数作为被除数，去掉能被整除的数，直到除数后面的数全部被去掉。

程序代码如下：

```
#include <math.h>
main()
{
    int i,j,n,a[101];
    for(i=1;i<=100;i++)
    a[i]=i;
    for(i=2;i<sqrt(100);i++)            /*筛去非素数*/
        for(j=i+1;j<=100;j++)
        {
            if(a[i]!=0&&a[j]!=0)
                if(a[j]%a[i]==0)
                    a[j]=0;
        }
    printf("\n");
    for(i=2,n=0;i<=100;i++)               /*按每行 10 个数的格式输出*/
    {
        if(a[i]!=0)
        {
            printf("%5d",a[i]);
            n++;
```

```
            }
            if(n==10)
            {
                printf("\n");
                n=0;
            }
        }
    }
```

（2）用选择法对 10 个整数排序（从大到小）。

算法介绍：

设有 10 个元素 a[0]～a[9]，将 a[0]与 a[1]～a[9]进行比较，若 a[0]比 a[2]～a[9]都大，则不进行交换；a[2]～a[9]中有一个以上比 a[0]大，则用最大的一个和 a[0]交换，此时，a[0]中存放了 10 个数中最大的数。第二轮将 a[1]与 a[3]～a[9]比较，将剩下的 9 个数中最大的与 a[1]对换。此时 a[1]中存放的是 10 个数中次大的数。依此类推，共进行 9 轮比较，a[0]～a[9]就被按由大到小顺序存放了。

程序代码如下：

```
main()
{
    int a[10],i,j,t,*p;
    printf("input 10 numbers\n");
    p=a;
    for(i=0;i<10;i++)
    scanf("%d",p++);              /*输入 10 个整数*/

    for(i=0;i<9;i++)                /*排序的轮次控制*/
    {
        p=a+i;
        for(j=i+1;j<10;j++)         /*比较的次数控制*/
            if(*p<*(a+j))           /*用指针 p 记录本轮最大值的位置*/
                p=a+j;
            t=*p;                          /*将本轮最大元素和本轮起始元素交换*/
            *p=*(a+i);
            *(a+i)=t;
    }
    p=a;
    for(i=0;i<10;i++)               /*输出排序后的结果*/
    printf("%5d",*p++);
    printf("\n");
}
```

（3）现往排好序的数组（由小到大）中输入一个数，要求按原来排序的规律将它插入数组中。

算法介绍：

首先找到输入的数在数组中应存放的位置，将数组中的大于要插入数的所有数后移一个单元，将要插入的数存入数组中。

程序代码如下：

```
main()
{
      int a[11]={1,4,6,9,13,16,19,28,40,100};
      int
      printf("inster data: ");
      scanf("%d",&number);
      for(p=a,i=0;*p<number&&i<10;p++,i++);
      for(j=10;j>i;j--)
            *(a+j)=*(a+j-1);
      *(a+j)=number;
     for(j=0;j<11;j++)
           printf("%d",*(a+j));
     printf("\n");
}
```

（4）用冒泡法对 10 个数排序（由小到大）。

算法介绍：

对相邻的两个数进行比较，将小的数调到前面。以 5 个数为例说明排序过程。

设 int a[5]={9,7,5,6,8};

则：

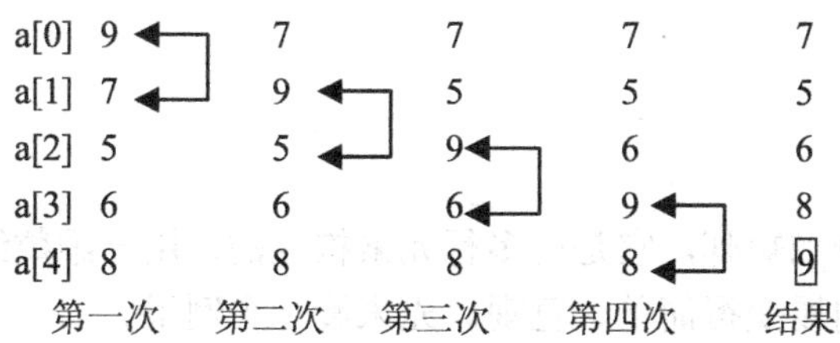

可以看出，通过第一轮的比较和交换，最大值沉到了底部，这正是我们所希望的，所以 a[4] 不需要再参与第二轮比较。

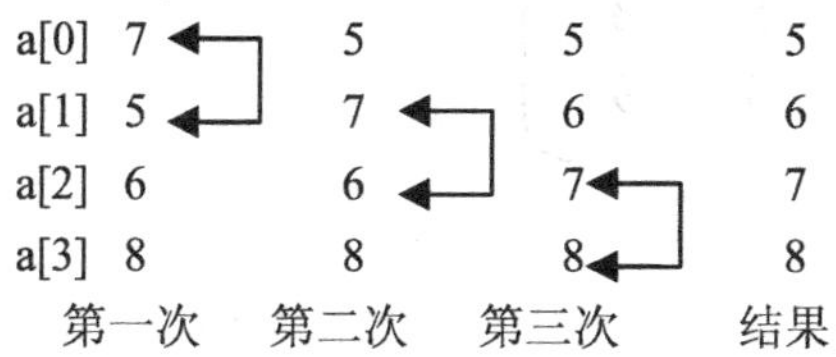

如此通过四轮比较和交换后，就可以将 5 个数排好序了。

程序代码如下：

```
main()
{
     int i,j,t,a[10];
     printf("\n input 10 numbers:\n");
```

```
    for(i=0;i<10;i++)
        scanf("%d",&a[i]);
    printf("\n");
        for(i=0;i<9;i++)
        for(j=0;j<9-i;j++)
            if(a[j]>a[j+1])
            {
                t=a[j];a[j]=a[j+1];a[j+1]=t;
            }
    printf("the sorted numbers:\n");
    for(j=0;j<10;j++)
    printf("%3d",a[j]);
    printf("\n");
}
```

运行结果如下：

```
input 10 numbers:
10 9 8 7 6 5 4 3 2 1↙
the sorted numbers:
1  2  3  4  5  6  7  8  9  10
```

分析：程序中的外循环用来控制比较和交换的轮次，内循环用来控制每轮比较的次数。可以看出，对 n 个数用冒泡法排序，需要进行 n−1 轮的比较，每一轮的比较次数分别为 n−1、n−2、…、2、1。

4.2 二维数组

在解决实际问题时，有些数据，例如矩阵，它是由多行元素构成的，用一维数组处理很不方便，如果使用二维数组，就会使问题变得简单、直观。先来看一个例子。

【例 4.8】 将下面的矩阵转置，即实现行和列元素的互换。

$$\begin{pmatrix} 1 & 2 & 3 \\ 4 & 5 & 6 \\ 7 & 8 & 9 \end{pmatrix} \longrightarrow \begin{pmatrix} 1 & 4 & 7 \\ 2 & 5 & 8 \\ 3 & 6 & 9 \end{pmatrix}$$

```
main()
{
    int i,j,b[3][3];                          /*定义变量 i,j 和二维数组 b */
    int a[3][3]={{1,2,3},{4,5,6},{7,8,9}};    /*定义并初始化二维数组 a */
    for(i=0;i<3;i++)
        for(j=0;j<3;j++)
            b[j][i]=a[i][j];
    for(i=0;i<3;i++)
    {
        for(j=0;j<3;j++)
```

```
                printf("b[%d][%d]=%d\t",i,j,b[i][j]);
            printf("\n");
        }
    }
```

运行结果为：

```
b[0][0]=1  b[0][1]=4  b[0][2]=7
b[1][0]=2  b[1][1]=5  b[1][2]=8
b[2][0]=3  b[2][1]=6  b[2][2]=9
```

此例中数组 a 和 b 都是二维数组，下面我们来学习二维数组的相关内容。

4.2.1 二维数组的定义

具有一个下标的数组是一维数组，具有两个或两个以上下标的数组称为二维数组或多维数组。多维数组元素也称为多下标变量。在此仅介绍二维数组，多维数组可由二维数组类推得到。

二维数组定义的一般形式是：

类型说明符 数组名[常量表达式 1][常量表达式 2]；

其中，常量表达式 1 表示第一维（行）下标的长度，常量表达式 2 表示第二维（列）下标的长度。

例如：

```
int a[3][4];
```

定义 a 为一个三行四列的整型数组，该数组的下标变量共有 3×4 个。我们可以把二维数组 a 看做是一种特殊的一维数组，而这个一维数组的元素又是一个一维数组。即

```
   a[0] —— a[0][0],a[0][1],a[0][2],a[0][3]
a  a[1] —— a[1][0],a[1][1],a[1][2],a[1][3]
   a[2] —— a[2][0],a[2][1],a[2][2],a[2][3]
```

实际的存储器单元是按一维线性排列的。如何在存储器中存放二维数组，可有两种方式：一种是按行存储，即存储完一行之后顺次放入第二行。另一种是按列存储，即存储完一列之后再顺次放入第二列。在 C 语言中，二维数组是按行存储的。即先存放第 0 行，再存放第 1 行，最后存放第 2 行，如 a[0][0]→a[0][1] →a[0][2] →a[0][3] →a[1][0] →a[1][1] → a[1][2] → a[1][3]等。

4.2.2 二维数组元素的引用

二维数组的元素的引用形式为：

数组名[**下标** 1][**下标** 2]

其中，下标的规定和一维数组下标的规定相同，即下标一般为整型常量或整型表达式，若为实型变量，要先进行类型转换。

例如：

```
int   a[4][5];
```

则 a[3][4]表示 a 数组第 4 行第 5 列的元素。

【例 4.9】 一个小组有 5 个学生，每个学生有三门课的考试成绩。求全组分科的平均成绩和各科总平均成绩。

可设一个二维数组 a[5][3]存放五个学生三门课的成绩。再设一个一维数组 v[3]存放所求得各分科平均成绩，设变量 average 为全组各科总平均成绩。

程序代码如下：

```
main()
{
    int i,j;
    float s=0,average,v[3],a[5][3];
    printf("input score\n");
    for(i=0;i<3;i++)
    {
        for(j=0;j<5;j++)
        {
            scanf("%f",&a[j][i]);
            s=s+a[j][i];
        }
        v[i]=s/5;
        s=0;
    }
    average =(v[0]+v[1]+v[2])/3;
    printf("No1:%f\nc No2:%f\nNo3:%f\n",v[0],v[1],v[2]);
    printf("total:%f\n", average );
}
```

运行结果为：

```
input score
80 61 59 85 76
75 65 63 87 77
92 71 70 90 85
No1:72.199997
No2:73.400002
No3:81.599998
total:75.733330
```

4.2.3　二维数组的初始化

二维数组的初始化与一维数组类似。可以用下面两种方法对二维数组初始化：

（1）分行给二维数组赋初值。如：

```
int a[4][3]={ {1，2，3},{4，5，6},{7，8，9},{10，11，12} };
```

这种方法是用第一个花括号内的数给第一行元素赋值，用第二个花括号内的数给第二行元素赋值，依次类推。即按行赋值。

（2）可以连续赋值。

```
int a[4][3]={ 1，2，3，4，5，6，7，8，9，10，11，12};
```

两种赋初值的效果相同。但是，第一种方法比较好，界限清楚、直观；第二种方法如果数据很多就容易遗漏，不易检查。

说明：

（1）在初始化二维数组时，如果给出数组所有元素的初值，可以不写第一维的长度，但第二维的长度不可省略。如：

```
int a[4][3]={ {1，2，3},{4，5，6},{7，8，9},{10，11，12} };
```

等价于：

```
int a[][3]={ {1，2，3},{4，5，6},{7，8，9},{10，11，12}};
```

（2）只对部分二维数组元素初始化时，其他元素自动赋值为 0。例如：

```
int a[3][3]={{0,1},{0,0,2},{3}};
```

初始化后各元素值为：

```
a[0][0]=0,a[0][1]=1,a[0][2]=0
a[1][0]=0,a[1][1]=0,a[1][2]=2
a[2][0]=3,a[2][1]=0,a[2][2]=0
```

4.2.4　二维数组与指针

1．二维数组元素的地址

设有整型二维数组 a[3][4]如下：

$$\begin{pmatrix} 1 & 2 & 3 & 4 \\ 5 & 6 & 7 & 8 \\ 9 & 10 & 11 & 12 \end{pmatrix}$$

它的定义为：

```
int a[3][4]={{1,2,3,4},{5,6,7,8},{9,10,11,12}};
```

假设数组 a 的首地址为 2000，各下标变量的首地址及其值如图 4.2 所示。

2000	1	2	3	4
2008	5	6	7	8
2016	9	10	11	12

图 4.2　数组 a 各下标变量的首地址及其值

前面介绍过，C 语言允许把一个二维数组分解为多个一维数组来处理。因此数组 a 可分解为三个一维数组，即 a[0]，a[1]，a[2]。每一个一维数组又含有四个元素，如图 4.3 所示。

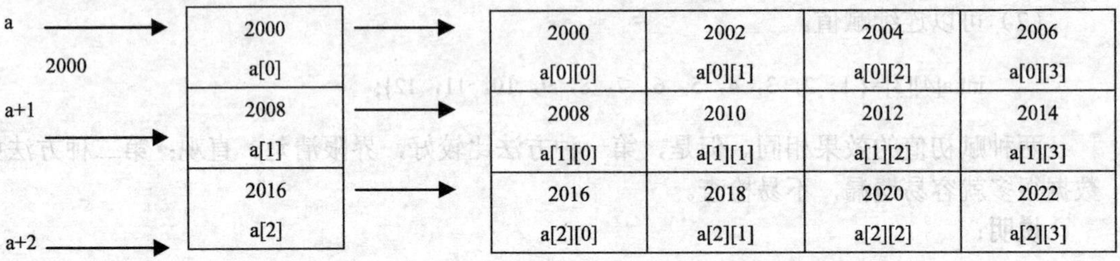

图 4.3　二维数组分解示意图

例如，a[0]数组，含有 a[0][0]，a[0][1]，a[0][2]，a[0][3]四个元素。

a[1]数组，含有 a[1][0]，a[1][1]，a[1][2]，a[1][3]四个元素。

a[2]数组，含有 a[2][0]，a[2][1]，a[2][2]，a[2][3]四个元素。

因此可以这样理解，a 含有 a[0]、a[1]、a[2]三个元素，所以*a 就是 a[0]；而 a[0]含有 a[0][0]、a[0][1]、a[0][2]、a[0][3]四个元素，所以*a[0]就是 a[0][0]。

a[0][0]理解为二维数组 a 的“子元素”。a 是二维数组名，a 代表整个二维数组的首地址，也是二维数组第 0 个元素的首地址，等于 2000。a+1 代表 a[1]的首地址，等于 2008，如图 4.3 所示。所以，虽然 a 和 a[0]存放的地址都是 2000，但它们所指向元素的类型不同。

【例 4.10】　用指针输出二维数组。

程序代码如下：

```
main()
{
    int a[3][4]={1,2,3,4,5,6,7,8,9,10,11,12};
    int i,j;
    for(i=0;i<3;i++)
    {
        for(j=0;j<4;j++)
            printf("%5d",*(*(a+i)+j));
        printf("\n");
    }
}
```

运行结果为：

```
1    2    3    4
5    6    7    8
9    10   11   12
```

说明：通过前面的分析，我们已经知道*a 就是 a[0]，那么*(a+i)就是 a[i]，所以*(*(a+i)+j)是 a[i][j]。

2．通过指针引用二维数组的元素

用指针既然可以访问一维数组，当然也可以访问二维数组。把二维数组 a 分解为一维数组 a[0],a[1],a[2]之后，设 p 为指向二维数组的指针变量。可定义为：

```
int (*p)[4];
```

其中，p 是一个指针变量，它指向包含 4 个元素的一维数组。若 p 指向第一个一维数组 a[0]，其值等于 a。而 p+i 则指向一维数组 a[i]。从前面的分析可得出*(p+i)+j 是二维数组第 i 行第 j 列的元素的地址，而*(*(p+i)+j)则是第 i 行第 j 列元素的值，即等价于 a[i][j]。

二维数组指针变量说明的一般形式为：

类型说明符　(*指针变量名)[长度]

说明：

（1）类型说明符是所指数组的数据类型，*表示其后的变量是指针类型，长度表示二维数组分解为多个一维数组时一维数组的长度，也就是二维数组的列数。

（2）应注意圆括号不能省略，如缺少圆括号则表示是指针数组(后面介绍)，意义就完全不同了。

【例 4.11】　使用二维数组的指针变量来引用二维数组元素。

```
main()
{
    int a[3][4]={ 1,2,3,4,5,6,7,8,9,10,11,12};
    int(*p)[4];
    int i,j;
    p=a;
    for(i=0;i<3;i++)
    {
        for(j=0;j<4;j++)
            printf("%2d    ",*(*(p+i)+j));
        printf("\n");
    }
}
```

实训 11　二维数组的应用

1．实训目的

（1）掌握二维数组的定义、赋值和输入输出的方法。
（2）理解指针与二维数组的关系。
（3）熟练使用二维数组解决实际问题。

2．实训内容

（1）矩阵的乘法运算。

矩阵乘法的运算规则如下：

$$\begin{pmatrix} a11 & a12 & a13 \\ a21 & a22 & a23 \end{pmatrix} \times \begin{pmatrix} b11 & b12 \\ b22 & b22 \\ b31 & b32 \end{pmatrix} = \begin{pmatrix} a11\times b11+a12\times & a11\times b12+a12\times \\ b21+a13\times b31 & b22+a13\times b32 \\ & \\ a21\times b11+a22\times & a21\times b12+a22\times \\ b21+a23\times b31 & b22+a23\times 32 \end{pmatrix}$$

程序代码如下。

```
main()
{
    int a[2][3]={{1,2,3},{4,5,6}},b[3][2]={{1,4},{2,5},{3,6}};
    int c[2][2]={0},i,j,k;
    for(i=0;i<2;i++)
        for(j=0;j<2;j++)
            for(k=0;k<3;k++)
                c[i][j]+=a[i][k]*b[k][j];
    for(i=0;i<2;i++)
    {
        for(j=0;j<2;j++)
            printf("%5d",c[i][j]);
        printf("\n");
    }
}
```

（2）Josephus 问题。

有一群学生围成一圈，顺序编号。从第一个学生起，顺时针方向报数，从 1 报到 m，凡是报到 m 的学生退出圈子。随着学生的不断离开，圈子越缩越小。最后，剩下的学生便是胜利者。问最后剩下的学生是原来的第几号。

为了解决这个问题，首先对每一个学生赋以一个序号值作为学生的标志。当某个学生离开时，将他的序号改为 0 作为离开的标志。

程序代码如下：

```
#include "stdio.h"
void main()
{
   int i,k,j,n,m,*p;
   int a[100];
   printf("请输入学生总数 n：");
   scanf("%d",&n);
   printf("请输入报数的最大值 m：");
```

```
    scanf("%d",&m);
    p=a;
    for(i=0;i<n;i++)
      *(p+i)=i+1;       /*以 1 到 n 为序给每个学生编号*/
     i=0;      /*i 为循环变量*/
     k=0;      /*k 为按 1，2，3，…，m 报数时的计数变量*/
     j=0;      /*j 为退出人数*/
    while(j<n-1)  /*当退出学生数比 n-1 少时执行*/
     {
       if(*(p+i)!=0)k++;
       if(k==m)
        {
        *(p+i)=0;  /*对退出的学生的编号设置为 0*/
      k=0;
      j++;
    }
       i++;
      if(i==n)i=0;  /*报数到尾后，i 恢复为 0*/
    }
    while(*p==0)
    p++;
    printf("第%d 号是%d 个学生中的胜利者\n",*p,n);
  }
```

程序运行情况如下：

```
请输入学生总数 n：50↙
请输入报数的最大值 m：6↙
```

结果输出：

```
第 45 号是 50 个学生中的胜利者
```

4.3 字符数组

在使用计算机的过程中，我们都遇到过系统保护的状态：首先你要输入密码，密码正确才可以进入系统，否则就不允许进入系统。要实现这样一个功能的程序需要做哪些工作呢？其实并不难。

下面的程序不长，同学们可以自己动手上机操作，看看效果如何。

【例 4.12】 密码检测程序。

```
#include  "stdio.h"
main()
{
  char  str[80];                    /*定义字符数组 str */
  int  i=0;
```

```
/*检验密码*/
while(1)
  { clrscr();
    printf("请输入密码\n");
    gets(str);                              /*输入密码*/
    if(strcmp(str,"password")!=0)           /*密码错*/
        printf("口令错误，按任意键继续");
    else
      break;                                /*输入正确的密码，中止循环*/
    getch();
    i++;
    if(i==3) exit(0);                       /*输入三次错误的密码，退出程序*/
    }
  /*输入正确密码所进入的程序段*/
  }
```

我们来看看这里需要一些什么样的新知识呢？很简单。

知识点：① 字符数组 str 的应用；

② 相关的 gets 函数和 strcmp 函数的应用。

4.3.1 字符数组的定义、引用和初始化

容易理解，用来存放字符的数组称为字符数组。

由前面两节的内容就可以知道字符数组的定义、初始化、元素的引用等相关概念。下面通过例题把这些概念再复习一下。

【例 4.13】 输出一个字符数组。

```
#include<stdio.h>
main()
{
    int i;
   char str[]={'c', ' ', 'p', 'r', 'o', 'g', 'r', 'a', 'm'};
    for ( i=0 ; i<=9 ; i++ )
    printf("%c",str[i]);
    printf("\n");
}
```

程序运行结果为：

```
c program
```

说明：如果有语句

```
char c[11]={'c', ' ', 'p', 'r', 'o', 'g', 'r', 'a', 'm'};
```

此时初始化元素为 9，其个数少于数组长度 11，系统自动把空字符（'\0'）赋值给 c[9]和 c[10],即 c[9]= '\0'，c[10]= '\0'。

4.3.2　字符串的使用

从例 4.13 的运行结果可以看出，输出的字符数组 c 其实就是一个字符串。如果字符数组的元素加上一个结束标志'\0'，那么它就是一个字符串常量。

1．C 语言允许用字符串的方式对数组进行初始化赋值

例如：

```
char c[]={'c', ' ','p','r','o','g','r','a','m'};
```

可写为：

```
char c[]={"C program"};
```

或写为：

```
char c[]="C program";
```

用字符串方式赋值比用字符逐个赋值要多占一个字节，用于存放字符串结束标志'\0'。上面的数组 c 在内存中的实际存放情况为：

C		p	r	o	g	r	a	m	\0

'\0'是由 C 编译系统自动加上的。由于采用了'\0'标志，所以在用字符串赋初值时一般无须指定数组的长度，而由系统自行处理。

2．字符串的输入/输出

在采用字符串方式后，字符数组的输入/输出将变得简单方便。

除了上述用字符串赋初值的办法外，还可用 printf 函数和 scanf 函数一次性输入/输出一个字符数组中的字符串，而不必使用循环语句逐个地输入/输出每个字符。

【例 4.14】　字符串的输出。

```
main()
{
    char c[]="CHINA\nANHUI ";
    printf("%s\n",c);
}
```

运行结果如下：

```
CHINA
ANHUI
```

说明：本例的 printf 函数中使用的格式字符串为“%s”，表示输出的是一个字符串。而在输出表列中给出数组名即可。不能写为：printf("%s",c[]);

【例 4.15】　字符串的输入。

```
main()
{
    char st[15];
    printf("input string:\n");
    scanf("%s",st);
    printf("%s\n",st);
}
```

运行情况如下：

```
input string:    PROGRAM
                 PROGRAM
```

说明：

（1）上例中由于定义数组长度为 15，因此输入的字符串长度必须小于 15，以留出一个字节用于存放字符串结束标志“\0”。

（2）当用 scanf 函数输入字符串时，字符串中不能含有空格，否则将以空格作为串的结束符。

例如，当输入的字符串中含有空格时，运行情况为：

```
input string:
this is a book
```

输出为：

```
this
```

前面介绍过，scanf 的各输入项必须以地址方式出现，如 &a,&b 等。但在上例中却是以数组名方式出现的，这是因为数组名就代表了该数组的首地址。整个数组元素的存放空间是以首地址开头的一块连续的内存单元。

4.3.3 字符串处理函数

C 语言提供了丰富的字符串处理函数，使用方便，大大减轻了编程的负担。用于输入/输出的字符串函数，在使用前应包含头文件 stdio.h，使用其他字符串函数则应包含头文件 string.h。下面介绍几个常用的函数。

1. 字符串输出函数 puts

格式：**puts (字符数组)**

功能：把字符数组中的字符串输出到显示器，即在屏幕上显示该字符串。

【例 4.16】 字符串的输出。

```
#include"stdio.h"
main()
{
  char str[]="CHINA\nANHUI";
```

```
    puts(str);
}
```

运行结果如下：

```
CHINA
ANHUI
```

2．字符串输入函数 gets

格式：gets（**字符数组**）

功能：从标准输入设备（键盘上）输入一个字符串到字符数组。

这就是我们实例中用到的函数。

说明：gets 函数并不以空格作为字符串输入结束的标志，而只以回车作为输入结束。这与 scanf 函数不同。

注意：puts 和 gets 函数只能输入或输出一个字符串。

3．字符串连接函数 strcat

格式：strcat (**字符数组** 1，**字符数组** 2)

功能：把字符数组 2 中的字符串连接到字符数组 1 中字符串的后面，并删去字符串 1 后的串标志“\0”。本函数返回值是字符数组 1 的首地址。

例如：

```
char str1[30]="CHINA ";
int st2[]="ANHUI";
strcat(st1,st2);
puts(st1);
```

输出：

```
CHINA ANHUI
```

注意：字符数组 1 应定义足够的长度，以便能防止连接后的字符串长度超出其内存中的存储长度。

4．字符串复制函数 strcpy

格式：strcpy（**字符数组** 1，**字符数组** 2）

功能：把字符数组 2 中的字符串复制到字符数组 1 中。串结束标志“\0”也一同复制。

例如：

```
char    str1[20],str2[ ]= "CHINA";
strcpy(str1,str2);
printf("%s",str1);
```

输出：

```
CHINA
```

说明：

（1）字符数组 1 应定义得足够大，字符数组 1 的长度不应该小于字符数组 2 的长度。

（2）字符数组 1 必须写成数组名的形式，而字符数组 2 也可以是一个字符串常量，相当于把一个字符串赋给一个字符数组。

（3）该函数可以作为字符串赋值操作，注意“str1 =str2;”是不合法的。

5．字符串比较函数 strcmp

格式：strcmp(**字符数组 1，字符数组 2**)

功能：按照 ASCII 码顺序比较两个数组中的字符串，并返回比较结果。

字符串 1＝字符串 2，返回值 ＝0；

字符串 2＞字符串 2，返回值＞0；

字符串 1＜字符串 2，返回值＜0。

例如：

```
strcmp("CHINA","JAPAN");   /*比较两个字符串常量*/
strcmp("str","CHINA");   /*比较数组和字符串常量*/
```

记得吗，这就是实例 1 中用到的函数。

6．求字符串长度函数 strlen

格式：strlen（**字符数组**）

功能：求字符串的实际长度（不含字符串结束标志“\0”）并作为函数返回值。

例如：

```
char str[20]= "CHINA";
printf("%d",strlen(str));
```

输出结果：

```
5
```

下面我们再来看一个综合示例。

【例 4. 17】 输入一个字符串，将其按每行 10 个字符输出。

```
#include<stdio.h>
#include<string.h>
main()
{
  char x[10][11], c[100];
  int i,j,l;
  gets(c);
  l=strlen(c);
  for( i=0 ; i <10 ; i++)
    {
      for( i=0 ; i <=l/10 ; i++)
      for(j=0 ; j<10 ; j++)
```

```
        {
        x[i][j]=c[i * 10+j];
        x[i][j]='\0';
        }
    for(i=0;i<=l/10;i++)
    puts(x[i]);
    }
}
```

实训 12　英文打字练习程序

1．实训目的

（1）掌握字符数组的使用。

（2）熟练使用常用的字符串函数。

2．实训内容

在学习计算机的过程中，我们都使用过打字练习程序。要实现一个打字练习程序需要做哪些工作呢？下面分析一个简单的打字练习程序。

首先，要对程序运行时的界面进行设计，对于打字程序来说就是要将屏幕划分成以下几个部分：

（1）样本显示区：显示样本让用户按样本进行打字练习。

（2）打字输入区：显示用户输入的字符序列。

（3）状态区：显示用户输入的字符总数、正确数统计值及打字所用时间。

其次，程序应在样本显示区显示部分样本，使状态区为初始状态，等待用户输入。当用户输入开始后，计时器开始计时，用户每输入一个字符系统和样本进行比较后，刷新状态区，直到用户输入完所有样本为止。系统打印用户的打字速度和正确率。

最后，提示用户是否还要练习（Y/N）。继续练习转到第 2 部，否则退出程序。

从以上分析不难看出，要编写一个英文打字练习程序，就必须解决打字样本的输出和用户输入字符是否正确的判断问题。样本是由一系列字符（即字符串）组成的，通过以前的学习我们知道在 C 语言中只有字符类型和字符串常量。要实现样本的输出，虽然可以一个字符一个字符地输出，但很烦琐。而利用字符数组可以很好地处理这方面的问题。

同学们可以自己动手上机操作下面的程序，效果会很棒。

英文打字练习程序：

```
Typed.c
#include"typed.h"
main()
{
    char a[250]="This file explains how to use THELP.COM. THELP is a\nmemory-resident utility that provides online help for Turbo\nPascal and Turbo C. If you are using Turbo Debugger, for\nexample, you can load THELP, then run the debugger and get\n";    /*字符数组 a，存放打字样本*/
    char x[10][80],ch,cc='y';                    /*x 数组，用以保存分行后的打字样本*/
```

```
    int i=0,j,cout,z,c,k,r,n,rr[10];                    /*count,z,c 为输入字符总数、正确数、错误数*/
    while(!(cc=='n'||cc=='N'))                          /*cc 是否重新练习*/
    {k=0;r=0;z=0;cout=0;c=0;
    window_3d();                                        /*调用画边框函数*/
    stat(cout,z,c);                                     /*调用打字统计显示函数*/
    n=strlen(a);                                        /*求打字样本长度*/
    while(k<n)                                          /*将打字样本按行分解存入 x 数组*/
        {i=0;
        while(a[k]!='\n'&&a[k]!='\0')
        {x[r][i]=a[k];k++;i++;}
        x[r][i]='\0';k++;
        rr[r]=strlen(x[r]);                             /*记录第 r 行打字样本字符个数*/
        put_s(r,x[r]);                                  /*显示一行打字样本*/
        r++;                                            /*打字样本行数*/
        }
    for(j=0;j<r;j++)
    {
        move(0,j);                                      /*将光标移到第 j 行起始输入处*/
        for(i=0;i<rr[j];i++)
        {
        if((ch=getch())==27)                            /*读入一字符，如为 Esc 键则退出打字程序*/
        exit(0);
        else
        {   if(ch==x[j][i]) z++;                        /*判断输入的正误并统计*/
        else c++;
        cout++;
        stat(cout,z,c);                                 /*打字统计显示*/
        move(i,j);                                      /*将光标移到第 j 行第 i 列输入处*/
        cprintf("%c",ch);                               /*回显输入字符*/
        }
        }
        if(j<r-1)                                       /*如果不是最后一行，回车输入下一行*/
        while(getch()!='\r');
    }
    prompt();                                           /*显示是否继续练习*/
    cc=getch();                                         /*读一字符不在屏幕上显示*/
    }
    clrscr();
}
```

该英文打字练习程序用一维字符数组 a 存放打字样本，“\n”表示换行，程序首先将 a 数组按行存入二维字符数组 x 中并在屏幕上显示，变量 r 记录样本的行数，整型数组 rr 记录每行的字符个数，循环输入字符统计输入字符是否正确并显示统计结果。输入结束后，显示提示是否继续练习，输入 N/n 退出程序，其他键继续练习。

说明：window_3d()函数的作用是画边框。

stat 函数的作用是显示统计结果。

move 函数的作用是移动光标。

getch 函数的作用是读键盘输入并返回键值。

prompt 函数的作用是显示提示是否继续练习。

3．实训思考

请同学们阅读、运行下面的程序。通过学习你会有更好的方法吗？

附：

```
typed.h
#include<stdio.h>
#include<conio.h>
#include<bios.h>
#include<string.h>
void window_3d()
{
      int i;
      textbackground(BLUE);
      clrscr();
      textcolor(WHITE);
      window(1,1,80,25);
      gotoxy(2,2);
      cprintf("\xda");
      for(i=3;i<=78;i++)
            cprintf("\xc4");
      cprintf("\xbf");
      gotoxy(2,23);
      cprintf("\xc0");
      for(i=3;i<=78;i++)
      cprintf("\xc4");
      cprintf("\xd9");
      for(i=3;i<23;i++)
            {gotoxy(2,i);
           cprintf("\xb3");
           gotoxy(79,i);
           cprintf("\xb3");}
      textcolor(YELLOW);
      }
void stat(int cout,int z,int c)
{
      gotoxy(40,24);
      textcolor(YELLOW);
      cprintf("count:%5d    right:%5d    error:%5d",cout,z,c);
}
void put_s(int i,char *s)
{      int k;
     textcolor(YELLOW);
```

```
    k=2*i+3;
    gotoxy(5,k);
    cprintf("%s",s);
}
void move(int x,int y)
{     int k;
      k=2*y+4;
      gotoxy(x+5,k);
      textcolor(WHITE);
}
void prompt()
{
    gotoxy(5,24);
    textcolor(RED);
    textbackground(WHITE);
    cprintf("Press on any key continue...(y/n)");
}
```

4.4 指针数组和指向指针的指针

在 C 语言中，使用数组使程序变得简洁、明了，但对于一些数据长度不一致的数据，我们只能按最长的数据来定义数组。这种方法虽然可行，却浪费了许多内存单元，如果能够将长度不同的数组组合在一起，就能避免这种浪费。下面来看一个例子。

【例 4. 18】 有若干长度不等的字符串，请按字母顺序输出（由小到大）。

```
#include <string.h>
main()
{
    char *p[]={"teacher","book","pascal","hello","and","me"};
    int n=6,i,j,k;
    char *temp;
    for(i=0;i<n-1;i++)
    {
        k=i;
        for(j=i+1;j<n;j++)
            if(strcmp(p[k],p[j])>0)
                k=j;
        if(k!=j)
        {
            temp=p[k];
            p[k]=p[i];
            p[i]=temp;
        }
    }
    for(i=0;i<n;i++)
```

```
        printf("%s\n",p[i]);
    }
```

运行结果为：

```
and
book
hello
me
pascal
teacher
```

程序中使用了指针数组，下面我们就来看看指针数组的概念。

4.4.1 指针数组的概念

一个数组，如果它的元素都是指针型，则称为指针数组，即数组的元素都是指针变量。一维指针数组的定义形式为：

类型名 *数组名[数组长度]；

例如：

```
int *p[4];
```

由于[]比*的优先级高，因此 p 先于[]结合，形成 p[4]形式，这显然是数组形式，它有四个元素，其元素的类型是整型指针。

在书写时，要注意 int (*p)[4]和 int *p[4]的区别。

【例 4.19】 有若干个字符串，输出其中最长的字符串。

```
#include <string.h>
main()
{
char *p[]={"teacher","book","pascal","hello","and","computer design"};
    char *q;
    int i;
q=p[0];
for(i=1;i<6;i++)
if(strlen(p[i])>strlen(q))
q=p[i];
printf("%s\n",q);
}
```

运行结果为：

```
computer design
```

说明：程序中用指针变量 q 记录最长字符串的地址。

值得注意的是，下面的程序是错误的。

```
#include <string.h>
main()
{
      char *p[7];
       char *q;
       int i;
      for(i=0;i<7;i++)
            gets(p[i]);
      q=p[0];
      for(i=1;i<6;i++)
            if(strlen(p[i])>strlen(q))
                  q=p[i];
      printf("%s\n",q);
}
```

这里仅仅定义了一个字符指针数组，该数组中的元素并没有指向任何一个字符数组，因此不能进行输入。但例 4.19 中的语句：

```
char *p[]={"teacher","book","pascal","hello","and","computer design"};
```

在定义时就给各指针元素赋了初值，只是它们指向的是匿名字符数组，即所定义的字符串。

4.4.2 指向指针的指针

通过前面的学习，我们知道指针变量中存放的是地址，但作为变量它也有自己的存储地址，下面介绍指向指针数据的指针变量，简称为指针的指针。从例 19 可以看到，p 是一个指针数组，它的每一个元素是一个指针型数据，其值为地址。同时 p 又是一个数组，它的每一个元素都有相应的地址，数组名 p 代表该指针数组的首地址。p+i 是 p[i]的地址，p+i 就是指向指针数据的指针。

如何定义一个指向指针数据的指针变量呢？其格式如下：

```
char **q;
```

q 的前面有两个*号，由于*运算符的结合性是从左到右的，因此**q 相当于*(*q)，显然*q 是指针变量的定义形式，现在前面又有了一个*号，表示指针变量 q 是指向一个字符指针变量的。

【例 4. 20】 使用指向指针的指针。

```
main()
{
      char *p[]={"teacher","book","pascal","hello","and","me"};
      char **q;                    /*q 是指向指针的指针变量*/
      int j;
      q=p;                         /*q 指向指针数组 p*/
      for(j=0;j<6;j++)
            printf("%s\n",*q++);
}
```

运行结果为：

```
teacher
book
pascal
hello
and
me
```

说明：由于*和++的运算优先级相同，且运算符是右结合性的，因此*q++等价于*(q++)。

4.4.3 指针数组作为 main 函数的形参

指针数组的一个重要应用是作为 main 函数的形参。在以往的程序中，main 函数一般写成以下形式：

```
main()
```

括号中是空的。实际上，main 函数可以有参数，其形式为：

```
main(int argc,char *argv[])
```

main 函数是由系统调用的，因此 main 函数的形参的值是从命令行得到的。

【例 4. 21】 设以下程序的文件名为 file.c，编译、连接后的可执行文件为 file.exe。

```
main(int argc,char *argv[])
{
    while(argc>1)
    {
        ++argv;
        printf("%s\n",*argv);
        --argc;
    }
}
```

在命令行输入：

```
file anhui bengbu↙
```

则会输出以下信息：

```
anhui
bengbu
```

说明：argc 从系统接收的是参数的个数，包括文件名本身。argv 指针数组指向输入的各参数的首地址。

有关函数的参数的说明请参见第 5 章。

实训 13　指针的应用

1. 实训目的

（1）掌握指针及指针数组的概念。

（2）熟练使用指针解决实际问题。

2. 实训内容

文件的复制。凡是使用过计算机的人对文件的复制一定不会陌生。如果用 C 语言来设计一个复制文件的程序，如何来实现呢？我们来分析一下。

文件的复制过程是打开源文件和建立一个新的目标文件，从源文件中读取一个字节数据写入目标文件中，如此反复，直到源文件的结尾。将源文件和目标文件关闭。

程序清单：

```
/*Filecopy.c*/
#include <stdio.h>
main(int argc,char *argv[])
{
    FILE *fp1,*fp2;
    char ch;
    if(argc<3)
     {
    printf("格式错误，请按以下格式输入：\nfilecopy  源文件名  目标文件名\n");
         return;
    }
   if((fp1=fopen(argv[1],"r"))==NULL)              /*判断源文件是否存在*/
         {
         printf("源文件不存在，请重新输入\n");
         return;
         }
   if((fp2=fopen(argv[2],"w+"))==NULL)           /*判断目标文件是否建立成功*/
   {
         printf("磁盘空间不够，无法复制文件\n");
         return;
   }
         while((ch=fgetc(fp1))!=EOF)    /*读一个字节并判断是否到达文件尾*/
              fputc(ch,fp2);                    /*写入目标文件*/
         fputc(ch,fp2);
         fclose(fp1);
         fclose(fp2);
}
```

课程设计 2　用高斯消去法解线性方程组

1. 设计概要

高斯消去法是一种常用的解线性方程组的方法，方程组的系数矩阵和值向量矩阵可以使用二维和一维数组存储，这有助于同学们对本章知识点的掌握。

2. 系统要求

本课程设计要求输入一个 n 元矩阵的系数和值向量（实数），并输出各变量的解。

3. 总体设计思想

对于 n 元线性方程组，设其系数矩阵为 A，值向量为 B，用高斯消去法求解的步骤如下：

（1）将系数矩阵和值向量合并构成增广矩阵。

（2）通过行交换将主对角线上的值变为非 0。

（3）通过矩阵运算，将系数矩阵变换为上三角阵。

（4）通过回代，求出各变量的解。

算法流程图如图 4.4 所示。

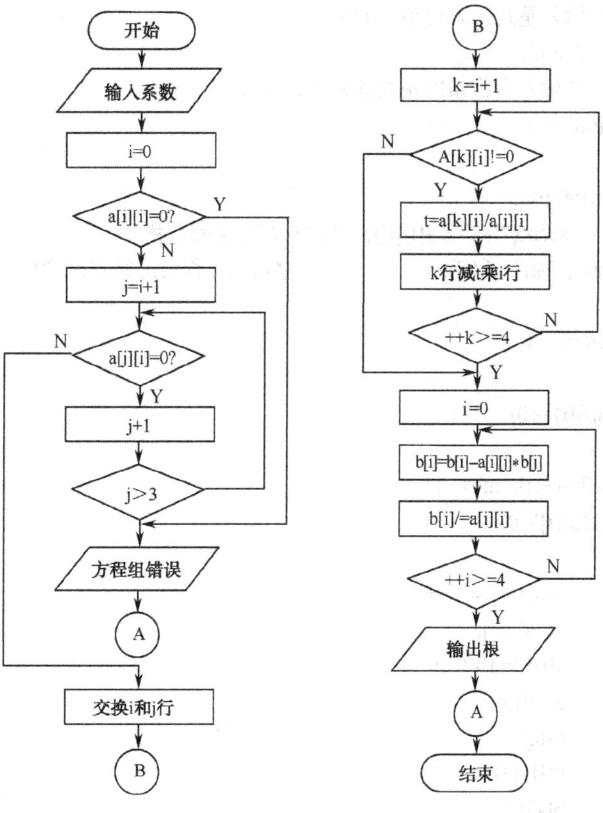

图 4.4　算法流程图

4．功能模块设计

（1）消去过程。

对于 k（即 0～n−2），从系数矩阵 A 的第 k 行、第 k 列开始的右下角子阵中，选取第 k 列绝对值最大的元素，通过行交换把它交换到第 k 行、第 k 列的位置，i 从 k+1 到 n−1，用第 k 行各数减去。第 k 行各数乘以 $a_{i,k}/a_{k,k}$。经过这样转换就可以得到上三角阵。

（2）回代过程。

① b[n−1]/a[n−1][n−1]就是 x[n−1]的解。

② x_i 的解为$(b_i-\sum a_{i,j}x_j)/a_{i,i}$，其中，i∈[n−1,0]的整数，j 从 i+1 到 n−1。

（3）对函数功能的介绍，或者算法的流程图。

5．程序清单

```
#include <stdio.h>
#include <math.h>
main()
{
        int i,j,k,n;
        double a[10][10];
         double b[10],t;
        printf("请输入是几元方程组：\n");
        scanf("%lf",&n);
        printf("\n 请输入方程组的系数和常量：\n");
        for(i=0;i<n;i++)
        {
                for(j=0;j<n;j++)
                        scanf("%lf",&a[i][j]);   /*输入方程组的系数*/
                scanf("%lf",&b[i]);                          /*输入方程组的常数向量*/
        }
        for(i=0;i<n;i++)
        {
               if(a[i][i]==0)
               {
                for(k=i+1;k<n;k++)
                if(a[k][i]!=0)
                {
                        for(j=0;j<n;j++)
                        {t=a[i][j];
                        a[i][j]=a[k][j];
                        a[k][j]=t;}
                        t=b[i];
                        b[i]=b[k];
                        b[k]=t;
                        break;
                }
```

```
            if(k==n)
            {
                printf("\n 方程组无解或有无穷多解。\n");
                return;
            }
          }
          for(k=i+1;k<n;k++)
             if(a[k][i]!=0)
            {t=a[k][i]/a[i][i];
            for(j=i;j<n;j++)
               a[k][j]=a[k][j]-t*a[i][j];
            b[k]-=t*b[i];
            }
      }
      for(i=n-1;i>=0;i--)
      {
         for(j=3;j>i;j--)
         b[i]=b[i]-a[i][j]*b[j];
         b[i]/=a[i][i];
      }
      printf("\n 方程组的解为：\n");
      for(i=0;i<n;i++)
      printf("x%d=%e\n",i+1,b[i]);
}
```

6．运行结果

请输入是几元方程组：

4↙

请输入方程组的系数和常量：

```
1  2   3   4  10↙
2  –1  2   4  7↙
3  1   –5  6  5↙
4  2   3   –5 4↙
```

方程组的解为：

```
x1=1.00000e+00
x2=1.00000e+00
x3=1.00000e+00
x4=1.00000e+00
```

7．总结

在本程序的设计中，使用二维数组 a 存放方程组的系数，一维数组 b 存放常数向量。由于数组必须先定义后使用，因此程序将 a 定义为 a[10][10]，b 定义为 b[10]，这就使程序只能求 10 元以下的线性方程组。如果要使程序更具通用性，可以利用 mallco 函数动态地分配数组空间。

本章小结

数组是一个由若干相同类型的变量组成的集合。同一数组中所有元素所占的存储单元是连续的，整个数组所占的存储单元的首地址就是数组中第一个元素的地址，数组名本身代表了数组的首地址。

（1）数组是程序设计中最常用的数据类型。数组可分为整型数组、实型数组、字符型数组、指针数组，以及后面将要介绍的结构体型数组等。

（2）数组可以是一维的、二维的或多维的。

（3）数组类型说明由类型说明符、数组名、数组长度（数组元素个数）三部分组成。数组元素又称为下标变量。数组的类型是指下标变量的值类型。

（4）数组的赋值可以采用初始化赋值方式，也可以采用赋值语句对数组元素逐个赋值。

（5）当字符数组用于存放字符串时，由于字符串具有结束标记“\0”,所以定义字符数组长度应为字符串长度加 1。

（6）指针变量可以指向数组，可以通过指向数组的指针来引用数组元素，所以数组元素的引用可以采用下标法或指针法。

习题 4

1．若有定义“int A[3][4];”，则能表示数组元素 A[1][1]的是（　　）。

A．(A[1]+1)　　B．*(&A[1][1])　　C．(*(A+1)[1])　　D．*(A+5)

2．char(*A)[5]中标识符 A 的意义是（　　）。

A．A 是一个指向有 5 个字体型元素的指针变量。

B．A 是一个有 5 个元素的一维数组，每个元素是指向字符型的指针变量。

C．A 是一个指向字符型函数的指针变量。

D．A 是一个有 5 个元素的一维数组，每个元素指向整型变量的指针变量。

3．下列程序的执行后，y 的值是（　　）。

```
main()
{
   int a[]={2,  4,  6,  8,  10};
   int y=1,  x,  *p;
   p=&a[1];
   for(x=0;  x<3;  x++)
   y+=*(p+x);
   printf("%d\n",  y);
}
```

A．17　　B．18　　C．19　　D．20

4．若有说明“char *p1, *p2, *p3, *p4, ch;”则不正确赋值的是（　　）。

A．p1=&ch;

　　scanf("%c", p1);

B．p2= (char*)malloc(1);
   scanf("%c", p2);
C．*p3=getchar()
D．p4=&ch;
  *p4=getchar();

5．变量 max 和 min 代表数组的最大、最小下标，请填空。

```
# include<stdio.h>
void find(int *a,   int *n,   int *max,   int *min)
{
      int I;
      *max=*min=0;
      for (I=1;   I<n;   I++)
           if (a[i]>a[*max])
           __________;
           else
           if (a[i]<a[*min])
           __________;
           return;
      }
void main()
{
           int   a[]={5,   8,   7,   6,   2,   7,   3};
           int max, min;
           find__________;
           printf("\n%d,   %d",   max,   min);
}
```

6．编程完成从键盘输入字符串，将字符串中的大写字母转换成小写字母，然后显示变换后的字符串。

7．求一个 4×4 整型矩阵主对角线元素之和。

8．打印杨辉三角形的前 10 行。

```
         1
       1   1
     1   2   1
   1   3   3   1
 1   4   6   4   1
1   5  10  10  5   1
         ⋮
```

9．有 20 个数按由小到大的顺序存放在一个数组中，输入一个数，要求用二分法查找该数是数组中第几个元素的值。如果找不到，则打印“无此数”。

10．有 20 个 4 位数，编程将这些数按千位逆序（由大到小）排列。如果千位相同按十位顺序（由大到小）排列。

11．将数组中的值按逆序重新存放，设原来存放的值为 5、7、3、4、8，要求改为 8、4、3、7、5。

第 5 章　函　数

函数是 C 和 C++程序的基本模块，是构成结构化程序的基本单元。在前面的章节中，我们虽然有了函数的初步概念，但那仅是感性的认识。本章将对函数进行深入的讨论。通过本章的学习，将使读者掌握 C 语言函数的操作与应用。

5.1　函数定义

通过前面章节的学习，我们了解到：函数是构成 C 程序的基本单元。如果从用户使用的角度看，函数可分为两类：

（1）标准函数（库函数），该函数由系统提供，用户可直接使用；

（2）用户自定义函数，用于解决用户的专门需要。

我们已经知道，在一个 C 语言程序中，除了 main()函数，还要经常使用一些其他函数。

【例 5.1】　函数示例。

```
main( )
{   printLine();            /* 调用 printLine( )函数 */
    printMessage("函数调用测试!!! "); /* 调用 printMessage ( )函数 */
    printLine();            /* 调用 printLine( )函数 */
    return 0;               /*  退出 main( )函数，并返回 0 */
}
printMessage(char *s)               /* 定义 printMessage( )函数 */
{
    printf("%s\n",s);   /* 在屏幕上输出字符串 Hello,world! */
}
```

```
printLine()              /* 定义 printStar( )函数 */
{
    printf("\n==========================================\n");
}
```

将上述程序编译、连接，运行后结果如下：

```
==========================================
   函数调用测试!!!
==========================================
```

我们发现，程序中除了 main()函数之外，还有一个 printMessage()和一个 printLine()。在 C 语言中，它们也被称为函数。其中，printMessage、printLine 分别是两个函数的函数名，并且函数 printMessage 括号中带有参数，printLine 括号中无参数。通过这一例子的学习，我们发现：一个 C 源程序可以由多个函数组成，除了 main()函数（必须）之外，还可以有其他的函数。并且，对具有不同功能的函数，其函数形式是不一样的。函数名后的括号内可以有内容，也可以没有内容。

由此，我们给出函数定义的一般形式：

```
函数类型  函数名([形式参数表])
{
 函数体;
}
```

其中：函数类型和形式参数的数据类型为 C 的基本数据类型，可以是整型(int)、长整型(long)、字符型（char）、单浮点型（float）、双浮点型（double）以及无值型（void）等，也可以是指针类型。

函数体为实现该函数功能的一组语句，并包括在一对花括号“{”和“}”中。

方括号“[ ]”代表可选。这表示函数既可以有形式参数，也可以没有形式参数。

我们称有形式参数的函数为有参函数，没有形式参数的函数为无参函数。

在定义无参函数时，在形参表中可使用关键字 void。尽管这不是必须的，但我们建议读者这样使用。

如果在定义函数时不指定函数类型，系统会隐含指定函数类型为 int 型。但是为了程序的清晰和安全，建议都加以声明为好。

现在，我们有了函数的定义形式，就可以根据需要自己定义函数了。下面我们再看两个个自定义函数的例子。

【例 5.2】 求 x 的绝对值。

分析：在主程序中输入一个正数或负数，调用求绝对值函数，求解其绝对值，并显示结果。

程序代码如下：

```
float fabs(float x)      /*求 x 的绝对值*/
{
    if( x < 0 ) {  x = -x ; }     /*  如果 x 是负数则返回其相反数，否则直接返回 */
    return(x);
```

```
}
main()
{
    float num;
    Printf("请输入一个数:");
    scanf("%f",&num);
    printf("该数的绝对值为：%f",fabs(num));
}
```

程序运行结果如下：

请输入一个数：−23↙

该数的绝对值为：23.000000

【例 5.3】 求阶乘函数的调用实例。

分析：在主程序中输入一个正整数，调用求阶乘函数，求解 n 的阶乘并显示结果。程序代码如下：

```
//计算 n 的阶乘函数
long fact(int n)
{
    long y=1;
    int i;
    for(i=1;i<=n;i++)
    y*=i;
    return(y);
}
main( )
{
    int num;
    long result;
    printf("请输入一个整型数据:");
    scanf("%d",&num);
    result=fact(num);      //调用阶乘计算函数
    printf("数据%d 的阶乘为：  %ld",num,result);
    getch();
}
```

程序运行结果如下：

请输入一个整型数据：5↙

数据 5 的阶乘为：120

实训 14　建立和使用函数

1．实训目的

（1）熟悉函数定义格式及应用。
（2）掌握函数调用含义与调用格式。
（3）理解什么是不带参数的函数，什么是带参数的函数。

2．实训内容

（1）自定义求最大公约数函数 Fun_ZDGYS(int n1,int n2)。

```
#include "stdio.h"
int Fun_ZDGYS(int n1,int n2)
{
    int temp;
    if(n1<n2)
     {
       temp=n1;
       n1=n2;
       n2=temp;
    }
    while (n2!=0)
     {
       temp=n1%n2;
       n1=n2;
       n2=temp;
    }
    return(n1);
}
main()
{
   int a,b,result;
   printf("请输入两个正整数 a,b：");
   scanf("%d,%d",&a,&b);
   result=Fun_ZDGYS(a,b);
   printf("正整数%d,%d 的最大公约数为 %d",a,b,result);
   getch();
}
```

程序运行结果如下：

```
请输入两个正整数 a,b：45,36↙
正整数 45,36 的最大公约数为 9
```

（2）自定义函数求最大公约数函数 int Fun_ZXGBS(int n1,int n2)。

```
int Fun_ZXGBS(int n1,int n2)
{
    int mult,max,min;
    mult=n1*n2;
    max=Fun_ZDGYS(n1,n2);      /* 调用求最大公约数函数 */
    min=mult/max;
    return(min);
}
main()
{
  int a,b,result;
  printf("请输入两个正整数 a,b: ");
  scanf("%d,%d",&a,&b);
  result=Fun_ZXGBS(a,b);
  printf("正整数%d,%d 的最小公倍数为 %d",a,b,result);
  getch();
}
```

程序运行结果如下：

```
请输入两个正整数 a,b: 45,36↙
正整数 45,36 的最小公倍数为 180
```

3．实训思考

（1）函数调用的基本格式是什么？

（2）在较复杂程序设计中，设计功能相对独立的函数模块有什么优越性？

5.2 函数参数与返回值

在调用函数时，大多数情况下主调函数和被调函数之间需要数据传递（有参函数）。

在定义有参函数时函数名后括号中的变量名称为“形式参数”（简称“形参”）。在主调函数中调用一个函数时，此函数名后面括号中的参数称为“实际参数”（简称“实参”）。

在 C 语言中调用函数时，参数传递有两种方式：值传递和指针（地址）传递。

在参数传递时，根据参数类型可以分为：简单变量作为函数参数传递、数组名作为函数参数传递和指针作为函数参数传递等多种情况。

5.2.1 形式参数与实际参数

【例 5.4】 函数调用参数传递实例。

分析：max 函数实现求两个数中的最大数的功能，主函数中调用其实现最大值求解。

程序代码如下：

```
max(int x,int y)
{
```

```
    int z;
    z=x>y ? x : y;
    return z;
}
main()
{
    int a,b,c;
    scanf("%d,%d",&a,&b);
    c=max(a,b);
    printf("Max is %d!",c);
}
```

一般情况下在调用函数时，主调函数和被调函数之间有数据传递关系。在定义函数时，函数名后面括号中的变量名称为“形式参数”，简称“形参”，即定义函数所需参数的类型、形式；在主调函数中调用此函数时，函数名后面括号中的参数称为“实际参数”，简称“实参”，即在实际调用时传递给函数的实际使用的参数。

本例中，定义 max(int x,int y)时，使用的 x，y 就是形式参数；在调用时，c=max(a,b); 使用的参数 a，b 就为实际参数。

5.2.2 参数的值传递方式和指针（地址）传递方式

1. 值传递方式

值传递方式是把实参的值复制给形参，即调用函数向被调用函数传递的参数是变量本身的值。在内存中，由于形参与实参占用不同的存储单元，这时形参值的变化将不影响实参的值。到目前为止，我们所举的函数实例中，采用的都是这种值调用。

【例 5.5】 值传递方式实例。

```
void swap(int x,int y)      /*交换函数 swap()，用于交换 x 和 y 的值 */
{
  int temp;
  printf("\n\n==========交换函数内部处理结果============");
  printf("\n 接收参数：x=%d\ty=%d\n",x,y);
  //交换处理
  temp=x;
  x=y;
  y=temp;
  printf("\n 交换结果：x=%d\ty=%d\n",x,y);
  printf("\n==========================================");
}
main()
{
  int a,b;
  printf("\n 请输入整数（a,b）：");
  scanf("%d,%d",&a,&b);
```

```
    printf("\n 主函数输入数据：a=%d,b=%d",a,b);
    swap(a,b);   //数据交换操作
    printf("\n 主函数交换结果：a=%d,b=%d",a,b);
    getch();
}
```

程序运行情况如下：

```
请输入整数（a,b）：36,80↙
主函数输入数据：a=36,b=80
==========交换函数内部处理结果============
接收参数：x=36   y=80
交换结果：x=80   y=36
==========================================
```

主函数交换结果：a=36,b=80

分析程序运行结果可以看出，实参 a 初值为 36，b 初值为 80，调用交换函数 swap()以后，仍然是 a 值为 36，b 值为 80。形参的值交换后，x 的值为 80，y 的值为 36。说明此处函数调用对实参 a，b 没起作用。这是什么原因呢？

因为 C 语言规定，实参变量对形参变量的数据传递是“值传递”，即单向传递，只能由实参传给形参，而不能由形参传给实参。

在函数被调用时，系统才给形参变量分配内存单元，并将实参对应的值赋值给形参变量，调用结束后，形参单元立即释放，实参保持原值。因此，形参变量只有在函数体内才是有效的，离开该函数就不能再使用，且在函数调用过程中，形参与实参所使用的存储单元位置不一样，形参值的变化不影响实参值。

2. 指针（地址）传递方式

指针（地址）传递方式是在调用时把实参的地址复制到形参，使用地址去访问实参。此时主调函数向被调用函数传递的参数不是变量的值，而是变量的地址（即变量的存储位置），当子函数中向相应的地址写入不同的数值之后，也就改变了调用函数中相应变量（实参）的值，即指针（地址）传递方式中，实参的值可在函数调用过程中被修改。在 C 语言中，指针（地址）传递方式是通过指针实现的，在内存中，形参与实参占用相同的存储单元。

指针（地址）传递方式的函数原型是：

函数类型　函数名(类型 *参数 1, 类型 *参数 2,…);

调用时的形式是：

函数名（&参数 1, &参数 2,…）

【例 5.6】 指针（地址）传递方式实例。

```
void swap(int *x,int *y)     /*参数为指针类型*/
{
    int temp;
    printf("\n\n==========交换函数内部处理结果============");
    printf("\n 接收参数：x=%d\ty=%d\n",*x,*y);
    //交换处理
    temp=*x;
```

```
    *x=*y;
    *y=temp;
    printf("\n 交换结果：x=%d\ty=%d\n",*x,*y);
    printf("\n==========================================");
}
main()
{
    int a,b;
    printf("\n 请输入整数（a,b）：");
    scanf("%d,%d",&a,&b);
    printf("\n 主函数输入数据：a=%d,b=%d",a,b);
    swap(&a,&b);   //数据交换操作
    printf("\n 主函数交换结果：a=%d,b=%d",a,b);
    getch();
}
```

程序执行情况如下：

```
请输入整数（a,b）：36,80↙
主函数输入数据：a=36,b=80
===========交换函数内部处理结果=============
接收参数：x=36   y=80
交换结果：x=80   y=36
=============================================
```

主函数交换结果：a=80,b=36

与例 5.5 相比较，这里的函数调用才起到了交换实参值的作用。通过这两个例子的学习，使大家对参数的值传递方式和地址传递方式有了一个清晰的认识，如果在函数调用时，不需要改变实参的值，就只需要使用值传递方式传递参数；如果在调用过程中需要修改实参的值，则需要使用地址传递方式传递参数。

另外，在函数调用过程中，使用 return 语句只能返回一个参数值，在许多情况下，程序需要返回多个参数值，这时就可以使用地址传递方式带回多个返回值，但采用地址传递方式传递参数要谨慎，使用不当易导致系统出错。

实训 15　参数的值传递方式和地址传递方式

1．实训目的

（1）理解函数的形式参数与实在参数的概念和应用。

（2）重点掌握函数的值传递方式和地址传递方式原理。

2．实训内容

运行下面程序，求解输入的字符串中数字、字母及其他字符的个数，观察统计数字的返回方式及实参的变化。

```
#include "stdio.h"
#include "string.h"
//定义字符串分析函数
int stringFX(char str[],int *numSZ,int *numZM,int *numOther)
{
    int i;
    int total=strlen(str);
    *numSZ=0;
    *numZM=0;
    *numOther=0;
    for(i=0;i<total;i++)
    {
        if(str[i]>='0'&&str[i]<='9')
        {
            (*numSZ)++;
        }
        else if((str[i]>='a'&&str[i]<='z')||(str[i]>='A'&&str[i]<='Z'))
        {
            (*numZM)++;
        }
        else
        {
            (*numOther)++;
        }
    }
    return total;
}
main()
{
    char str[100];
    int numTotal=0,numSZ=0,numZM=0,numOther=0;

    printf("\n==============字符统计==============\n");
    printf("请输入一个字符串长度小于 100：\n");
    scanf("%s",str);
    numTotal=stringFX(str,&numSZ,&numZM,&numOther);
    printf("\n 字符串总长度：%d",numTotal);
    printf("\n 数字      个数：%d",numSZ);
    printf("\n 字母      个数：%d",numZM);
    printf("\n 其他字符个数：%d",numOther);
    printf("\n==============字符统计==============\n");
    getch();
}
```

程序运行结果如下：

```
==============字符统计==============
```

```
请输入一个字符串长度小于100:
abcd1234FFGJ^&*%0987%sddsds↙
字符串总长度:27
数字    个数:8
字母    个数:14
其他字符个数:5
===============字符统计===============
```

3. 实训思考

(1)形式参数与实在参数之间的区别是什么?在函数调用时,它们之间怎样传递参数?
(2)怎样理解值传递方式和地址传递方式?
(3)如何实现函数多个处理结果的返回?

5.2.3 参数类型

1. 简单变量作为函数的参数

当实参是简单变量或数组元素(数组元素也是简单变量)时,就是简单变量作为函数参数,即值传递方式传递参数的情况。前面许多实例采用的都是这种以简单变量作为函数参数的情形。关于这种情形,这里不再赘述。

2. 指针作为函数的参数

当指针作为函数参数时,当然是只传递实参的地址。显然,指针作为函数参数是典型的指针(地址)传递参数的方式。前面的实例和实训中都出现过指针作为参数的情况,我们在这里不再赘述,大家可以直接参照前面的代码。

3. 数组作为函数的参数

当函数参数是数组时,此时只传递数组的地址,而不是将整个数组元素都复制到函数中去,即用数组名作为实参传递给被调函数,调用时指向该数组第一个元素的指针就被传递给被调函数。因为在C语言中,数组名就是一个指向该数组第一个元素的指针。在调用时作为实参的数组类型必须与对应的形参类型相同。

数组作为函数参数传递属于指针(地址)传递方式。此时,数组函数的原型可以有以下几种写法(设有整型数组 array):

```
int myFunction(int array[10]);
int myFunction(int array[]);
int myFunction(int *array);
```

注意:当传递数组的某个元素时,数组元素作为实参,此时按使用简单变量的方法使用数组元素即可。

【例 5.7】 输入一维数组值,最大的元素与第一个元素交换,最小的元素与最后一个元素交换,输出数组。

```
/*声明函数原型*/
void input(int number[10],int n);
void max_min(int array[],int n);
void output(int *array,int n);
/*========定义函数========*/
/*输入函数*/
void input(int number[10],int n)
{   int i;
    printf("\n 请输入 10 个整数（以空格分隔）：\n");
    for(i=0;i<n;i++) scanf("%d",&number[i]);
    printf("\n 输入数据：\n");
    for(i=0;i<n;i++) printf("%6d",number[i]);
}
/*最大最小值处理函数*/
void max_min(int array[10],int n)
{
    int *max,*min,tmp;
    int *p,*arrEnd;

    arrEnd=array+n;
    max=min=array;
    for(p=array+1;p<arrEnd;p++)
    {
        if(*p>*max)
            max=p;
        else if(*p<*min)
            min=p;
    }
    tmp=array[0];array[0]=*max;*max=tmp;
    tmp=array[9];array[9]=*min;*min=tmp;
}
/*输出函数*/
void output(int array[10],int n)
{   int *p;
    printf("\n 处理结果：\n");
    for(p=array;p<array+n;p++)
        printf("%6d",*p);
}
/*定义主函数*/
main( )
{   int number[10];
    input(number,10);
    max_min(number,10);
    output(number,10);
    getch();
}
```

程序运行结果如下：

```
请输入 10 个整数（以空格分隔）：
100  1  3  5  4  200  388  −100  −200  0↙
```

输入数据：

```
100    1    3    5    4   200   388  −100  −200    0
```

处理结果：

```
388    1    3    5    4   200   100  −100     0  −200
```

注意：为了使同学们能够熟悉数组作为参数的几种形式，本例题在函数声明时采用三种不同的函数形参形式，同学们在实践中不必如此，可选择一种自己喜欢的方式。

实训 16　函数参数传递的形式

1．实训目的

掌握简单变量、数组和指针作为函数参数进行传递的形式。

2．实训内容

字符串相关操作。

① 求字符串长度。

```
int length(char string[ ] )          /*  求字符串的长度函数  */
{    int index = 0 ;
     while (string[index] != '\0' ) index ++ ;
     return (index);
}

main()
{    char string[80]
     int len;
     printf("\n 请输入一个字符串：\n");
     scanf ("%s",string);
     len=length(string);
     printf("字符串的长度是：%d",len);
}
```

② 字符串查找。

```
/*  在 string1 中查找 string2 */
int find_string(char string1[ ] ,char string2[ ])
{    char temp;
     int index1=0 , index2 ;
     while ( string1[index1] != '\0' )
```

```
        {      index2 = 0 ;
               /* 下面 while 循环是找子字符串位置*/
              temp=string1[index1+index2];
              while((string2[index2] != '\0' ) && (temp == string2[index2] ) )
               {temp = string1[index1+ ++index2];}
              if ( string2[index2] == '\0' ) return (index1) ;   /* 找到 */
               index1 ++ ;
        }
        return (-1) ;   /* 未找到 */
}
main()
{
      char string1[80],string2[80];
      int findresult;
      printf("\n 字符串 1 :\n");     scanf ("%s",string1);
      printf("\n 字符串 2 :\n");     scanf ("%s",string2);
      findResult= find_string(string1,string2);
      if (findResult )
      {
            printf("\n 找到!\n");
            printf("子串在主串中的位置为:%d\n", findResult);
      }
      else
      {
            printf("\n 未找到!\n");
      }
}
```

3. 实训思考

（1）在函数调用时，有哪些形式可以作为参数来传递？函数能不能作为参数来传递？

（2）函数调用时，对形参和实参有什么要求？

5.2.4 函数的返回值

在 C 语言中，通常希望通过函数调用得到一个确定的值，这就是函数的返回值。一般使用 return 语句返回一个值。返回语句一般有如下的形式：

return ;　　或　　return **表达式**;　　或　return(**表达式**);

该语句有下列用途：

（1）它能立即从所在的函数中退出，返回到调用它的程序中去。

（2）返回一个值给调用它的函数。

在使用 return 语句时要注意：

（1）返回值的类型要与函数值的类型一致，即如果要返回一个值，在定义函数时就需要指定函数值的类型，如：

```
int max(float x , float y)   /*函数值为整型，返回值也应为整型*/
double min(double x , double y)   /*函数值为 double，返回值也应为 double */
```

如果函数值的类型和 return 语句中表达式的类型不一致，则以函数类型为准，系统将自动把表达式值的类型转换为函数值的类型，即函数值类型决定返回值类型。

（2）如果被调函数中没有 return 语句，函数将返回一个不确定的随机值，为了明确表示“不返回值”，则在定义函数时将函数值类型定义为 void 类型，即无类型（空类型），这样就保证函数不返回任何值。函数值类型定义为 void 类型，不返回任何值，因此无法参与表达式的运算。

实训 17　函数的返回值

1．实训目的

了解函数返回值的基本返回方式及返回值的类型。

2．实训内容

（1）查找整型数组中元素的最小值，并返回其值。

```
int findMin(int num[],int n)
{
    int i;
    int min=num[0];
    for(i=1;i<n;i++)
    {
        if(num[i]<min) min=num[i];
    }
    return min;
}
main()
{
    int num[10]={23,-23,100,34,56,-120,36,44,12,10};
    int value=0,i;
    value=findMin(num,10);
    //p=findMinPointer(num,10);
    printf("\n================数组元素列表====================\n");
    for(i=0;i<10;i++) printf("%5d",num[i]);
    printf("\n 最小元素值为：%d",value);
    getch();
}
```

程序执行结果如下：

```
================数组元素列表====================
   23  -23  100   34   56 -120   36   44   12   10
```

最小元素值为：−120

（2）查找整型数组中元素的最小值，并返回其存储地址。

```
int *findMinPointer(int num[],int n)
{
    int i;
    int *min;
    min=&num[0];
    for(i=1;i<n;i++)
    {
        if(num[i]<*min) min=&num[i];
    }
    return min;
}
main()
{
    int num[10]={23,-23,100,34,56,-120,36,44,12,10};
    int *p,i;
    p=findMinPointer(num,10);
    printf("\n================数组元素列表====================\n");
    for(i=0;i<10;i++) printf("%5d",num[i]);
    printf("\n 最小元素值为：%d,指针地址为：%lx",*p,p);
    getch();
}
```

程序执行结果如下：

```
================数组元素列表====================
   23  −23  100   34   56 −120   36   44   12   10
最小元素值为：−120,指针地址为：12ff6c
```

3．实训思考

函数返回值的类型有哪些？函数返回的指针类型有什么意义？

5.3 函数调用

5.3.1 函数调用的基本问题

1．函数调用格式

当在程序中定义了若干函数之后，就意味着该函数将会在程序中被使用，但是在程序中我们怎样使用这些函数，这些函数又是怎样被执行的呢？

通过前面的一些实际例子，我们已经了解了函数的基本调用形式。调用函数的一般形式如下：

函数名(实参列表);

其中，实参是有确定值的变量或表达式，各参数间需要用逗号分开。

说明：

（1）在实参表中，实参的个数与顺序必须和形参的个数与顺序相同，实参的数据类型必须和对应的形参数据类型相同。

（2）若为无参数调用，则调用时函数名后的括号不能省略。

（3）函数间可以互相调用，但不能调用 main()函数。

2．函数的调用位置

首先，我们看例 5.8，请上机运行程序并注意执行结果，考虑函数不同调用位置。

【例 5.8】 不同函数调用方式实例。

```
main( )
{
    int max(int,int,int);
    int a,b,c,result1,result2;
    printf("请输入三个整数(a ,b, c):");
    scanf("%d,%d,%d",&a,&b,&c);
    result1=3* max (a,b,c);                /* 函数作为表达式 */
    printf("处理结果 1：%d\n",result1);
    result2= max (a, max (b,result1),c);   /* 函数作为参数 */
    printf("处理结果 2：%d\n",result2);
    printf("处理结果 3：%d\n", max (a,b,result2));
}
int max(int x, int y, int z)
{   int max;
    max=x>y?x:y;           /*求最大值*/
    max=max>z?max:z;
    return(max);           /*返回最大值*/
}
```

通过分析上述程序段可以看出，根据函数在程序中出现的位置，可以分为以下三种调用方式。

（1）函数语句：把函数调用当做一条语句，即“函数名();”，譬如上例中的标准函数 printf()等。

（2）函数表达式：函数出现在一个表达式中，要求函数返回一个确定的值以参加表达式运算，如上例中的 result1=3*max(a,b,c)。

（3）函数参数：函数调用作为一个函数的实参，如上例中的 result2=max(a,max (b,result1),c)。实际上，例中的“printf（"处理结果 3：%d\n", max (a,b,result2)）;”语句也是把 max (a,b,result2)作为 printf()函数的一个参数。

不论在什么情况下，只要进行了有参函数的调用，就必须要求实参与形参的个数相等，顺序一致，类型相同。但在 C 语言的标准中，关于实参表的求值顺序，有的系统按自右向左的顺序计算，而有的系统则按自左向右的顺序计算，这要视具体 C 语言环境而定。

3. 函数的声明与函数原型

一个函数调用另一个函数是需要具备一定条件的：

（1）如果使用库函数，一般还需在文件开头用#include 命令将调用库函数所需的有关信息包含到本文件中来。如：

```
#include <stdio.h>
```

其中：stdio.h 是一个头文件，该文件中有输入/输出库函数所用到的一些宏定义信息。如果不包含 stdio.h 文件，就无法使用输入/输出库中的函数，在 VC++环境中系统将自动引入基本标准库。

（2）如果使用用户自己定义的函数，且该函数与调用它的函数（主调函数）在同一个文件中，一般应在主调函数调用该函数之前先进行声明。

【例 5.9】 对被调函数进行声明。

```
main()
{
    float sub(float x,float y);          /* 对被调函数的声明 */
    float n1,n2,result;
    scanf("%f,%f",&n1,&n2);
    result=sub(n1,n2);
    printf("%f",result);
}
float sub(float x,float y)               /* 函数定义 */
{
    float z;
    z=x-y;
    return(z);
}
```

请同学们上机调试，如果不加函数声明语句“float sub(float x,float y);”，能得到正确结果吗？

注意：由上例可以看出，函数定义与函数声明不是一回事。定义的功能是创建函数，函数由函数首部与函数体组成。而声明的作用是把函数的名字、函数类型及形参类型、个数、顺序通知编译系统，以便在调用函数时系统按此对照检查。

说明：

（1）在 C 语言中，函数声明称为函数原型。其作用是利用它在程序编译阶段对被调用函数的合法性进行全面检查。

（2）函数原型的一般形式为：

函数类型　函数名([形参表]);

（3）在下面的情况下可以对函数不作声明：

① 被调函数的定义在主调函数之前，可以不作声明。

② 函数类型是整型，可以不作声明。但采用此种方法系统无法对参数类型进行检查，

若参数使用不当，编译时不会报错。为安全起见，建议加上声明。

③ 在所有函数定义之前，且在函数外部已经作了声明，则在主调函数中不必再作声明。

5.3.2 函数嵌套调用

C 语言中函数的定义都是互相平行的、独立的。一个函数的定义内不能包含另一个函数，也就是说，C 语言是不能嵌套定义函数的，但 C 语言允许嵌套调用函数。所谓嵌套调用就是在调用一个函数并执行该函数的过程中，该函数又调用了其他函数。先看一个例子。

【例 5.10】 编写一个计算组合数 C_m^n 的值。

在本例中，组合数的计算用函数 Cmn()实现，而它需要的阶乘计算由函数 Fact()实现。计算组合数的公式如下：

$$C_m^n = \frac{m!}{n!(m-n)!}$$

本例程序的结构是：主函数 main( )调用函数 Cmn()，而函数 Cmn()三次调用函数 Fact()，计算 m!，n!，(m−n)!。计算结果返回给主函数进行输出。m 和 n 由键盘输入。

程序代码如下：

```
/*组合数的计算*/
long Cmn(long m,long n)
{    long a,c;
     a=Fact(m);
     c=Fact(n);
     c=a/c;
     a=Fact(m-n);
     c=c/a;
     return(c);
       }

/*阶乘计算*/
long Fact(long x)
{   long i,result=1;
      for(i=1;i<=x;i++)
             result=result*i;
      return(result);
}

main( )
{
     long m,n,c;
       printf("请输入整数（m,n）：");
       scanf("%ld,%ld",&m,&n);
       c=Cmn(m,n);
       printf("C(%ld,%ld)=%ld\n",m,n,c);
       getch();
```

```
}
```

程序执行结果如下：

请输入整数（m,n）：10,5↙

C(10,5)=252

上述例子中函数嵌套调用和返回的过程如图 5.1 所示。

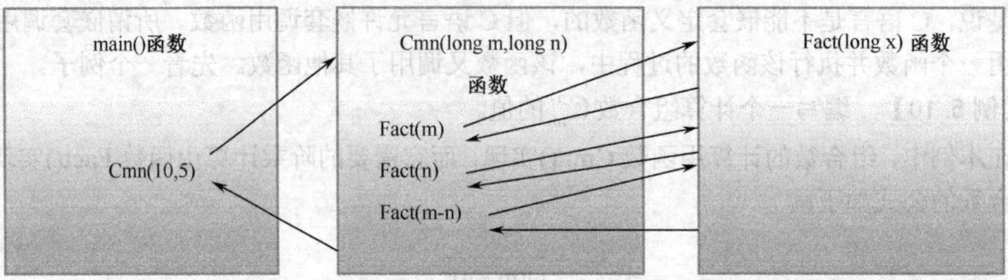

图 5.1　函数嵌套调用示意图

5.3.3　函数递归调用

上节中介绍了在一个函数中如何嵌套调用另一个函数的过程。那么一个函数在执行过程中是否能够直接或间接地调用该函数本身呢？答案是肯定的。我们称函数在调用过程中又调用自身的这种情况为递归调用。C 语言允许函数递归调用。函数递归调用可分为直接递归调用和间接递归调用。下面我们主要讨论函数的直接递归调用。

【例 5.11】　用递归调用编写计算阶乘 n!的函数 fact( )。

阶乘的计算公式是：n！=n*(n−1)!

根据上面的计算公式，为了计算 n!，需要调用计算阶乘的函数 fact(n)，它又要计算(n−1)!，此时又需要再调用(fact(n−1))，依次类推，于是形成递归调用。这个调用过程一直继续到计算 1！为止（因为 0！=1！=1，可递归到 1！就可以了）。

程序代码如下：

```
float fact (int n)
{
    float result;
    if (n<0)
        printf("n<0,数据出错！ \n");
    else if ((n==0)||(n==1))
        result=1;
    else
        result=n *fact(n-1);

    return(result);
}
main( )
{
```

```
    int n;
    float result;
    printf("请输入一个整数（n）：");
    scanf("%d",&n);
    result=fact(n);
    printf("%d! = %15.0f",n,y);
    getch( );
}
```

上面例子中体现递归调用思想的是函数 fact( )中的语句：

```
result=n*fact(n-1);
```

其中，n 是所要计算的阶乘，result 是 n 的阶乘的值。这个语句就是一个递归调用（直接递归调用），因为在执行调用函数 fact(n)的过程中，又需要调用 fact(n-1)。下面以 5！为例，来分析本程序的递归调用和返回的过程。递归调用和返回过程的简单示意图如图 5.2 所示。

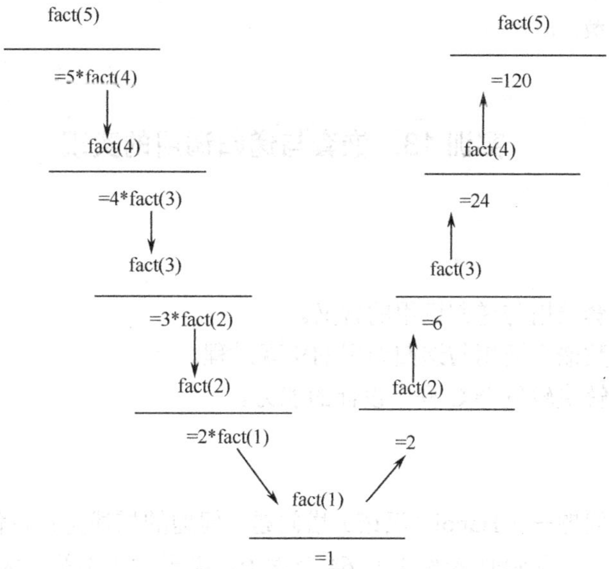

图 5.2　例 5.11 的执行过程

【例 5.12】　用递归方法求解 Fibonacci 数列。

Fibonacci 数列可以这样来描述：数列第一个数为 1，第二个数为 1，以后每个数都是其前面两个数的和，即 1，1，2，3，5，8，13，21，34，55，…。计算公式如下：

$$Fib(n)=Fib(n-1)+Fib(n-2),$$

其中，n≥3。根据题意分析，采用递归方式，给出本实例的代码如下：

```
int Fib(int n)
{   int result;
    if (n<=0) printf("n<=0,数据出错！\n");
    else if ((n==1)||(n==2))
        result=1;
```

```
    else
        result=Fib(n-1)+Fib(n-2);
    return(result);
}

main( )
{   int Fib(int);
    int n,result;
    printf("请输入一个整数：");
    scanf("%d",&n);
    result=Fib(n);
    printf("Fib(%d) = %d\n",n,result);
    getch();
}
```

当输入 n 的值为 10 时，程序输出结果是：

```
请输入一个整数：10↙
Fib(10) = 55
```

实训 18　嵌套与递归调用的实现

1．实训目的

（1）掌握函数嵌套调用与递归调用的含义。

（2）重点掌握函数嵌套调用与递归调用的实现过程。

（3）培养和锻炼解决较复杂 C 程序设计的能力。

2．实训内容

实现古典的数学问题——Hanoi（汉诺）塔问题。问题的描述是：古代有一个梵塔，塔内有 3 个座——A、B、C。开始时 A 座上有 64 个盘子，盘子大小不等，大的在下，小的在上，如图 5.2 所示。有一个老和尚想把这 64 个盘子从 A 座移到 C 座，但每次只允许移动一个盘子，且在移动过程中在 3 个座上都始终保持大盘在下，小盘在上，移动过程中可以利用 B 座。

现在有 4 个按大小顺序摆放的盘子放在 A 座上，请利用 B 座，按照汉诺塔问题限定的条件（每次移动小盘始终都在最上面），将 A 座上的 4 个盘子移到 C 座上。程序要求能够打印出每次盘子的移动步骤，并统计移动的总次数。

分析程序设计思路：

（1）这是典型的非数值问题，64 个盘子的移动次数为：18446744073709511615 次。显然计算机是难以处理这样大的数据的（只有递归能够解决）。

（2）具体分析如下。

设要解决的汉诺塔共有 N 个圆盘，对 A 座上的全部 N 个圆盘从小到大顺序编号，最小的圆盘为 1 号，次之为 2 号，依次类推，则最下面的圆盘的编号为 N。

第一步：先将问题简化。假设A座上只有一个圆盘，即汉诺塔只有一层N=1，则只要将1号盘从A座上移到B座上即可。

第二步：对于一个有N（M>1）个圆盘的汉诺塔，将N个圆盘分成两部分：上面的N−1个圆盘和最下面的N号圆盘。

第三步：将“上面的N−1个圆盘”看成一个整体，为了解决N个圆盘的汉诺塔，可以按下面（3）的方式进行操作。

（3）根据分析，设计移动圆盘的递归算法如下：

① 将A座上面的N−1个盘子，借助B座，移到C座上（如图5.4所示）。

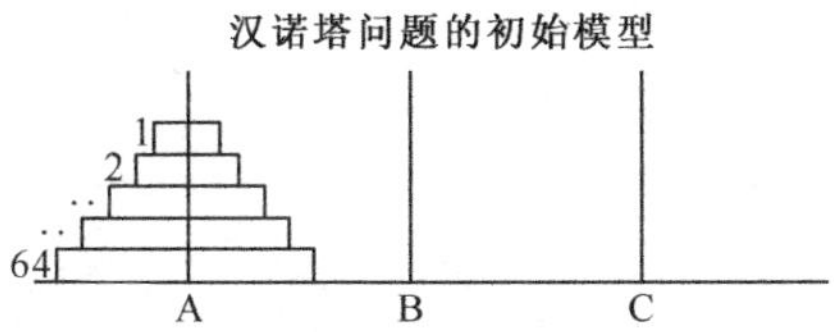

图5.3　汉诺塔问题初始模型图

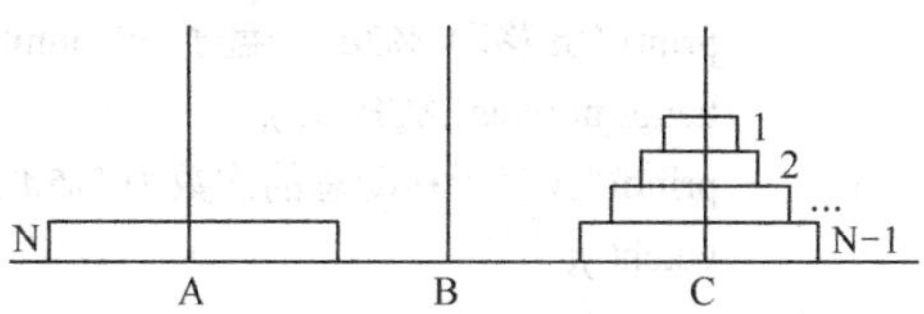

图5.4　A上N−1个盘子借助B移到C

② 将A座上剩余的N号盘子移到B座上，如图5.4所示。

③ 将C座上的N−1个盘子，借助A座，移到B座上，如图5.6所示。

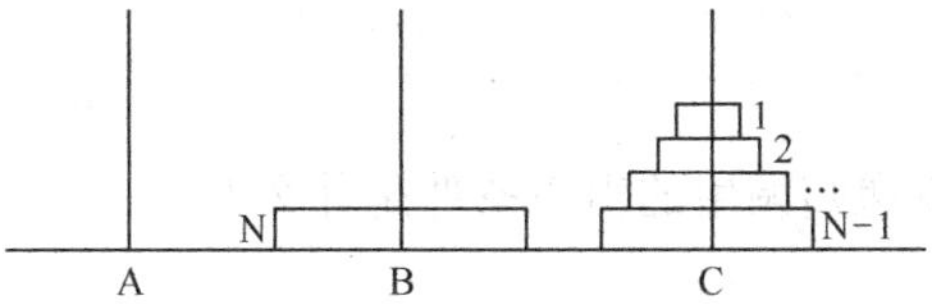

图5.5　A上剩余的N号盘子移到B

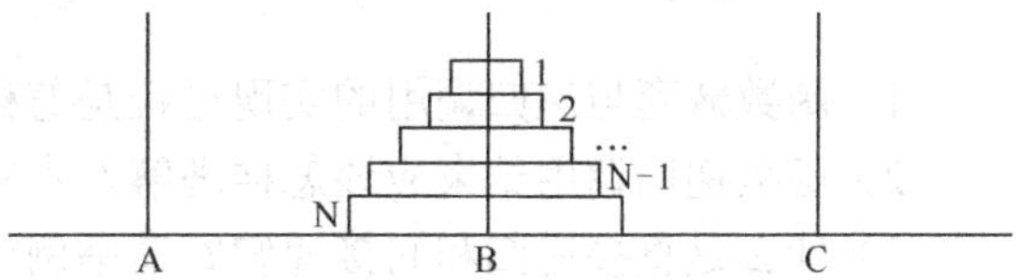

图5.6　C上N−1个盘子借助A移动到B

（4）根据以上分析，移动N个盘子的递归算法实现代码如下：

```
void   hanoi(int n,char one,char two,char three)   /*Hanoi( )函数 */
  {  if(n==1) {
          move(n,one,three);     /* 只有1个盘子时，直接打印输出 */
          counter=counter+1;     /* 统计次数*/
     }
     else{      /* 将one座上面n-1个盘子借助three座移到two座 */
          hanoi(n-1,one,three,two);
          move(n,one,three);   /* 第n号盘子打印输出 */
          counter=counter+1; /*   统计次数，每移动1次counter加1 */
             /*将two座上面n-1个盘子借助one座移到three座   */
          hanoi(n-1,two,one,three);
     }
  }
```

（5）打印输出移动步骤函数代码是：

```
void   move(int n,char x,char y)     /* 打印输出移动步骤 */
{
     printf("盘子 %d 从 %c 移动到 %c:\t%c ====>> %c\n",n,x,y,x,y);
}
```

（6）根据分析，设计主函数，输入盘子数 n，调用以上函数输出结果，代码为：

```
#include <stdio.h>
#include <conio.h>
int counter=0;          /* 全局变量，用于统计移动次数 */
main( )
{   int number;
      printf("\n\n");
      printf("请输入盘子数目: ");
      scanf("%d",&number);
      printf("\n 移动  %3d  个盘子:\n",number);
      hanoi(number,'A','B','C');
      printf("\n 盘子移动总的次数为:%5d",counter);
      getch( );
}
```

重要提示：在上机调试程序时，请将上述自定义的各函数代码加到主函数 main()之前或之后。

3. 实训思考

（1）函数嵌套与递归调用的实现过程是怎样的？

（2）函数递归调用结束应该怎样理解？本实训中递归调用的出口条件是什么？

（3）什么是直接递归和间接递归？请举例说明。

5.4 函数与指针

5.4.1 返回指针值的函数

在前面已介绍，函数的 return 语句可以返回一个整型值、字符值、实型值等，也可返回指针型数据（即地址）。返回值为一指针的函数称为指针类型函数。

指针类型函数原型的一般形式如下：

类型名　* 函数名(参数类型表);

说明：类型名为函数值（指针）所指的类型。

例如：
```
int *a(int x,int y);
float *b(float n);
char *str(char ch);
```

请注意，在上述三个指针函数的原型中，*a、*b、*str 的两侧没有括号，即表示函数 a、b、str 是指针型函数（函数返回值是指针）。

【例 5.13】　等待从键盘输入一字符串，再等待输入要查找的字符，然后调用 match() 函数在字符串中查找该字符。若有相同字符，则返回一个指向该字符串中这一位置的指针；如果没有找到，则返回一个空（NULL）指针。

```
char *match(char c, char *s)
{
    int i=0;
    while(c!=s[i]&&s[i]!='\n') i++;      /*找字符串中指定的字符*/
    return(&s[i]);                  /*返回所找字符的地址*/
}
main()
{   char s[40], c, *str;
    printf("\n 请输入一个字符串：");
    gets(s);                        /*键盘输入字符串*/
    printf("\n 请输入一个字符：");
    c=getche();                     /*键盘输入字符*/
    str=match(c, s);                /*调用子函数*/
    /*输出子函数返回的指针所指的字符串*/
    printf("\n 搜索结果：%s",str);
    getch();
}
```

程序执行结果如下：

```
请输入一个字符串：The whole city was discussing the news. ↙
请输入一个字符：w
搜索结果：whole city was discussing the news.
```

请读者仔细消化本例中指针变量的含义和用法，并分析会不会出现意外结果。

5.4.2 指向函数的指针

1．函数指针

在实际的程序设计中，我们不仅可以用指针变量指向整型变量、字符串、数组，也可以指向一个函数。一个函数在编译时，系统会为其分配一个入口地址。这个入口地址称为函数的指针。可以用一个指针变量指向函数，然后通过该指针变量调用此函数。我们先看一个例子。

【例 5. 14】 指向函数的指针示例。

```
int sum(int x,int y)
{
    return(x+y);
}
main( )
{
    int (*p)();   /*指向函数的指针*/
    int a,b,Result;
    p=sum;
    printf("请输入两个整数（a,b）:");
    scanf("%d,%d",&a,&b);
```

```
        Result=(*p)(a,b);
        printf("\n 两个数的和为：%d\n",Result);
        getch();
    }
```

程序执行结果如下：

请输入两个整数（a,b）:34,56

两个数的和为：90

在上述程序中，语句“int (*p)( );”定义了 p 是一个指向函数的指针变量，此函数返回整型的返回值。注意，*p 两侧的括号不可省略。请读者注意 int (*p)( )和 int *p( )的区别。

赋值语句“p=sum;”的作用是将函数 sum()的入口地址赋给指针变量 p。调用*p 就是调用函数 sum。请读者注意 p 是指向函数的指针变量，它只能指向函数的入口处而不可能指向函数中的某一条指令处，因此，*(p+1)这种表示函数的下一条指令的做法是错误的。

请读者分析语句： Result=(*p)(a,b)与 Result=sum(a,b)是否等价？

说明：

（1）指向函数的指针变量一般定义形式为：

数据类型　(* 指针变量名)( );

其中“数据类型”是指函数值的返回类型。

（2）函数的调用可以通过函数名调用，也可以通过函数指针调用（即用指向函数的指针变量调用）。函数指针可以这样赋值：

函数指针变量=函数名;

如例 5.14 中的语句： p=sum; （此处函数名后不能有括号）

语句“Result=(*p)(a,b);”表示调用由 p 指向的函数，实参为 a,b，得到的函数值赋给变量 Result。

2. 指向函数的指针作为函数参数

有了函数指针，就可以实现整个函数在函数之间的传递，也就是函数名作为实参传递给其他函数。函数指针的常见用途之一是把指针作为参数传递到其他函数。这个问题是 C 语言应用中比较深入的部分，本书中只是简单介绍，以使学生们在今后用到时不陌生、不困惑。

【例 5.15】 输入两个非零整数，通过计算函数，调用加、减、乘、除计算，实现加、减、乘、除值的计算处理。

```
/*基本函数*/
int add(int x, int y)
{
    return x+y;
}
int sub(int x, int y)
{
    return x-y;
}
```

```
int mul(int x, int y)
{
      return x*y;
}
int div(int x, int y)
{
      return x/y;
}
/*指向函数的指针作为函数参数*/
int calculate(int x,int y, int (*fun1)(), int (*fun2)(), int (*fun3)(), int (*fun4)() )
{
      printf("\nFun1 计算结果：%d",(*fun1)(x,y));
      printf("\nFun2 计算结果：%d",(*fun2)(x,y));
      printf("\nFun3 计算结果：%d",(*fun3)(x,y));
      printf("\nFun4 计算结果：%d",(*fun4)(x,y));

}
main( )
{
     int a,b;
     printf("请输入两个非零整数（a,b）:");
     scanf("%d,%d",&a,&b);
     calculate(a,b,add,sub,mul,div);
     getch();
}
```

程序运行结果如下：

```
请输入两个非零整数（a,b）:34,12↙
Fun1 计算结果：46
Fun2 计算结果：22
Fun3 计算结果：408
Fun4 计算结果：2
```

5.5 变量作用域和存储类别

在前面介绍函数形参时曾经提到，形参只在被调用期间才分配内存单元，调用结束立即释放。这表明形参变量只有在函数内才是有效的， 离开该函数就不能再使用。C语言中所有的变量都有自己的作用域。变量说明的方式不同，其作用域也不同。C语言中的变量按作用域范围可分为两种：局部变量和全局变量。

5.5.1 局部变量

在一个函数体内部定义的变量叫做局部变量，它只在本函数体内有效。只在函数体内可以访问它们，在函数体外是不可访问的。请看下面的例子。

【例 5. 16】 下面的程序在同一个 main( )函数中定义了三个数据类型和变量名相同的局部变量 i，在程序四次访问这些变量时不会混淆。因为这是三个不同的局部变量，它们有各自的作用域范围。

程序代码如下：

```
main( )
{
    int i=10;/*函数 main()的局部变量 i*/
    printf("输入一个正整数或负整数：");
    scanf("%d",&i);
    printf("主程序中 i 的值是%d\n",i);
    if (i>0)
    {    /*复合语句中的局部变量*/
         int i= -10;
         printf("在 if 语句中 i 的值是%d\n",i);
    }
    else
    {
         int i=0;   /*复合语句中的局部变量*/
         printf("在 else 语句中 i 的值是%d\n",i);
    }
    printf("主程序中 i 的值依然是%d\n",i);
    getch( );
}
```

执行程序，输出结果是：

输入一个正整数或负整数：36↙

主程序中 i 的值是 36

在 if 语句中 i 的值是−10

主程序中 i 的值依然是 36

图 5.7 所示为本实例中各个局部变量的不同作用域。

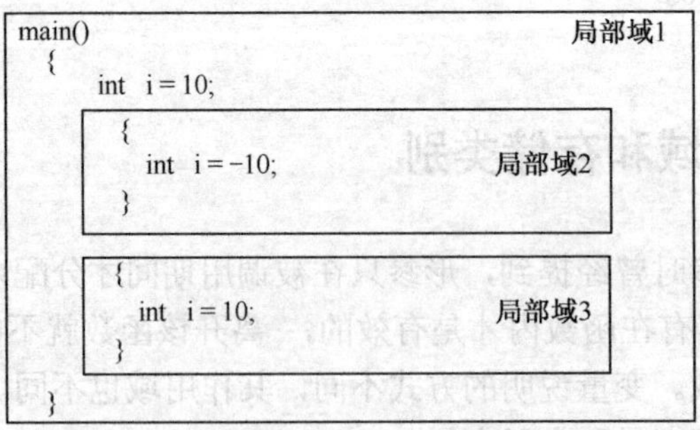

图 5.7 例 5.16 变量 i 的作用域

说明：

（1）在复合语句中也可定义变量，其作用域只在复合语句范围内有效，如例 5.16 所示。

（2）局部变量在没有被赋值之前，它的值是不确定的。

（3）形参变量是属于被调函数的局部变量，实参变量是属于主调函数的局部变量。

（4）允许在不同的函数中使用相同的变量名，它们代表不同的对象，分配不同的单元，互不干扰，也不会发生混淆。

5.5.2 全局变量

在函数之外定义的变量称为全局变量，也叫外部变量。全局变量的作用域是从定义变量的位置开始一直到本源程序文件结束。全局变量为在其作用域内的各函数共享。在整个程序执行过程中，全局变量是一直存在的。全局变量在没有初始化或赋值前被自动设置为 0。

【例 5.17】 全局变量应用实例。

```
int m[10];   /*定义全局变量*/
void disp(void)
 {
      int j;
      printf("\ndisp 调用处理结果：\n");    /*子函数中输出数组的值*/
      for (j=0; j<10; j++)
      {
           m[j]=m[j]*10;
            printf("%3d", m[j]);
      }
 }
main()
{
     int i;
     printf("\n 在主函数调用 disp 之前：\n");
     for(i=0; i<10; i++)
     {
          m[i]=i;
          printf("%3d", m[i]);   /*输出调用子函数前数组的值*/
     }
     disp();   /*调用子函数*/
     printf("\n 在主函数调用 disp 之后：\n");
     for(i=0; i<10; i++) printf("%3d", m[i]);    /*输出调用子函数后数组的值*/
     getch();
}
```

执行该程序，输出结果如下。

```
在主函数调用 disp 之前：
0  1  2  3  4  5  6  7  8  9
disp 调用处理结果：
0  10  20  30  40  50  60  70  80  90
在主函数调用 disp 之后：
0  10  20  30  40  50  60  70  80  90
```

说明：

（1）使用 return 语句，函数只能给出一个返回值。由于全局变量可以起到在函数间传递数据的作用，所以通过设置全局变量可以减少函数形参的数目和增加函数返回值的数目。

（2）模块化程序设计希望函数是封闭的，通过参数与外界发生联系。所以，在实际的应用程序开发中，我们建议不在必要时尽量不要使用全局变量，而是尽量使用局部变量。

（3）若在同一个源文件中，全局变量与局部变量同名，则在局部变量的作用范围内，全局变量被“屏蔽”，即它不起作用。我们看一个例子。

【例 5.18】 全局变量与局部变量同名的应用实例。

```
int a=3,b=5;   /*  定义全局变量  */
int max(int a,int b)    /* a,b 为局部变量  */
{       int c;
        c=a>b?a:b;
        return(c);
}
main( )          /*  主函数  */
{       int a=10;     /*   局部变量 a。只在 main()中有效  */
        printf("%d",max(a,b));
        getch( );
}
```

本程序运行结果是：10。请读者分析程序执行过程中变量的作用域范围变化。

5.5.3 变量存储类别

在前面两节中，我们从变量作用域（空间）的角度，把变量区分为全局变量和局部变量。如果从变量值存在的时间（生存期）角度看，变量又可以分为静态存储变量和动态存储变量。

根据这两类存储变量，存储方法也可分为两类：静态存储方法和动态存储方法。根据这两类存储方法，变量又可具体分为四种：自动的（auto），静态的（static），寄存器的（register）和外部的（extern）。

在变量定义语句中，存储定义符放在它所修饰的基本数据类型前面，其一般形式如下：

存储定义符 基本数据类型 变量名表;

其中，存储定义符可以是 auto、static、register 或 extern；基本数据类型可以是 int、float、char、double 等。

1. 局部变量的存储定义

局部变量是在函数体内部定义的，包括形式参数，编译时分配在动态存储区中。在 C 语言中，有三种局部变量：自动变量（auto）、静态局部变量（static）、寄存器变量（register）。

（1）自动变量（auto）。

一般情况下（不加特殊声明）局部变量属于动态存储类。auto 定义符用于说明这种局部变量（也称自动变量）。一个局部变量如果没有用存储类别定义符说明时，则自动被说明为 auto。自动变量的定义形式为：

[auto]　数据类型　变量名；

自动变量是动态分配和释放存储空间的，在程序进入其作用域期间存在，在程序控制离开其作用域范围后消失。我们前面所用到的一些变量都是自动变量。

（2）静态局部变量（static）。

当希望局部变量的值在每次离开其作用范围后不消失而保持原值，占用的存储空间不释放时，可用存储定义符 static 将变量定义为静态局部变量。

静态局部变量的定义形式为：

static　数据类型　变量名；

【例 5.19】　应用静态局部变量的实例。

```
f(int n)
{
    auto x=0;
    static y=3;
    x=x+1;
    y=y+1;
    return(n+x+y);
}
main()
{
    int n=2,i;
    for(i=0;i<3;i++) printf("%d",f(n));
}
```

程序运行结果为：

7　8　9

说明：

① 局部静态变量属于静态存储类，在静态存储区分配存储空间，在整个程序运行期间都不释放。

② 局部静态变量的存储空间在整个程序运行中都保持，但在它的作用域以外仍然不能被引用。

③ 对于局部静态变量，若在程序中不对它进行初始化，编译器会自动根据变量的数据类型给它赋初始值。例如，数值型变量自动赋初始值 0，字符型变量赋空字符。

（3）寄存器变量（register）。

如果变量在程序运行中使用非常频繁，利用寄存器操作速度快的特点，将变量存放在 CPU 的寄存器中，可以提高程序的运行效率。

定义寄存器变量的形式如下：

register　类型名　变量名;

例如，“register int num;”定义了一个名为 num 的寄存器变量。

说明：

① register 仅能用于定义局部变量或函数的形式参数，不能用于定义全局变量；

② 局部静态变量也不能定义为寄存器变量。例如：

```
register static int    a,b,c;
```

这个定义语句是错误的。原因是不能把变量 a，b，c 既放在静态存储区中，又放在寄存器中，二者只能择其一，对一个变量只能声明为一个存储类别。

③ 现在的优化编译系统能够自动识别使用频繁的变量，从而自动地将这些变量放在寄存器中，实际应用中不必在程序中用 register 声明变量。

2．全局变量的存储定义

全局变量是在函数体外部定义的，编译时分配在静态存储区中。在 C 语言中，有两种全局变量：外部全局变量和静态全局变量。

（1）外部全局变量（extern）。

若在一个源文件中将某些变量定义为全局变量，而这些全局变量允许其他源文件中的函数引用的话，则需要把程序中的全局变量告诉所有模块文件。解决的办法是，在一个模块文件中将变量定义为全局变量，而在其他模块文件中用 extern 来说明这些变量。例如：

```
extern   int   a;
```

说明整型变量 a 在其他源程序文件中已经定义为全局变量，在本文件中被说明是外部存储类型的，因而本文件可以引用。

说明：

① 供各模块文件都可以访问的全局变量，在程序中只能被定义一次。但在不同的地方可以被多次说明为外部变量。在说明为外部变量时，不再为它分配内存。

② extern 定义符的作用是将全局变量的作用域延伸到其他源程序文件。请看下面的例子。

【例 5. 20】 计算阶乘的程序。

程序由两个源文件 file1.c 和 file2.c 构成。文件 file1.c 定义主函数和一个全局变量。文件 file2.c 定义计算阶乘的函数 fact( )，并说明变量 m 为外部变量。

文件 file1.c 代码如下：

```
extern int fact( );
int m;               /* 定义 m 为全局变量 */
main( )
{    int result;    /* 定义局部变量 result */
     printf("Please input a number:");
     scanf("%d",&m);
     result=fact( );
     printf("%d!= %d\n",m,result);
     getch( );
}
```

文件 file2.c 代码如下：

```
extern int m;   /* 说明变量 m 是外部全局变量 */
int fact( )
```

```
{
    int result=1,i;     /* 定义局部变量 result，i */
    for(i=1;i<=m;i++) result=result*i;
    return(result);
}
```

关于多源文件程序的运行将在本章后面详细介绍。

（2）静态全局变量（static）。

全局变量可以被本文件和其他文件所引用，若想使全局变量只限于在本文件中引用，则可将全局变量定义为静态全局变量。

静态全局变量定义的形式是在全局变量定义语句的数据类型前加上静态存储定义符 static，其形式和局部静态变量是一样的。例如：

static int a;

该语句的作用是定义 a 为静态全局变量。

最后我们将变量的存储类型从作用域和生存期的角度归纳为表 5.1。

表 5.1　不同变量的作用域和存在性

变量存储类型		定义语句块内		定义语句块外		文件外	
		作用域	存在性	作用域	存在性	作用域	存在性
局部变量	auto	√	√	×	×	×	×
	register	√	√	×	×	×	×
	static	√	√	×	√	×	√
全局变量	static	√	√	√	√	×	×
	extern	√	√	√	√	√	√

注：“√”表示“是”，“×”表示“否”。

实训 19　局部变量和全局变量的使用

1. 实训目的

（1）掌握局部变量与全局变量的概念，定义形式和应用。

（2）掌握变量的作用域范围、生存期。

（3）掌握变量的存储方式。

2. 实训内容

要求：给定某班级所有学生某门课程分数，分别求其平均分、最高分和最低分。

（1）分析程序要求，选择设计方法，写出自定义函数。

① 由于 return 语句一次只能从函数中返回一个值，若要从一个函数中同时得到三个不同的值，则比较困难，但可以用全局变量来进行设计。

② 根据要求，我们设计两个全局变量 Max、Min，分别用来从一个函数中返回学生的最高分、最低分，并赋初始值 0。

③ 设计求全体学生平均分的函数 AverageScore()，其代码是：

```
float AverageScore(float array[],int n)
{    int i;
     float aver,sum=array[0];
     Max=Min=array[0];
     for(i=1;i<n;i++)
     {  if (array[i]>Max)
          Max=array[i];
        else if(array[i]<Min)
               Min=array[i];
        sum=sum+array[i];
        }
     aver=sum/n;
     return(aver);
}
```

（2）根据程序需求，设计主函数 main()，调用上述函数，求学生的平均分、最大值、最小值。其代码是：

```
float Max=0,Min=0;   /*  定义全局变量   */
main()
{    float average,score[10];
     int i;
     printf("请输入学生的成绩（10 个）：\n");
     for(i=0;i<10;i++) scanf("%f",&score[i]);
     average=AverageScore(score,10);
     printf("最好成绩是%6.2f\n 最低成绩是%6.2f\n",Max,Min);
     printf("平均成绩是%6.2f\n",average);
     getch( );
}
```

重要提示：在上机调试程序时，请将上述自定义的各函数代码加到主函数 main()之前或之后。

（3）保存上述设计的代码，编译、调试、连接并运行，记录运行结果。

3．实训思考

（1）全局变量与局部变量的主要区别是什么？

（2）局部变量有哪些种类？局部变量是否可以同名？若能同名，则有什么要求？

（3）具体的变量存储类型有哪四类？

（4）用 static 修饰的局部变量与用 static 修饰的全局变量有什么区别？

5.6 外部函数和内部函数

在一个程序中，一个函数可以调用该程序中的任何函数。在 C 语言中，函数本质上是全局的。对于一个多文件的 C 程序来说，根据一个函数能否调用其他程序文件的函数，可将函数分为内部函数和外部函数。下面分别讨论这两种类型的函数。

1. 内部函数

如果一个函数只能被本文件中其他的函数调用，这样的函数称为内部函数。内部函数也叫做静态函数。内部函数在定义时，要在函数类型前加上说明符 static。其一般定义形式为：

static　类型标识符　函数名(形式参数表)

例如：

```
static    char    myfunction(char ch)
{
}
```

使用内部函数的好处是：在一个较大程序的某些文件中，函数同名不会产生相互干扰。这样，就有利于不同的人分工编写不同的函数，而不必担心函数是否同名。这对于模块化程序设计方法来讲是最好不过的事情。

2. 外部函数

外部函数可以被其他文件调用。外部函数定义的方法是：在定义函数时，在函数类型前加 extern。其一般定义形式为：

extern　类型标识符　函数名(形式参数表)

例如：

```
extern    float    func(int x,float y)
{
}
```

如果在定义函数时省略 extern，则隐含为外部函数。例如，例 5.23 程序中的函数：

```
int numbers( )
void num_init( )
```

在定义时虽然没有用 extern 说明，但实际上就是外部函数，它们可以被另一个文件的函数调用。

在需要调用外部函数的文件中，用 extern 说明所用的函数是外部函数。请看下面的示例。

【例 5.21】 本程序由两个模块文件组成。其中第一个文件 file1.c 是主函数。它的功能是从键盘读取两个整数并赋给变量 a 和 n，然后调用求 a^n 函数 power( )。函数 power ( )在第二个文件 file2.c 中定义。在 file2.c 文件中，我们把变量 A 和函数 power( )说明为 extern；在 file1.c 文件中，把函数 sum( )的原型说明为 extern。

各源文件程序代码如下：

```
/* file1.c */
#include " file2.c"
extern int power(int);      /* 外部函数原型 */
```

```
int A;                   /*  全局变量  */
main( )
{
      int n,result;
      printf("请输入整数 a，n，并计算 a 的 n 次方：");
      scanf("%d,%d",&A,&n);
      result=power(n);
      printf("%d 的%d 次方为  %d\n",A,n,result);
      getch( );
}
/* file2.c */
extern int A;         /*  说明变量 A 是外部的  */
int power(int m)       /*  定义外部函数  */
{
   int i,result=1;
   for(i=1;i<=m;i++)
         result*=A;
   return(result);
}
```

当创建一个项目文件并经过编译和连接后，本程序运行结果是：

请输入整数 a，n，并计算 a 的 n 次方：3,4↙

3 的 4 次方为 81

本章小结

函数是构成 C 语言程序的基本模块。因此，掌握好函数的使用，就成为掌握 C 语言程序设计的核心问题。本章主要讨论了以下一些问题和要求。

（1）函数的分类。

① 库函数：由 C 系统提供的函数；

② 用户定义函数：由用户自己定义的函数；

③ 有返回值的函数向调用者返回函数值，应说明函数类型（即返回值的类型）；

④ 无返回值的函数：不返回函数值，说明为空（void）类型；

⑤ 有参函数：主调函数向被调函数传送数据；

⑥ 无参函数：主调函数与被调函数间无数据传送；

⑦ 内部函数：只能在本源文件中使用的函数；

⑧ 外部函数：可在整个源程序中使用的函数。

（2）函数定义的一般形式：

[extern/static] 类型说明符 函数名([形参表])

（3）函数声明的一般形式：

[extern]类型说明符 函数名([形参表]);

（4）函数调用的一般形式：

函数名([实参表]);

（5）函数的参数分为形参和实参两种，形参出现在函数定义中，实参出现在函数调用中。发生函数调用时，将把实参的值传送给形参。

（6）函数的值是指函数的返回值，它是在函数中由 return 语句返回的。

（7）数组名作为函数参数时不进行值传送而进行地址传送。形参和实参实际上为同一数组的两个名称。因此形参数组的值发生变化，实参数组的值当然也会变化。

（8）C 语言中，允许函数的嵌套调用和函数的递归调用。

（9）可从三个方面对变量分类，即变量的数据类型、变量的作用域和变量的存储类型。本章中介绍了变量的作用域和变量的存储类型。

（10）变量的作用域是指变量在程序中的有效范围，分为局部变量和全局变量。

（11）变量的存储类型是指变量在内存中的存储方式，分为静态存储和动态存储，表示了变量的生存期。

（12）在两大存储类别中，变量可分为：自动变量（auto）、寄存器变量（register）、外部变量（extern）、静态变量（static）。变量定义形式为：

存储定义符　基本数据类型　变量名表;

习题 5

1．下列说法正确的是（　　）。

A．在 C 语言中，函数可以嵌套定义

B．程序中的注释部分可有可无，通常可以省略

C．在函数中，只能有一条 return 语句

D．C 程序中，会检查数组下标是否越界

E．在 C 程序中，ABC 和 abc 是两个不同的变量

F．在 C 语言中，函数中的变量可以赋值，每调用一次该函数，就赋一次初值

G．C 语言中不能对数组名进行加/减和赋值运算

2．C 语言可执行程序从什么地方开始执行（　　）。

A．程序中第一条可执行语句　　B．程序中的第一个函数

C．程序中的 main 函数　　D．包含文件中的第一个函数

3．有一个函数原型如下：

```
Test(float x,float y);
```

则该函数的返回类型为（　　）。

A．void　　B．double　　C．int　　D．float

4．下面哪些是定义局部变量存储类别的保留字（　　）。

A．int　　B．auto　　C．static　　D．float

E．register　　F．extern　　G．unsigned　　H．signed

5．分析程序，写出结果。

程序 1：

```
#include <stdio.h>
int func(int a,int b);
void main()
{
  int k=4,m=1,p;
    p=func(k,m);    printf("%d,",p);
    p=func(p,p=p+3);    printf("%d,",p);
    p=func(printf("%d,",p),p); printf("%d",p);
}
int func(int a,int b)
{    static int m=0,i=2;
      i+=m+1;
      m=i+a+b;
      return(m);
}
```

程序 2：

```
main( )
{
    int sum(int,int);
    int a=10,result;
    result=sum(a,a=a+5);
    printf("Result = %d\n",result );
}
int sum(int x,int y)
{
    return(x+y);
}
```

程序 3：

```
main( )
{
    int i=3;
    printf("%d,%d,%d",i,++i,i++);
}
```

程序 4：

```
#include <stdio.h>
int func(int a,int *p);
void main()
{
  int a=1,b=2,c;
  c=func(a,&b);    b=func(c,&a);    a=func(b,&c);
```

```
    printf("a=%d,b=%d,c=%d",a,b,c);
}
int func(int a,int *p)
{
    a++;
    *p=a+2;
    return(*p+a);
}
```

6．写一个判素数的函数，要求在主函数输入一个整数，输出是否素数的信息。

7．写一个函数，实现 3×3 矩阵的转置（即行列互换）。

8．写一个函数，输入一行字符，将此字符串中最长的单词输出。

9. 用递归法将任意一个整数 m 转换为字符串。例如：输入 7758，应输出字符串“7758”。

10．写一个函数，功能是实现将十六进制数转换为十进制数。

11．约瑟夫问题：M 个人围成一圈，从第一个人开始依次从 1 至 N 循环报数，每当报数为 N 时此人出圈，直到圈中只剩下一个人为止。请按退出次序输出出圈人原来的编号以及留在圈中的最后一个人原来的编号。(用递归方法实现)

12．用递归方法求解 Ackerman 函数。

Ackerman 函数的定义描述如下：

$$Ack(m,n)=\begin{cases} n+1 & （当\ m=0\ 时） \\ Ack(m-1,1) & （当\ m\neq 0，n=0\ 时） \\ Ack(m-1,Ack(m,n-1)) & （当\ m\neq 0，n\neq 0\ 时） \end{cases}$$

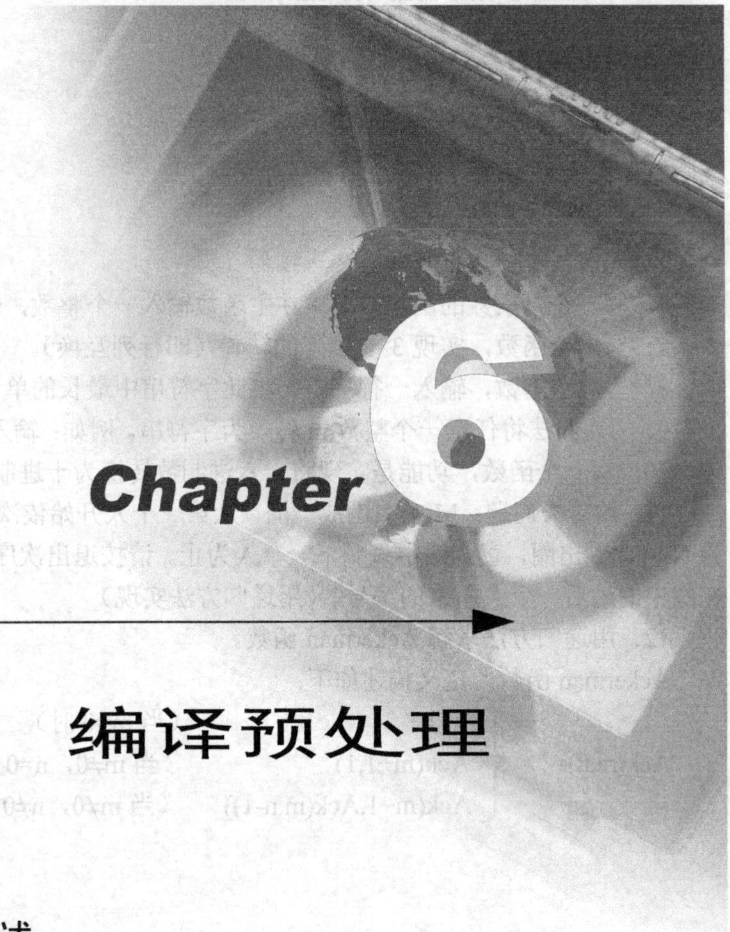

第 6 章　编译预处理

6.1　预处理命令概述

为了改进程序的设计环境，提高程序员编程的效率，C 语言中提供了一组特殊的指令集合——“预处理命令”（preprocessor directives）。这组命令不属于程序本身，由 ANSI C 统一规定，不能直接进行编译，而是在程序进行编译之前预先对其进行处理，所以才称其为“预处理”。在理解什么是预处理之前，我们先来看一个例题。

【例 6.1】　根据输入的半径 r 计算圆的面积 area。

```
#define PI    3.1415926                          /*预处理命令—宏定义*/
#include "stdio.h"                                /*预处理命令—文件包含*/
main()
{
      double r, area;
      scanf("%lf",&r);
      area=PI*r*r;                                /*计算圆的面积*/
      printf("AREA=%15.8lf", area);
}
```

在上题中，我们使用了两个预处理命令。利用#define 定义了一个符号常量 PI，在预处理时，将程序中所有的 PI 都替换成 3.1415926；又利用#include 命令包含一个文件 stdio.h，在预处理时将 stdio.h 文件中的实际内容替代该命令。

预处理指令都是以#号开头的代码行。#号必须是该行除了任何空白字符外的第一个字符。#号后是指令关键字（如 define,include 等），在关键字和#号之间允许存在任意个数的空白字符。整行语句构成了一条预处理指令。

预处理过程不是 C 语言中的语句，它先于编译器对源代码进行处理。主要用于在编译时包含其他源文件、定义宏、根据条件决定编译时是否包含某些代码等。通常认为它们是独立于编译器的。预处理过程可以读入源代码，检查包含预处理指令的语句和宏定义，并对源代码进行相应的转换。还会删除程序中的注释和多余的空白字符。

C 语言提供的预处理功能主要有 3 种：宏定义、文件包含和条件编译。

常用的预处理命令如下：

#define	定义一个预处理宏
#undef	取消宏的定义
#include	包含文件命令
#include_next	与#include 相似，但它有着特殊的用途
#if	编译预处理中的条件命令，相当于 C 语法中的 if 语句
#ifdef	判断某个宏是否被定义，若已定义，执行随后的语句
#ifndef	与#ifdef 相反，判断某个宏是否未被定义
#elif	若#if，#ifdef，#ifndef 或前面的#elif 条件不满足，则执行#elif 之后的语句，相当于 C 语法中的 else-if
#else	与#if，#ifdef，#ifndef 对应，若这些条件不满足，则执行#else 之后的语句，相当于 C 语法中的 else
#endif	#if，#ifdef，#ifndef 这些条件命令的结束标志
#line	标志该语句所在的行号
#	将宏参数替代为以参数值为内容的字符串常量
##	将两个相邻的标记(token)连接为一个单独的标记
#pragma	说明编译器信息
#warning	显示编译警告信息
#error	显示编译错误信息

下面对其中常用的预处理命令进行解释说明。

6.2 宏定义

宏指的是代表某个特定内容的特殊标识符，例如例 6.1 中的 PI。定义这个标识符的过程称之为宏定义。预处理过程会把源代码中出现的宏标识符替换成宏定义时的值。宏的用法有两种，一种用法是定义不带参数的宏，是代表某个值的全局符号；另一种用法是定义带参数的宏，这样的宏可以像函数一样被调用，但它是在调用语句处展开宏，并用调用时的实际参数来代替定义中的形式参数。

6.2.1 不带参数的宏定义

不带参数的宏定义指的是用一个标识符来代替某个字符串。一般格式为：

#define　**标识符　字符串**

其中，标识符就是宏（也就是我们学习过的符号常量），字符串是宏所代表的内容，#define 就是宏定义命令，通过宏定义，使得标识符等同于字符串。如：

```
#define PI   3.141 5926
```

其中，PI 是宏名，字符串 3.1415926 是 PI 所代表的内容。预处理程序将程序中凡以 PI 作为标识符出现的地方都用 3.1415926 替换，例 6.1 中的 PI*r*r 就等价于 3.1415926*r*r。这种替换称为宏替换或宏扩展。

宏名所替换的值都是字符串。而使用它们时的类型自动适应于其所在的表达式的类型。

使用宏定义的好处是，用一个有意义的标识符代替一个字符串，便于记忆，可以减少程序中重复书写某些字符串的工作量。易于修改，一改全改，从而提高程序的通用性。

【例 6.2】　求数组的和。

```
#define   N   10
#include"stdio.h"
main()
{
     int i,s=0;
     int a[N];
     for(i=0;i<N;i++)
      {
          scanf("%d",&a[i]);
          s=s+a[i];
      }
     printf("sum=%d\n",s);
}
```

在此例中，我们就用宏 N 来代替了数组 a 的长度。这样做的好处是：如果数组的长度发生变化，只要修改 N 的数值，就可以修改下面所有的 N 值，做到了一改全改。实际上，这也是在编写数组方面的程序时的常用方法。

宏名的有效范围为定义命令之后到当前文件结束。通常，#define 都是写在文件开头的，在此文件中有效。如果希望改变其作用域，可以使用#undef 命令终止其作用域。

【例 6.3】　有以下程序：

```
#define G 9.8  ─────────┐
#include <stdio.h>       │
f1()                     │
{                        │  G 的有效范围
     printf("G=%f\n",G); │
}                        │
#undef G  ───────────────┘
main()
{
     float G=1.2;
```

```
        printf("G=%f",G);
        f1();
}
```

程序运行后的结果是：

```
G=1.2
G=9.8
```

此例中，宏 G 的作用域就在 f1 内起作用，在 main()函数下不再代表 9.8。这样，我们就可以灵活控制宏定义的作用范围。

在使用无参宏时需要注意以下几点：

① 宏名一般用大写字母，以便与程序中的变量名或函数名区分。

② 宏是常量，不能对它进行赋值。

③ 宏定义不是 C 语句，语句结束时不必加分号。如果使用了分号，则会弄巧成拙，系统会将分号作为字符串的一部分一起进行替换。

④ 宏替换只是进行简单的替换，不进行语法检查，不分配存储空间。只有当编译系统对展开后的源程序进行编译时才可能报错。

⑤ 在进行宏定义时，可以使用已定义过的宏名，即宏定义嵌套形式。例如：

```
#define MEG    "This is a string"
#define PRT    printf(MEG)
#include "stdio.h"
main()
{
        PRT;
}
```

程序运行后的结果是：This is a string。等同于 printf(“This is a string”)。这里进行了两次替换：一次是把 PRT 替换成了 printf(MEG)，另一次是把 MEG 替换成了“This is a string”。

⑥ 程序中用双引号括起来的宏名不进行替换。例如，上例改为：

```
#define MEG    "This is a string"
#define PRT    printf("MEG")
main()
{
PRT;
}
```

程序运行结果为：MEG。也就是说，这里只做了一次替换，PRT 将替换成 printf("MEG")，而引号内的 MEG 则没有被替换。

6.2.2 带参数的宏定义

带参数的宏和函数调用看起来有些相似。一般格式为：

#define　**标识符（参数表）　字符串**

字符串中应包含有参数表中所指定的参数。例如：

```
#define   SUM（a,b）   a+b
```

则在程序中使用语句：c=SUM（3,7）；
即用 3，7 分别替换宏 SUM 中的参数 a，b，所以该语句展开为：

```
c=3+7;
```

置换原理：在程序中若出现带参数的宏，则按宏定义中的参数顺序从左向右进行置换。若在字符串中也含有对应参数，则用语句中对应的实参值替换，其余的字符保留，如图 6.1 所示。

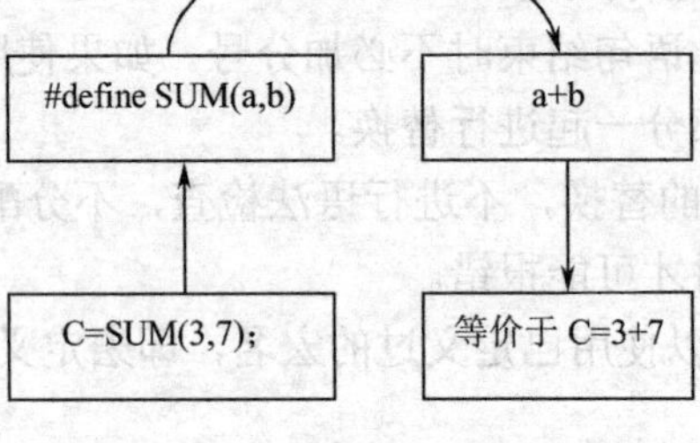

图 6.1　置换原理示意图

【例 6.4】　将例 6.1 改写为带参数的宏定义。

```
#define   PI   3.1415926
#define   AREA(a)   PI*(a)*(a)
#include "stdio.h"
main()
{
     double r,s;
     scanf("%lf",&r);
     s=AREA(r);
     printf("s=%15.8lf", s);
}
```

在使用带参数的宏定义时，有以下需要注意的地方：

（1）在写带有参数的宏定义时，宏名与带括号的参数间不能有空格。否则将空格以后的字符都作为替换字符串的一部分，这样就成了不带参数的宏定义了。例如：

```
#define AREA   (a)   PI*(a)*(a)
```

则这样定义的 AREA 为不带参数的宏名，它代表字符串“(a)　PI*(a)*(a)”。

（2）在宏定义中，字符串内的形参通常要用括号括起来以避免出错。

如上题中，如果将括号去掉变为#define　AREA(a)　PI*a*a，则结果就会不同。

【例 6.5】　求圆的面积。

```
#define   PI   3.14
```

```
#define   AREA(a)   PI*a*a
#include "stdio.h"
main()
{
      double s;
      s=AREA(1+2);
      printf("s=%f", s);
}
```

程序运行结果为：

s=7.14。

该结果不是我们设想的 28.26。

对带参数的宏的展开只是将宏名中的实参代替了#define 中的形参，所以例 6.5 中的替代过程不是我们设想的替代成 s=3.14*(1+2)*(1+2)，而是替代成 s=3.14*1+2*1+2，根据运算规则，其结果为 7.14。

【例 6.6】 求程序的运行结果。

```
#include <stdio.h>
#define f(x) x*x*x
main()
{
      int a=3,s,t;
      s=f(a+1);t=f((a+1));
      printf("s=%d,t=%d\n",s,t);
}
```

程序运行后的输出结果是：

s=10，t=64

运行过程为：s 被替换成(3+1*3+1*3+1)，结果为 10；t 被替换成(3+1)*(3+1)*(3+1)，结果为 64。

（3）宏调用与函数调用非常相似，但二者实际上完全不同。分析下面两个例子，看一看它们的区别。

【例 6.7】 求程序的运行结果。

```
#include "stdio.h"
 int f(int x)
{
      return(x*x);
}
main()
{
      int i=1,s;
      while(i<=10)
      {
```

```
            s=f(i++);
            printf("%5d",s);
        }
    }
```

程序运行后的输出结果是：

1，4，9，16，25，36，49，64，81，100

【例 6.8】 求程序的运行结果。

```
#define f(x) (x)*(x)
#include "stdio.h"
main()
{
    int i=1,s;
    while(i<=10)
    {
        s=f(i++);
        printf("%5d",s);
    }
}
```

程序运行后的输出结果是：

1，9，25，49，81

两个程序的结果截然不同，原因就是二者的运行过程完全不同。

在利用函数进行求解时，先将 i 值代入形参 x，然后计算 i++，相当于求解 1*1，2*2，3*3，4*4，5*5，6*6，7*7，8*8，9*9，10*10。

利用宏定义进行求解是直接将值替换进来，相当于：

s=(i++)*(i++)，即 1*1，3*3，5*5，7*7，9*9

所以在使用宏时，必须把可能产生副作用的操作移到宏调用的外面进行，即上题改成 s=f(i); i++;就不会出现错误。

6.3 文件包含处理

所谓“文件包含处理”是指一个源文件可以将另外一个源文件的全部内容包含进来，即将另外的文件包含到本文件之中。包含文件的命令用#include 实现，格式有如下两种。

格式一：#include <**文件名**>

格式二：#include "**文件名**"

二者的区别在于：用尖括号<>时预处理程序只按系统规定的标准方式检索文件目录，即仅在设置的系统路径下（一般是 C 库函数头文件所在的目录下）检索文件。如果文件不在该路径下，即使文件存在，系统也将给出文件不存在的信息，并停止编译。

用双引号（" "）时是通知预处理程序首先在原来的源文件目录中检索指定的文件。如果查找不到，则按系统指定的标准方式继续查找。

所以，如果要包含的是用户自己编写的文件，一般使用双引号（" "）。

运行过程如下：

预处理程序在对 C 源程序文件扫描时，如遇到#include 命令，则将指定文件名的文件内容替换到源文件中的#include 命令行中。

文件包含也是一种模块化程序设计的手段。在程序设计中，可以把通用的变量、函数的定义或说明以及宏定义等连接在一起，单独构成一个文件。使用时用#include 命令把它们包含在所需的程序中。这样做非常方便，减轻了程序员的工作量，同时也为程序的可移植性、可修改性提供了良好的条件。

【例 6.9】 求两个数的最大公约数和最小公倍数。

```
/*源文件 file1.c*/
static int gcd(int x,int y)     /*求最大公约数*/
{
        int r;
        while(y)
        {
           r=x%y;
            x=y;
            y=r;
        }
        return x;
}
/*源文件 file2.c*/
static int lcm(int x,int y)   /*求最小公倍数*/
{
       int z;
        z=(x*y)/gcd(x,y);
        return z;
}
/*源文件 file3.c*/
#include"file1.c"
#include"file2.c"
#include"stdio.h"
main()
{
        int a,b;
        scanf("%d,%d",&a,&b);
        printf("%d,%d",gcd(a,b),lcm(a,b));
}
```

本例中就将求最大公约数的函数放在了 file1.c 文件中，求最小公倍数的函数放在 file2.c 文件中。在 file3.c 文件中利用#include 命令将两个文件包含进来，利用它们求解。相当于下面的程序：

```
#include"stdio.h"
static int gcd(int x,int y)     /*求最大公约数*/
```

```
{
    int r;
    while(y)
    {
        r=x%y;
        x=y;
        y=r;
    }
    return x;
}
static int lcm(int x,int y)   /*求最小公倍数*/
{
    int z;
    z=(x*y)/gcd(x,y);
    return z;
}
main()
{
    int a,b;
  scanf("%d,%d",&a,&b);
    printf("%d,%d",gcd(a,b),lcm(a,b));
}
```

在使用文件包含时需要注意的是：

① 一个包含文件命令一次只能指定一个被包含文件，若要包含 n 个文件，则要使用 n 个包含文件命令。例如例 6.9 中：

```
#include"file1.c"
#include"file2.c"
#include"stdio.h"
```

② 文件包含可以嵌套，即在一个被包含文件中又可以包含另一个被包含文件。

③ 被包含文件与其所在的包含文件在预处理后已成为同一个文件，不必再进行定义。

6.4 条件编译

通常情况下，整个源程序都需要参加编译。如果需要只对其中的部分内容进行编译，则可以利用条件编译来实现。C 语言提供的条件编译指令可以根据表达式的值或者某个特定的宏是否被定义来确定编译条件，从而决定哪些代码被编译，而哪些不被编译。

条件编译命令有以下几种常用形式。

1. # if 形式

（1）一般格式。

```
#if  <表达式>
     <程序段 1>
```

[#else
        <**程序段** 2>]
    #endif

（2）运行过程。

如果#if 之后的表达式成立，则对程序段 1 进行编译，反之则对#else 后的程序段 2 进行编译（允许省略#else 部分）。

【例 6.10】 判断程序结果。

```
#define DEBUG 1
#include<stdio.h>
main()
{
    #if DEBUG
    printf("TRUE\n");
    #else
    printf("FALSE\n");
    #endif
}
```

程序运行时，DEBUG 宏的值为真，则编译“printf("TRUE\n");”并输出 TRUE 的结果，若将语句改成“#define DEBUG 0”，则对“printf("FALSE\n");”进行编译，输出 FALSE 的结果。

通过此例可以看出，条件编译和条件语句非常相似，但是二者的原理完全不同。条件语句只是控制了程序的运行顺序，但是编译时所有的语句都要进行编译，而条件编译则可以只编译满足条件的语句，从而减少目标代码的长度。如果条件编译很多，则可以大大减少目标代码的长度。

2．#ifdef 形式

（1）一般格式。

    #ifdef （或#ifndef） <**标识符**>
                <**程序段** 1>
    [#else
                <**程序段** 2>]
    #endif

（2）运行过程。

如果#ifdef 后的标识符被定义过（一般是用#define 宏定义），则对程序段 1 进行编译，反之则对程序段 2 进行编译。

【例 6.11】 #ifdef 的使用。

```
#ifdef   IBM_PC
   #define   INTEGER_SIZE   16
#else
   #define   INTEGER_SIZE   32
#endif
```

若 IBM_PC 在前面已被定义过，如：

```
#define   IBM_PC   0
```

则只编译命令行：

```
#define   INTEGER_SIZE   16
```

否则，只编译命令行：

```
#define   INTEGER_SIZE   32
```

这样，源程序可以不做任何修改就可以用于不同类型的计算机系统。

3. #ifndef 形式

（1）一般格式。

```
#ifndef     <标识符>
            <程序段 1>
[#else
            <程序段 2>]
#endif
```

（2）运行过程。

与#ifdef 正好相反。如果#ifndef 后的标识符被定义过，则对程序段 2 进行编译，反之则对程序段 1 进行编译。

例 6.11 的问题若用# ifndef 形式实现，只需改写成例 6.12 的形式，其作用完全相同。

【例 6. 12】 # ifndef 的使用。

```
# ifndef   IBM_PC
    #define   INTEGER_SIZE   32
# else
    #define   INTEGER_SIZE   16
# endif
```

实训 20　定义宏和使用宏

1. 实训目的

（1）掌握字符串宏定义和带参数宏定义的格式。

（2）理解字符串宏定义的替换过程。

（3）理解带参数的宏在替换时实参与形参的对应关系。

（4）理解条件编译的意义。

2. 实训内容

（1）这里和例 6.2 程序完全相同，只是将其中的"{"、"}"、"int"和"printf"使用宏定义替换。

```
#define N    100
#define BEGIN    {
#define END    }
#define INTEGER    int
#define WRITELN    printf
#include    "stdio.h"
void    main()
BEGIN
INTEGER    i,s=0;
 for(i=1;i<N;i++, i++)
         s=s+i;
 WRITELN("sum=%d\n",s);
END
```

程序运行结果如下：

```
sum=2500
```

上面的程序把 C 语言中有关符号和字符用易于理解的形式来表达，对于熟悉 PASCAL 语言的读者可能更习惯。

（2）利用带参数的宏定义对程序中多次出现的格式输出函数进行替换。

```
#include "stdio.h"
#define PR2(a,b)    printf(a,b)
#define PR3(a,b,c)    printf(a,b,c)
#define NL    putchar('\n')
#include"stdio.h"
void main()
{
        int a[4]={10,20,30,40},i,*p;
        for(i=0;i<4;i++)
        PR3("a[%d]=%d\t",i,a[i]);
        NL;
        for(p=a;p<a+4;p++)
        PR2("*p=%d\t",*p);
        NL;
        for(p=a,i=0;i<4;i++)
        PR3("*(p+%d)=%d\t",i,*(p+i));
        NL;
}
```

程序运行结果如下：

```
a[0]=10     a[1]=20     a[2]=30     a[3]=40
*p=10       *p=20       *p=30       *p=40
*(p+0)=10 *(p+1)=20 *(p+2)=30 *(p+3)=40
```

（3）利用条件编译命令完成大、小写字母的互换。

源程序如下：

```
#include "stdio.h"
#define TYPE 1
#include"stdio.h"
void   main()
{
      char   s[20];
      int   i=0;
      printf("Enter String:");
      gets(s);
      while(s[i]!='\0')
   {
      #ifdef   TYPE
     if(s[i]>='a'&&s[i]<='z')
     s[i]=s[i]-32;
      #else
     if(s[i]>='A'&&s[i]<='Z')
     s[i]=s[i]+32;
      #endif
      putchar(s[i]);
      i++;
    }
}
```

运行结果：输入 aBcD，输出 ABCD。形式如下：

```
Enter String:aBcD
ABCD
```

从输出结果可以看到，在程序中定义了#define TYPE 1（或#define TYPE），由于条件编译#ifdef TYPE…#else…#endif 的作用，使输入字符串中的小写字母变为大写字母；如果去掉#define TYPE 1 命令行，输出结果为小写字母 abcd，即输入字符串中的大写字母变为小写字母，原因是由于条件编译#ifdef TYPE…#else…#endif 中#else 的作用。

3．实训思考

上面的实训程序中用宏定义分别定义了许多宏名，请同学们思考：如果要将这些宏定义收集到一个头文件中，再使用包含文件命令将其包含进来。那么如何修改这些程序来完成各自的要求？

本章小结

本章主要介绍编译预处理的三种不同形式：宏定义、文件包含和条件编译。它们是在程序具体编译之前预先进行处理的程序代码。使用这些预处理命令可以编写出更易移植、易调试及模块化的程序，从而提高程序的开发效率。

习题 6

1．选择题

（1）以下关于宏的叙述中正确的是（　　）。

A．宏名必须用大写字母表示

B．宏定义必须位于源程序中所有语句之前

C．宏替换没有数据类型限制

D．宏调用比函数调用耗费时间

（2）设有宏定义：

```
#include    IsDIV（k,n）  （(k%n==1）?1:0）
```

且变量 m 已正确定义并赋值，则宏调用：

```
IsDIV（m,5）&& IsDIV（m,7）
```

为真时所要表达的是（　　）。

A．判断 m 是否能被 5 或者 7 整除

B．判断 m 是否能被 5 和 7 整除

C．判断 m 被 5 或者 7 整除是否余 1

D．判断 m 被 5 和 7 整除是否余 1

（3）以下叙述中错误的是（　　）。

A．在程序中凡是以“＃”开始的语句行都是预处理命令行

B．预处理命令行的最后不能以分号表示结束

C．#define MAX 是合法的宏定义命令行

D．C 程序对预处理命令行的处理是在程序执行过程中进行的

（4）若程序中有宏定义行：

```
#define N 100
```

则以下叙述中正确的是（　　）。

A．宏定义行中定义了标识符 N 的值为整数 100

B．在编译程序对 C 源程序进行预处理时用 100 替换标识符 N

C．对 C 源程序进行编译时用 100 替换标识符 N

D．在运行时用 100 替换标识符 N

（5）有一个名为 init.txt 的文件，内容如下：

```
#define HDY(A,B)    A/B
```

```
# define PRINT(Y)   Printf("y=%d\n",Y)
```

有以下程序：

```
#include "init.txt"
main()
{
    int a=1,b=2,c=3,d=4,k;
    K=HDY(a+c，b+d)；
    PRINT（K)；
}
```

下面针对该程序的叙述正确的是（　　）。

A．编译有错　　　　B．运行出错

C．运行结果为 y=0　　　　D．运行结果为 y=6

（6）以下程序的输出结果是（　　）。

```
#define   MAX(x,y)   (x)>(y)?(x):(y)
main()
{
  inta=5,b=2,c=3,d=3,t;
  t=MAX(a+b,c+d)*10;
  printf("%d\n",t);
}
```

A．70　　B．60　　C．7　　D．6

（7）对下面程序段：

```
#define A 3
 #define   B(a) ((A+1)*a)
 ...
x=3*(A+B(7));
```

正确的判断是：

A．程序错误，不许嵌套宏定义

B．x=93

C．x=21

D．程序错误，宏定义不许有参数

2．定义一个宏，用于判断任意一年是否为闰年。

3．定义一个交换两个参数值的宏，并写出程序，输入 3 个数，然后利用宏按从大到小的顺序排列输出。

4．定义一组用于输出的宏，并把它存入一个文件中。然后设计一个程序，验证定义的宏的正确性。

5．利用条件编译方法编写程序。输入一行字符，使之能将字母全改为大写输出或全改为小写输出。

6．请写出以下程序的输出结果，并说明产生结果的原因。

程序 1：

```
#define NL putchar('\n')
#define PR(format,value) printf("value=%format\t",(value))
#define PRINT1(f,x1) PR(f,x1);NL
#define PRINT2(f,x1,x2) PR(f,x1);PRINT1(f,x2)
#include "stdio.h"
main()
{
    float x=5,x1=3,x2=8;
    PR(d,x);
    PRINT1(d,x);
    PRINT2(d,x1,x2);
}
```

程序 2：

```
#define FUDGF(y) 2.84+y
#define PR(a)   printf("%d",(int)(a))
#define PRINT1(a)   PR(a);putchar('\n')
#include "stdio.h"
main()
{
    int x=2;
    PRINT1(FUDGF(5)*x);
}
```

程序 3：

```
#define     N   2
#define M   N+1
#define NUM     (M+1)*M/2
#include "stdio.h"
main()
{
    int i;
    for (i=1;i<=NUM; i++);
    printf("%d\n",i);
}
```

程序 4：

```
#define     MIN(x,y) (x)<(y)?(x):(y)
#include "stdio.h"
main()
{
    int i,j,k;
    i=10;
    j=15;
    k=10*MIN(i,j);
    printf("%d\n",k);
```

```
}
```

7．用条件编译方法实现以下的程序功能。

在传输电报时，有时需要加密技术。此时要求在输入一行电报文字时，有两种输出方式可以选择。一种是将字母转变为其下下个字母（如 a 变为 c，b 变成 d…，y 变为 a，z 变成 b，其他字符不变）。另一种为原文输出。利用#define 命令来控制是否需要译成密码。例如：

```
#define CODE 1
```

则输出密码。若：

```
#define CODE 0
```

则不翻译成密码，按原文输出。

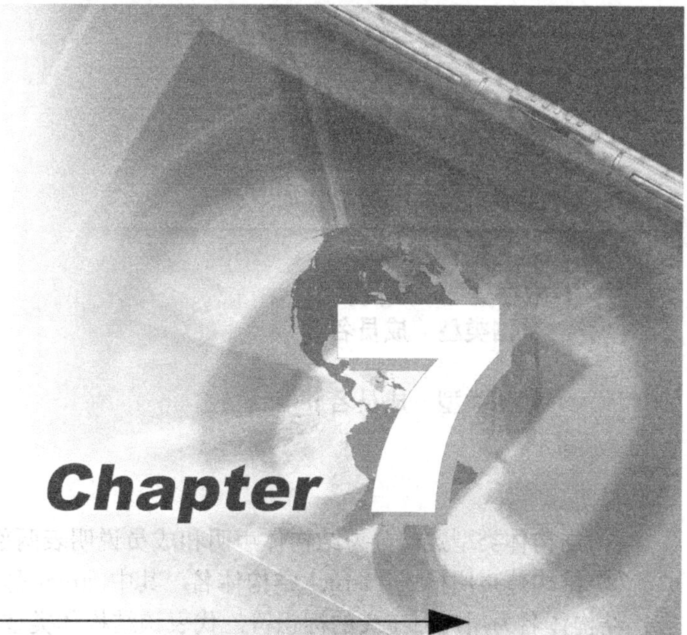

第 7 章　结构体和链表

在现实生活中，常常需要描述由多个不同性质的数据项组成的复杂构造数据类型，如学生信息中的姓名、性别、成绩等，它们代表着一个整体对象的某几个属性，具有不同的数据类型。在第 4 章中我们已经学习了一种构造数据类型：数组，使用数组可以带来很多方便，但是数组要求被处理数据必须是相同的数据类型，由于姓名、成绩等数据类型不同，数组并不适用；也可将姓名、性别和成绩等使用多个变量分别描述，但这样做将失去一个对象的整体性，无法反映出各个数据项之间的内在关系。为此，C 语言提供了一种全新的构造数据类型——结构体类型（或者称为结构类型）。

本章将重点介绍结构体的定义及使用、链表的概念及其基本操作，同时对共用体、枚举、类型定义等进行简单介绍，读者可根据需要选学共用体和枚举类型。通过本章的学习，读者能够熟练掌握结构体的定义和使用方法，能够理解顺序存储和链式存储的区别，灵活的运用链表解决实际问题，了解共用体、枚举类型和自定义类型。

7.1　结构体

结构体是一种可以由用户自定义的构造数据类型，可由多个数据项成员组成，并且各成员数据类型可以不同。程序可通过结构体描述数据对象的类型，并利用结构体变量描述特定的对象。

7.1.1 结构体定义、引用和初始化

1. 结构体类型定义的一般形式

结构体类型定义的一般形式如下：

```
struct 结构体名
{ 数据类型  成员名 1;
  数据类型  成员名 2;
  ⋮
  数据类型  成员名 n;
};
```

说明：

① 结构体类型定义分为结构体声明和成员说明表两部分。

② 结构体声明格式：struct 结构体名，其中 struct 是关键字，作为定义结构体类型的标志；结构体名为用户自定义的标识符，代表该结构体类型的名称。

③ 成员说明表由花括号括起来，用来说明该结构体有哪些成员及各成员的数据类型。

④ 结构体成员项应该是该结构体类型变量具有的共同属性和特征，如长方形的长和宽，学生的学号和姓名等。

⑤ 结构体结束时分号不能省略，它表示一种结构体类型定义的终止。

【例 7. 1】 定义学生信息表中的学生结构体类型，假设学生的成员信息项为学号、姓名、出生日期和性别等信息。

分析：学号、姓名均为字符串，性别为字符型，出生日期是由年、月、日组成的一个整体，因此定义为结构体类型。

```
/*定义出生日期为结构体类型—日期型，结构体名为 Date*/
struct Date
{int year;
 int month;
 int day;
};
/*定义学生结构体类型，结构体名为 Student*/
struct Student
{
  char no[20];        //学号，类型字符串。
  char name[20];      //学生姓名，类型字符串。
  struct Date date;   //出生日期，类型为已定义的结构体类型，即日期型（struct  Date）。
  char sex;           //性别，类型字符型。
};
```

注意：

① 结构体成员的类型可以是简单类型、数组类型或者是结构体类型等任何数据类型。

② 结构体类型的定义只是描述结构体的组织形式，它规定这个结构体类型使用内存的

模式，并没有分配一段内存单元来存放各数据项成员。只有定义了这种类型的变量，系统才为变量分配内存空间，占据存储单元。

③ 结构体类型的定义可以在函数的内部，也可以在函数的外部。在函数内部定义的结构体，其作用域仅限于该函数内部；而在函数外部定义的结构体，其作用域是从定义处开始到本文件结束。

④ 在定义结构体类型时，数据类型相同的成员可以在一行中说明，成员间用逗号分开。

2. 结构体类型变量的定义

结构体类型一经定义，就可以作为一种已存在的数据类型使用，可指明该种结构体类型的具体对象，即定义该种类型的变量。定义结构体类型的变量可以用三种方法。

（1）先定义结构体类型，再定义该种类型的变量。

一般形式：

```
struct 结构体名
        { 数据类型   成员名 1;
          数据类型   成员名 2;
            ⋮
          数据类型   成员名 n;
};
struct 结构体名   结构体变量名表;
```

例如：

```
struct Date
     {int year;
     int month;
     int day;
     };
     sturct Date date1，date2；//定义了结构体类型 Date 的结构体变量 date1,date2。
```

说明：

在这种形式中，struct 结构体名作为一种已定义的数据类型，其定义变量的格式与基本数据类型完全一致。

基本数据类型：数据类型名 变量名表；

结构体类型：struct 结构体名　结构体变量名表；

其中，struct 结构体名=已定义数据类型名。

（2）定义结构体类型的同时定义结构体变量。

一般形式：

```
struct 结构体名
{ 数据类型   成员名 1;
  数据类型   成员名 2;
    ⋮
  数据类型   成员名 n;
 }结构体变量名表;
```

例如：

```
struct Date
    {int year;
    int month;
    int day;
    }date1,date2;          //定义结构体类型 Date 的同时定义了结构体变量 date1 和 date2。
```

（3）直接定义结构体类型变量。

一般形式：

```
struct
{ 数据类型   成员名 1;
  数据类型   成员名 2;
  ⋮
 数据类型   成员名 n;
}结构体变量名表;
```

例如：

```
struct
        {int year;
        int month;
        int day;
        }date1,date2;      //定义结构体类型的同时定义了结构体变量 date1 和 date2。
```

此时只是直接定义了两个结构体变量 zhang 和 wang 为上述结构体类型。这种形式由于省略了结构体名，所以没有结构体类型名，因此也就不能用它来定义其他变量。

说明：

① 结构体变量在函数的数据说明部分定义，也可以在函数的外部定义。但都必须是参照上述三种结构体变量的定义形式，类型定义在前，变量定义在后。

② 结构体变量一经定义，在程序运行时，系统将按照结构体类型定义时的内存模式为结构体变量分配一定的存储单元。

例如，结构体类型 struct Student 的数据结构如图 7.1 所示。

no[20]	name[20]	Date			sex
		year	month	day	

图 7.1　结构体类型示例

从图中可以看出，一个结构体变量在内存中占用存储空间的实际字节数，就是结构体类型定义时各个成员项所占字节数的总和，可以利用 sizeof 运算符求出一个结构体类型数据的长度，sizeof 运算符所要求的运算量可以是变量，也可以是数据类型的名称。如：

```
printf("struct Student=%d\n",sizeof(struct Student));    /*字节数=20+20+4*3+1； */
```

运行结果都是：

```
struct Student=53
```

3．结构体变量的引用

（1）引用结构体变量的成员项。

对结构体变量的使用，一般情况下不把它作为一个整体参加数据处理，而是用结构体的各个成员项来参加各种运算和操作。引用结构体变量中的成员项的一般形式为：

结构体变量名.成员项名

例如，将日期 2002 年 10 月 19 日赋给 struct Date 型变量 date 可表示成：

```
date.year=2002;
date.month=10;
date.day=19;
```

【例 7.2】 一个应用结构体变量的完整例子。

```
#include<stdio.h>
struct Date        /*定义一个表示日期的结构体类型*/
{int year;
 int month;
 int day;
};
struct Student     /*定义一个表示学生信息的结构体类型*/
{
  char *no;       //学号，类型字符串，也可定义为字符数组。
  char *name;     //学生姓名，类型字符串，也可定义为字符数组。
  struct Date date;     //出生日期，类型日期型。
  char sex;       //性别，类型字符型。
};
main()
{
     struct Student s1,s2;
      /*通过直接赋值语句为结构体变量 s1 的各成员项赋值*/
      s1.no="0902110";
      s1.name="wangli";
      s1.date.year=1990;
      s1.date.month=10;
      s1.date.day=22;
      s1.sex='m';
      /*通过键盘输入语句为结构体变量 s2 的各成员项赋值*/
      printf("请输入学生信息(学号，姓名，出生日期（*年*月*日）和性别)：\n");
      char no[20],name[20];
      gets(no);
      s2.no=no;
      gets(name);
      s2.name=name;
      scanf("%d 年%d 月%d 日",&s2.date.year,&s2.date.month,&s2.date.day);
```

```
    scanf("\n%c",&s2.sex);
    /*查看结构体变量 s1,s2 的值*/
    printf("-------结构体变量 s1 的信息为：--------\n");
    printf("学号：%s\n",s1.no);
    printf("姓名：%s\n",s1.name);
    printf("出生日期为：%d 年%d 月%d 日\n",s1.date.year,s1.date.month,s1.date.day);
    printf("性别：%c\n",s1.sex);
    printf("-------结构体变量 s2 的信息为：--------\n");
    printf("学号：%s\n",s2.no);
    printf("姓名：%s\n",s2.name);
    printf("出生日期为：%d 年%d 月%d 日\n",s2.date.year,s2.date.month,s2.date.day);
    printf("性别：%c\n",s2.sex);
}
```

运行界面如下所示：

```
请输入学生信息(学号，姓名，出生日期（*年*月*日）和性别):
0902111
lily
1990 年 1 月 20 日
m
-------结构体变量 s1 的信息为：--------
学号：0902110
姓名：wangli
出生日期：1990  年 10 月 22 日
性别：m
-------结构体变量 s2 的信息为：--------
学号：0902111
姓名：lily
出生日期：1990 年 1 月 20 日
性别：m
```

说明：

①“.”是一个运算符，表示对结构体变量的成员进行访问运算，它的优先级最高，是第一级，结合方向是从左到右。如果一个结构体成员本身又是一个结构体类型变量，则要通过两个“.”运算符来访问该结构成员的结构成员，程序只能对最低一级的成员进行运算。

② 结构体成员项是结构体中的一个数据，成员项的数据类型是结构体类型定义时给成员项规定的，对结构体变量的成员可以进行何种运算由其类型决定。允许参加运算的种类与相同类型的简单变量的种类相同。例如，s2.date.year 的数据类型是整数类型，则它相当于一个整型变量。凡整型变量所允许的运算，对 s2.date.year 均可使用。如对 s2.date.year 进行自加运算，s2.date.year ++相当于(s2.date.year)++；对 s2.date.year 进行取地址运算，& s2.date.year 表示变量 s2.date.year 的起始地址。

可以看出，一个结构体类型无论多复杂，它的使用特性最终要落实到结构体成员项上。

（2）一个结构体变量作为一个整体来引用。

C 语言允许两个相同类型的结构体变量之间相互赋值，这种结构体变量之间赋值的过程是将一个结构体变量的成员项的值赋给另一个结构体变量的相应部分。下面的赋值语句是合法的：

```
s2=s1;
```

注意，不允许用赋值语句将一组常量直接赋值给一个结构体变量。下面的赋值语句是不合法的：

```
s1={"09001","lily",{1990,1,12},'男'};
```

4．结构体变量的初始化

同其他数据类型一样，结构体类型变量在定义时也可以直接对其进行初始化。

例如：

```
struct Student s1={"09001","lily",{1990,1,12},'w'};
```

或

```
struct Student     /*定义一个表示学生信息的结构体类型*/
{
     char *no;
     char *name;
     struct Date date;
     char sex;
}s1={"09001","lily",{1990,1,12},'男'};
```

这种结构体变量的初始化形式只需在结构体变量后面加上赋值运算符，将成员项的对应值用一对花括号括起来，放在赋值运算符后面即可。

7.1.2 结构体数组和结构体指针

1．结构体数组

在第 4 章我们学习了数组类型，数组元素可以是简单数据类型，也可以是构造类型。当数组的元素是结构体类型时，就构成了结构体数组。结构体数组是具有相同结构体类型的变量集合。结构体数组定义的形式类似于 7.1.1 节中结构体变量定义的形式。可以采用以下三种方法定义结构体数组。

（1）先定义结构体类型，再定义该种类型的数组。

定义结构体数组的一般形式为：

struct 结构体名 结构体数组名[数组长度];

其中，struct 结构体名代表一种已定义的数据类型。

例如：

```
struct Rectangle/*     定义一个长方形结构体类型*/
```

```
{
    float width;
    float length;
};
struct Rectangle rec[3];
```

定义了一个包含 3 个元素的数组 rec，它的 3 个元素 rec[0]、rec[1]、rec[2]都是结构体类型 struct Rectangle 的变量。

与结构体变量的定义类似，也可在定义结构体数组的同时进行初始化。例如：

struct Rectangle rec[3]={{10,10},{5,5},{10,5}};

可见结构体数组的初始化就是将结构体数组的每个元素初始化后用"{ }"括起来即可。

（2）定义结构体类型的同时定义结构体数组。

一般形式为：

```
struct 结构体名
{ 数据类型    成员名 1;
  数据类型    成员名 2;
  ⋮
  数据类型    成员名 n;
}结构体数组名[数组长度];
```

（3）直接定义结构体类型数组。

一般形式为：

```
struct
{ 数据类型    成员名 1;
  数据类型    成员名 2;
  ⋮
  数据类型    成员名 n;
}结构体数组名[数组长度];
```

【例 7.3】 结构体数组应用举例：从键盘输入 3 个学生的信息，计算每个学生的总分，并输出所有学生的信息和总分。

```
#include<stdio.h>
struct Student    /*定义一个学生结构体类型，其成员包含学号、姓名及各科成绩*/
{   char no[20];
    char name[20];
    float chinese;
    float math;
    float english;
};
main()
{
    struct Student s[3];      //定义一个学生数组，数组长度为 3，包含 3 个成员 s[0],s[1],s[2]
    float sum[3];             //定义 sum 数组，包含三个数组元素，分别存放三个学生的总分。
    int i;
```

```
    /*循环输入/输出学生信息，同时计算每个学生的总分*/
     for(i=0;i<3;i++)
     {
            printf("请输入第%d个学生的信息（学号，姓名，语文，数学和英语）\n",i+1);
            scanf("%s%s%f%f%f",s[i].no,s[i].name,&s[i].chinese,&s[i].math,&s[i].english);
     }
     printf("学号\t 姓名\t 语文\t 数学\t 英语\t 总分\n");
     for(i=0;i<3;i++)
     {
            sum[i]=s[i].chinese+s[i].math+s[i].english;
           printf("%s\t%s\t%.2f\t%.2f\t%.2f\t%.2f\n",s[i].no,s[i].name,s[i].chinese,
                       s[i].math,s[i].english,sum[i]);
     }
}
```

程序运行界面如下：

```
请输入第1个学生的信息（学号，姓名，语文，数学和英语）
0902110    lily 70 80 90
请输入第2个学生的信息（学号，姓名，语文，数学和英语）
0902111    lucy 80 100 90
请输入第3个学生的信息（学号，姓名，语文，数学和英语）
0902112    tom 100 100 90
学号        姓名      语文        数学        英语      总分
0902110    lily       70.00      80.00     90.00     240.00
0902111    lucy      80.00      100.00     90.00     270.00
0902112    tom        100.00     100.00     90.00     290.00
```

2. 结构体指针

指针可以指向任何数据类型的变量，同样可以定义一个指向结构体类型变量的指针，我们把这种指向结构体类型变量的指针称为指向结构体的指针或结构体指针。

结构体指针定义的一般形式：

struct 结构体名　*结构体指针名；

例如：struct Rectangle　*op;
其中，op为指向结构体变量的指针。

【例 7.4】　用结构体指针引用结构体成员。

```
#include<stdio.h>
struct Student
{    char no[20];
      char name[20];
      float chinese;
      float math;
      float english;
};
```

```
main()
{
    struct Student stu={"0902110","lily",70,80,90};
    struct Student *p;   //定义结构体 Student 类型指针 p
    p=&stu;              //p 指向结构体变量 stu 的首地址
    printf("%s\t%s\t%.2f\t%.2f\t%.2f\n",stu.no,stu.name,stu.chinese,stu.math,stu.english);
    printf("%s\t%s\t%.2f\t%.2f\t%.2f\n",p->no,p->name,p->chinese,p->math,p->english);
    printf("%s\t%s\t%.2f\t%.2f\t%.2f\n",(*p).no,(*p).name,(*p).chinese,(*p).math,
        (*p).english);
}
```

从本例可以看出，访问结构体指针所指向的结构体变量的成员可以采用以下两种方法。

方法 1：(*结构体指针名).成员项名

例如：

(*p).no 和(*p).name

方法 2：结构体指针名->成员项名

例如：

p->no 和 p->name

说明：

① 方法 1 中的括号不可省略。“*”取值运算符的优先级低于“.”成员运算符，因此如果省略括号，则理解为*（结构体指针名.成员项名）。

② 两种方法功能相同，均代表通过指针引用结构体的成员。

7.1.3 结构体与函数

函数的形参与返回值类型可以是基本数据类型的变量、指针、数组，也可以是一个结构体类型。结构体与函数的关系主要分为三种：结构体变量作为函数参数，指向结构体的指针作为函数参数，函数的返回值为结构体类型。

【例 7.5】 结构体变量作为函数参数：利用函数从键盘输入 3 个学生信息，计算学生成绩总分，并输出学生信息及总分。

```
#include<stdio.h>
struct Student      /*定义一个学生结构体类型，其成员包含学号、姓名及各科成绩*/
{    char no[20];
     char name[20];
     float chinese;
     float math;
     float english;
};
/*定义函数 printStudent，功能是输出学生信息及总分*/
void printStudent(struct Student s)
{
```

```
        float sum=s.chinese+s.math+s.english;
        printf("%s\t%s\t%.2f\t%.2f\t%.2f\t%.2f\n",s.no,s.name,s.chinese,s.math,s.english,sum);
}
/*定义函数 getStudent ，功能是从键盘输入学生信息*/
void getStudent(struct Student *p)
{
        scanf("%s%s%f%f%f",p->no,p->name,&p->chinese,&p->math,&p->english);
}
main()
{
        struct Student s[3];
        int i;
        printf("请输入三个学生的信息（学号，姓名，语文，数学和英语）\n");
        for(i=0;i<3;i++)
        {
            getStudent(&s[i]);      //循环调用 getStudent 函数输入三个学生的信息
        }
        printf("学号\t 姓名\t 语文\t 数学\t 英语\t 总分\n");
        for(i=0;i<3;i++)
        {
            printStudent(s[i]);   //循环调用 printStudent 函数输出三个学生的信息及总分
        }
}
```

程序运行界面如下：

```
请输入三个学生的信息（学号，姓名，语文，数学和英语）
0902110    lily 70 80 90
0902111    lucy 80 100 90
0902112    tom 100 100 90
学号       姓名       语文       数学       英语       总分
0902110    lily       70.00      80.00      90.00      240.00
0902111    lucy       80.00      100.00     90.00      270.00
0902112    tom        100.00     100.00     90.00      290.00
```

说明：

① 结构体变量同基本数据类型变量一样，传递的是各成员的值（如结构体变量的整体赋值），因此结构体变量作为函数参数时进行的是值传递方式。

② 在调用函数输入结构体变量的值时，必须通过指针实现地址传递方式，因此调用函数时传递的实参是结构体变量的地址。

③ 本例也可将函数参数设为结构体数组。此时参数传递的是结构体数组的首地址，传递方式为地址传递。

【例 7.6】 结构体数组作为函数的参数。

```
#include<stdio.h>
struct Student      /*定义一个学生结构体类型，其成员包含学号、姓名及各科成绩*/
```

```
{     char no[20];
      char name[20];
      float chinese;
      float math;
      float english;
};
/*定义函数 printStudent ，功能是输出所有学生信息及总分*/
void printStudent(struct Student s[],float sum[])
{
      int i;
      printf("学号\t 姓名\t 语文\t 数学\t 英语\t 总分\n");
      for(i=0;i<3;i++)
      {
           sum[i]=s[i].chinese+s[i].math+s[i].english;
           printf("%s\t%s\t%.2f\t%.2f\t%.2f\t%.2f\n",s[i].no,s[i].name,s[i].chinese
      ,s[i].math,s[i].english,sum[i]);
      }
}
/*定义函数 getStudent，功能是从键盘输入所有学生信息*/
void getStudent(struct Student s[])
{
      int i;
      for(i=0;i<3;i++)
      {
           printf("请输入第%d 个学生的信息（学号，姓名，语文，数学和英语）\n",i+1);
           scanf("%s%s%f%f%f",s[i].no,s[i].name,&s[i].chinese,&s[i].math,&s[i].english);
      }
}
main()
{
      struct Student s[3];
      float sum[3];
      getStudent(s);
      printStudent(s,sum);
}
```

程序运行界面如下（与例 7.3 一致）：

```
请输入第 1 个学生的信息（学号，姓名，语文，数学和英语）
0902110    lily 70 80 90
请输入第 2 个学生的信息（学号，姓名，语文，数学和英语）
0902111    lucy 80 100 90
请输入第 3 个学生的信息（学号，姓名，语文，数学和英语）
0902112    tom 100 100 90
学号        姓名      语文      数学      英语      总分
0902110    lily      70.00     80.00     90.00     240.00
0902111    lucy      80.00     100.00    90.00     270.00
```

```
0902112    tom        100.00    100.00    90.00    290.00
```

【例 7.7】 结构体类型作为函数返回类型，改写例 7.4 中的 getStudent，利用函数返回键盘输入的学生信息。

```
struct Student getStudent()
{
      struct Student s;
      scanf("%s%s%f%f%f",s.no,s.name,&s.chinese,&s.math,&s.english);
       return s;
}
```

经上述改动后，输入学生信息的函数调用格式也需要做相应修改。代码如下：

```
for(i=0;i<3;i++)
{
            s[i]=getStudent();        //循环调用 getStudent 函数输入三个学生的信息
}
```

说明：结构体类型作为函数返回类型的函数，需要首先定义一个局部结构体变量存放结构体成员的值，然后实现整体赋值。在复杂结构体类型下，比较浪费空间和时间，效率较低。

实训 21　结构体的应用

1. 实训目的

（1）掌握结构体类型的说明和变量定义的方法。
（2）掌握结构体变量的引用形式。
（3）掌握结构体数组的定义及应用。
（4）理解结构体作为不同数据类型的一个整体在实际编程中的作用。

2. 实训内容

定义一个长方形结构体，并定义长方形结构体数组，长度为 5，从键盘输入各长方形成员属性（如长方形的长和宽）的值，计算各长方形的面积并输出面积最大的长方形信息。

```
#include<stdio.h>
#define N 5
/*定义长方形结构体类型*/
struct Rectangle
{
    int length;
    int width;
};
/*定义函数 maxRectangle 计算长方形数组的各长方形面积并输出面积最大的长方形*/
void maxRectangle(struct Rectangle rec[])
{
     int i,j;
```

```
        int area[N];        //area 数组保存各长方形的面积
        for(i=0;i<N;i++)
        {
            area[i]=rec[i].length*rec[i].width;
        }
    int max=area[0];
    j=0;
    for(i=1;i<N;i++)
    {
        if(max<area[i]){
            max=area[i];
            j=i;
        }
    }
    printf("面积最大的长方形为第%d 个长方形，其长：%d\t 宽：%d\t 面积：%d\t",j+1,rec[j].
        length,rec[j].width,area[j]);
    }
    main()
    {
        struct Rectangle rec[N];
        printf("请输入 5 个长方形的长和宽\n");
        for(int i=0;i<N;i++)
        {
            scanf("%d%d",&rec[i].length,&rec[i].width);
        }
        maxRectangle(rec);
    }
```

3. 实训思考

仿照上述程序，编写函数从键盘输入 5 个学生信息，计算学生成绩总分，找出总分最高的学生，并输出该学生的信息。

7.2 链表

在第 4 章中我们已经学习了数组的概念及其相关技术，数组又称为顺序存储结构，其数组元素按下标顺序依次排列，通过数组下标可以很方便地引用数组元素，但在插入、删除元素时需要大量数据的移动，同时数组长度的固定也使得数组的应用有了一定的限制。如何有效解决数组的这些问题呢？本节将介绍链表的相关内容，包括链表的概念、链表的实现及其基本操作。

7.2.1 链表的概念

链表是一种动态数据结构，在数据结构中被形象地称为链式存储结构，它是动态分配存储空间的一种结构。链表中最常用的为单链表（本节中的例子均以单链表为例），结构如

图 7.2 所示。

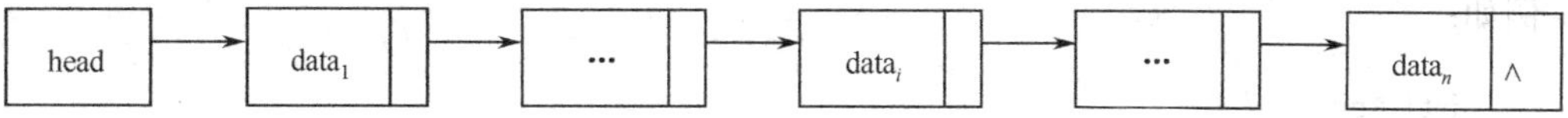

图 7.2　单链表示意图

单链表由两部分组成：

① 头指针结点。head 指针存放第一个结点的首地址。

② 链表中各元素存放在“结点”中，每个结点由两部分组成。

- 数据域：用户需要用的数据。
- 指针域：存放下一个元素结点的地址。

最后一个元素结点称为链表的尾结点，其指针域为 NULL，通常用来判断链表是否结束。

如图 7.2 所示，链表的元素通过指针域进行连接，因此不需要预先分配固定的内存空间，内存空间可以连续，也可以不连续，链表中的元素可以任意添加或删除。查找元素时，必须从第一个结点开始，再通过第一个结点查找第二个结点的地址，通过第二个结点查找第三个结点的地址，依次类推，直到找到对应的元素或者指针域为空。

链表和数组均可用来存放大量相同数据类型的元素，但在以下几个方面有一定的区别：

① 数组的元素个数在数组定义时指定，数组长度固定，内存空间大小固定。链表的内存空间分配在执行过程中根据需要动态申请，链表的个数可以根据需要增加或减少。

② 数组元素的查找通过数组下标和数组首地址确定各元素的地址空间。链表的查找操作必须从第一个结点开始依次查找每个元素。

③ 数组元素中的插入和删除操作必须通过大量移动数据实现。链表的插入和删除仅仅需要改变结点的指针指向即可。

7.2.2　链表的实现

链表是一种动态数据结构，因此链表的内存空间是在执行过程中根据实际需要动态申请的。C 语言提供了一些内存管理函数。

1. 内存管理函数

（1）malloc 函数。

函数原型：

```
void   *malloc(unsigned int   size)
```

说明：

① malloc 函数的作用是在动态存储区中分配大小为 size 的内存空间，并返回指向该内存空间的首地址。

② 形参 size 是无符号整数。

③ 函数返回值为指向 void 类型的指针，若没有足够的内存空间提供，则返回空指针 NULL。

④ 若需要返回指向 int 类型或其他类型的指针，则需要利用强制类型转换将其从指向

void 类型的指针转换为所需类型。

例如：

```
int   *pi;
pi=(int *)malloc(sizeof(int));
```

（2）calloc 函数。

函数原型：

```
void   *calloc(unsigned int n, unsigned int   size)
```

作用：分配 n 个同一类型的、大小为 size 字节数的连续存储空间。若分配成功，函数返回分配的存储空间的首地址，否则返回空指针。

calloc 函数可以为数组动态分配内存空间，其中 n 代表数组元素的个数，size 代表每个数组元素所占用的内存空间大小。

例如：

```
double   *pd;
pd=(double *)calloc(10,sizeof(double));
```

（3）free 函数。

函数原型：

```
void   free(void   *p)
```

作用：释放指针 p 所指向的内存空间。

注意：参数指针变量 p 指向的必须是由动态分配函数所分配的存储空间，该函数没有返回值。

例如：

```
int   *p;
p=(int *)malloc(sizeof(int));
⋮
free(p);    //释放 p 所指向的由 malloc 函数分配的内存区域
```

2．单链表的建立

（1）链表结点的定义。

单链表是由若干个结点通过指针域的指向连接起来的一个链。每个结点可包含若干个数据项成员和指针域。可以看出，结点应该定义为结构体类型。

例如：

```
struct Student
{   char no[20];        //数据域
    char name[20];      //数据域
    float score;        //数据域
    struct Student *next;     //指针域
```

};

（2）链表的建立。

链表的建立过程实际上就是不断地在已存在链表的尾部插入元素的过程。每新添加一个元素都需要动态分配所需的内存空间，在建立链表的过程中，需要设置 3 个指针变量。

- head：头指针，指向第一个元素结点的首地址。当链表为空链表时，head 指针值为 NULL。
- p：指向新分配结点内存空间的指针变量。
- tail：尾指针，指向链表的最后一个结点，tail->next 为 NULL。

① 建立初始链表（将 head 指针指向第一个结点的首地址），如图 7.3 所示。

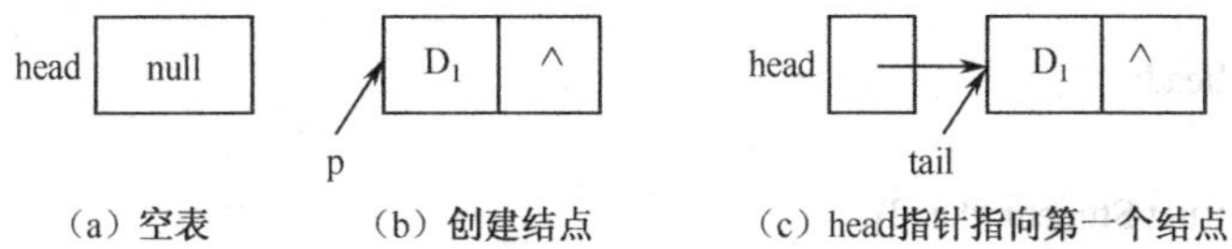

图 7.3　建立初始链表

② 循环在链表尾部插入新结点，如图 7.4 所示。

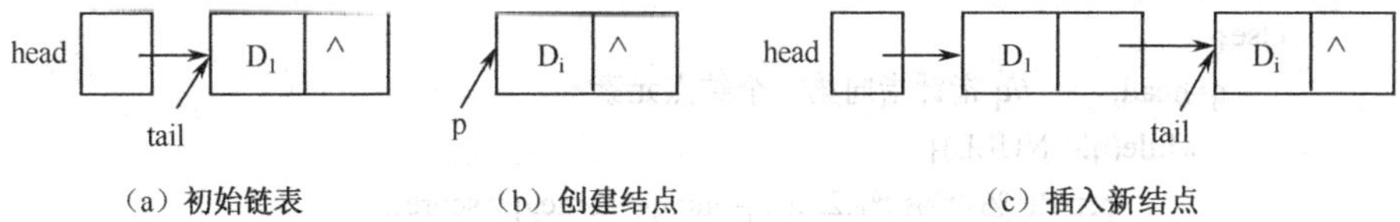

图 7.4　循环在链表尾部插入结点

【例 7.8】　编写 create 函数及 print 函数，建立长度为 3 的学生信息链表并对该链表进行遍历以输出所有学生信息。

程序代码如下：

```
#include<stdio.h>
#include<stdlib.h>
struct Student
{   char no[20];
     char name[20];
     float score;               //数据域
    struct Student *next;      //指针域
};
/*创建一个包含头指针 head 的链表，返回该链表的头指针 head*/
struct Student *create()
{
     struct Student *head,*p,*tail;
     head=NULL;     //建立空链表，head 初始值为 NULL。
     /*建立初始链表*/
    p=(struct Student*)malloc(sizeof(struct Student));     //分配结点内存空间
     scanf("%s%s%f",p->no,p->name,&p->score);            //结点数据域赋值
     p->next=NULL;          //新结点为链表的尾结点，指针域为 NULL
```

```
        head=p;                   //当前结点为第一个结点，给头指针赋值
        tail=p;                   //当前结点为最后一个结点，给尾指针赋值
        /*循环在链表尾部插入新结点*/
       int i;
        for(i=0;i<2;i++)
        {
            p=(struct Student*)malloc(sizeof(struct Student));
           scanf("%s%s%f",p->no,p->name,&p->score);
           p->next=NULL;
            tail->next=p;
            tail=p;
        }
       return head;
    }
    void print(struct Student *head)
    {
        struct Student *q;
        if(head==NULL)
            printf("该链表为空表");
        else{
           q=head;      //q 指针指向第一个结点元素
            while(q!= NULL){
                printf("%s\t%s\t%.2f\n",q->no,q->name,q->score);
                q=q->next;        //q 指针指向下一个结点元素
            }
        }
    }
    main()
    {
        struct Student *head=create();
        print(head);
    }
```

从上述程序可以看出，插入第一个结点和其余结点的区别很小，因此 create 函数可改写为：

```
    struct Student *create()
    {
        struct Student *head,*p,*tail;
        head=NULL;      //建立空链表，head 初始值为 NULL。
            /*插入新结点，其中第一个结点连接在 head 指针后，其余结点连接到链表尾部*/
        int i;
        for(i=0;i<3;i++)
        {
            p=(struct Student*)malloc(sizeof(struct Student));
           scanf("%s%s%f",p->no,p->name,&p->score);
           p->next=NULL;
            if(i==0)     //第一个结点连接到 head 指针的后面
```

```
            head=p;
        else
            tail->next=p;        //插入到链表的尾部
        tail=p;
    }
    return head;
}
```

7.2.3 链表的操作

链表和数组都是线性表的一种，其操作主要包括插入、更新、删除等。

1. 删除链表中指定的结点

算法分析：首先找到指定的结点，然后对指定结点进行删除。链表中结点的删除并不是真正从内存中删除，仅仅是将该结点从链表中分离出来。删除链表中的指定结点需要两个指针变量，见图 7.5。

- p：指向当前删除的结点。初始值指向第一个结点。
- q：指向被删除结点的前一个结点。

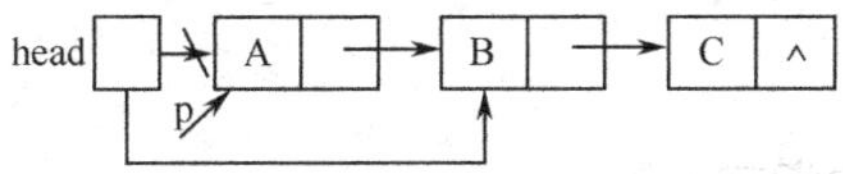

（a）删除头结点A

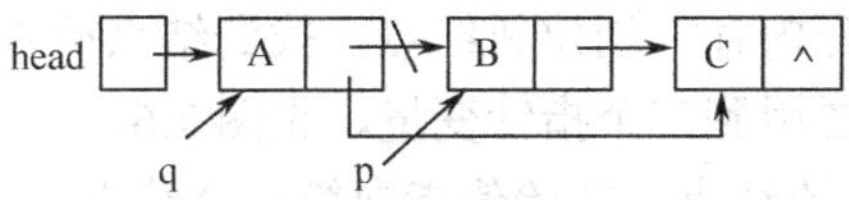

（b）删除头结点B

图 7.5 结点的删除

【例 7.9】 编写函数 deleteNode，完成删除单链表中指定结点的操作。

```
/*功能：删除单链表中指定学号的学生*/
struct Student *deleteNode(struct Student *head,char *no)
{
    struct Student *p,*q;
    if(head==NULL)
    {
        printf("该链表为空表");
    else
    {
        p=head;
        /*循环查找学号为 no 的学生*/
        while(p->next!= NULL&&strcmp(p->no,no)!=0)
        {
            q=p;
            p=p->next;
```

```
        }
        /*p 的 no 与参数 no 相等，则找到对应的结点，执行删除操作*/
        if(strcmp(p->no,no)==0)
        {
            if(head==p)
            {/*p 为头结点，改变 head 指针的值*/
                head=p->next;
            }
            else
            {/*改变 p 的前一个结点 q 的指针域*/
                q->next=p->next;
            }
            free(p);
        }
        else
        {
            printf("找不到学号为%s 的结点",no);
        }
    }
    return head;
}
```

2．将结点插入到链表的指定位置

算法分析：首先动态分配内存，创建新结点，找到结点插入的位置，然后将已知结点插入到指定位置。插入结点需要用到三个指针变量，见图 7.6。

- p：指向插入位置当前的结点。初始值指向第一个结点。
- q：指向插入位置的前一个结点。初始值指向第一个结点。
- t：指向待插入的新分配结点。

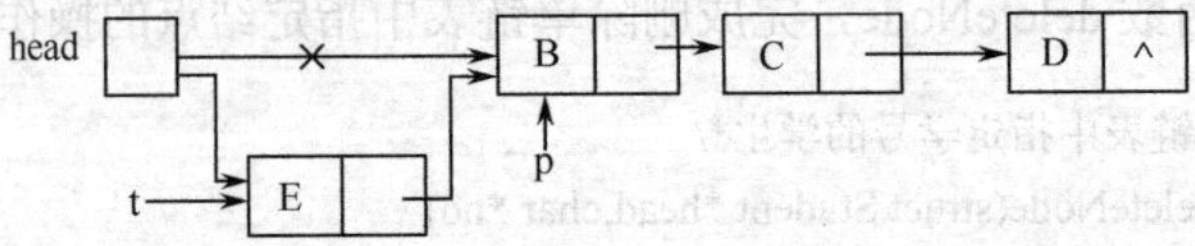

（a）插入结点位置在第一个结点之前 (t->next=p;　head=t)

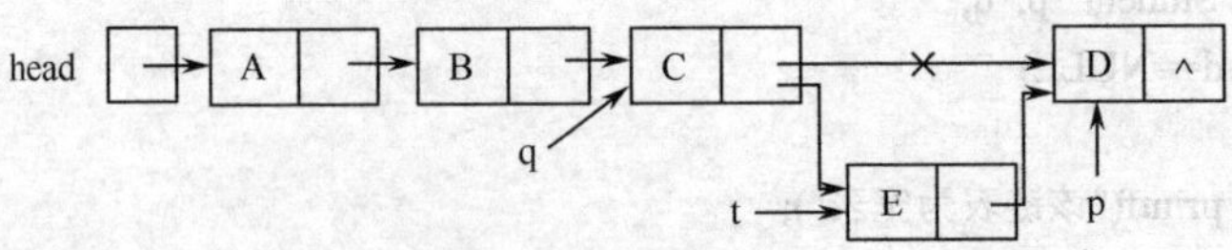

（b）插入结点位置在链表中间 (t->next=p;　q->next=t)

图 7.6　插入结点

【例 7.10】　编写函数 insert，插入结点到链表中的指定位置。假设学生链表有序，插入结点后使得链表仍然有序。

```
/*功能：插入结点到链表的指定位置，链表按成绩有序排列*/
struct Student *insert(struct Student *head,struct Student *node)
```

```
{
    struct Student *p,*q,*t;
    p=head;
    t=node;
    if(head==NULL)
    {/*原链表为空表，新插入结点既是头结点也是尾结点*/
        head=t;
        t->next=NULL;
    }
    else
    {
        /*循环查找插入结点的位置（第一个大于当前结点成绩的结点位置）*/
        while(p->score<t->score&&p->next!=NULL)
        {
            q=p;
            p=p->next;
        }
        /*判断插入结点的位置，头结点之前、链表中间或尾结点之后*/
        if(p->score>=t->score)
        {
            if(p==head)
            {//插入位置在头结点之前
                head=t;
                t->next=p;
            }
            else
            {//插入位置在链表中间
                q->next=t;
                t->next=p;
            }
        }
        else
        {//插入位置在尾结点之后
          p->next=t;
            t->next=NULL;
        }
    }
    return head;
}
```

上述函数的完整调用格式如下：

```
main(){
    struct Student *head=create();      //调用 create 函数创建链表
    printf("******创建好的链表信息*****\n");
    print(head);        //调用 print 函数查看链表信息
    printf("请输入要删除学生的学号：");
```

```
        char no[20];
        scanf("%s",no);
        head=deleteNode(head,no);  //调用 deleteNode 删除指定结点
        printf("******删除结点后的链表信息*****\n");
        print(head);
        struct Student *node;
        node=(struct Student*)malloc(sizeof(struct Student));
        printf("请输入待插入学生的学号，姓名和成绩：");
        scanf("%s%s%f",node->no,node->name,&node->score);
        head=insert(head,node);      //插入结点到链表指定位置
        printf("******插入新结点后的链表信息*****\n");
        print(head);
    }
```

7.3 共用体和枚举类型

共用体类型是指将不同的数据项存放于同一段内存单元的一种构造数据类型，它的类型说明和变量定义与结构体的类型说明和变量定义的方式基本相同，两者之间实质的区别仅在于使用内存的方式上。枚举是指把变量的值一一列举出来，以后该变量的取值范围只能是所列举出来的值。本节将分别介绍共用体和枚举的定义及使用。

7.3.1 共用体定义、使用和初始化

1. 共用体类型的说明和变量定义

共用体类型定义的一般形式为：

```
union 共用体名
    { 数据类型   成员名 1;
      数据类型   成员名 2;
        ⋮
      数据类型   成员名 n;
};
```

例如：

```
union example
{int a;
 long b;
 char ch;
};
```

上面定义了一个共用体类型 union example，它由三个成员项组成：整型成员项 a，长整型成员项 b，字符型成员项 ch。

定义共用体类型的变量方式与结构体变量定义的方式相同，如先定义类型，再定义变量；

定义类型的同时定义变量；直接定义共用体变量等。例如：

```
union example    u1;
```

其中，u1 是共用体类型 union example 的变量，该变量的三个成员分别需要 2 字节、4 字节和 1 字节。系统为共用体变量 u1 分配空间时并不是按所有成员所需空间的和分配，而是按其成员中字节数最大的数目分配，即为共用体变量 u1 分配 4 字节的存储空间。可以使用 sizeof 运算符求出共用体类型数据的长度，如：

```
printf("union example size=%d\n",sizeof(union example));
printf("union example size=%d\n",sizeof(u1));
```

运行结果都是：

```
union example size=4
```

2．共用体变量的使用与初始化

引用共用体变量中的成员项与引用结构体变量中的成员项方法相同，其引用方式为：

共用体变量名.成员项名

例如：

```
u1.a，u1.b，u1.ch
```

就是引用共用体变量 u1 的三个成员项的方法。

由于共用体变量中的各个成员在内存中共占同一段空间，所以一个共用体变量在某一时刻只能存放其中一个成员项的值。例如：

```
u1.a=15;
u1.b=150;
u1.ch='A';
```

最后引用变量 u1 的值时，只能引用其成员项 ch 的值，即最后一个被赋值的成员项。其他成员项的值被覆盖，无法得到其原始值。

【例 7. 11】 通过定义指向共用体变量的指针来引用共用体变量的值。

```
union example
{       int a;
        long b;
        char ch;
} u1,*p;
main()
{p=&u1; u1.a=100;
printf("(*p).a=%d\n", (*p).a);
p->ch='B';
printf("p->ch=%c", p->ch);
}
```

程序运行结果为：

```
(*p).a=100
p->ch=B
```

同一类型的结构体变量之间可以相互赋值。例如：

```
union example   u1,u2;
u1.a=100; u2=u1;
printf("u2.a=%d\n",u2.a);
```

程序运行结果为：

```
u2.a=100
```

共用体变量的初始化只能是对一个成员项初始化。例如：

```
union example   u1={100};
printf("u1.a=%d\n",u1.a);
```

程序运行结果为：

```
u1.a=100
```

如果定义：

```
union example   u1={15,100L,'A'};
```

编译时将出错。

7.3.2 枚举类型定义、使用和初始化

枚举类型定义的一般形式为：

enum 枚举名 {枚举符号表};

enum 是定义枚举类型的关键字，enum 枚举名是用户定义的枚举类型名，它是由 enum 和枚举名两部分组成，枚举符号表是一个用逗号分隔的一系列标识符，它列出了一个枚举类型变量可以具有的值。例如，定义枚举类型如下：

```
enum days {Sunday,Monday,Tuesday,Wednesday,Thursday,Friday,Saturday};
```

定义枚举变量可以仿照结构体变量定义方法，先定义枚举类型，再定义枚举变量；在定义枚举类型的同时定义枚举变量；或直接定义枚举变量。例如：

```
enum days workday;
enum days {Sunday,Monday,Tuesday,Wednesday,Thursday,Friday,Saturday} workday;
enum {Sunday,Monday,Tuesday,Wednesday,Thursday,Friday,Saturday} workday;
```

上面定义的变量 workday 是枚举类型变量，它的取值只能是 Sunday，Monday，Tuesday，Wednesday，Thursday，Friday，Saturday 中的一个。例如：

```
workday=Monday;
```

与其他类型的变量初始化一样，在定义枚举变量时可以进行初始化。例如：

```
enum days workday= Wednesday;
```

表示定义了枚举变量 workday，同时初始化为 Wednesday。

枚举符号表中每一个标识符都表示一个整数，从花括号中的第一个标识符开始，各标识符分别代表 0，1，2，3，…。例如：

```
printf("%d,%d", Sunday, Friday);
```

输出结果为：

```
0, 5
```

可以在定义类型时对枚举标识符进行初始化。例如：

```
enum days {Sunday,Monday,Tuesday=100,Wednesday,Thursday,Friday=110,Saturday} ;
```

则各个标识符的值如下：

Sunday	0
Monday	1
Tuesday	100
Wednesday	101
Thursday	102
Friday	110
Saturday	111

枚举符号表中每一个标识符虽然都表示一个整数，但不能将一个整数直接赋给枚举变量，可以用强制类型转换将一个整数所代表的枚举常量赋给枚举变量。例如：

```
workday=1;
```

是错误的。

```
workday=(enum days)1;
```

是正确的，它相当于

```
workday= Monday;
```

枚举变量还可以进行比较。例如：

```
if(workday== Monday) printf("Monday");
```

由于枚举符号不是字符串，实质上是一个整型数值，不能以字符串的形式输出。例如：

```
printf("%s",Sunday);
```

是错误的。

【例 7.12】 输出枚举符号。

```
main()
{enum days {Sunday,Monday,Tuesday,Wednesday,Thursday,Friday,Saturday} workday;
 char *day[]={"Sunday","Monday","Tuesday","Wednesday","Thursday","Friday","Saturday"} ;
   for(workday= Sunday; workday<= Saturday; workday++)
      printf("%s\n",day[workday]);
}
```

7.4 类型定义

C 语言除了提供标准数据类型、构造数据类型等，还允许用户用 typedef 语句定义新的数据类型名代替已有的数据类型名。

类型定义的一般形式为：

typedef 类型名 新类型名

其中，typedef 是关键字，类型名是系统定义的标准类型名或用户自己定义的构造类型名等，新类型名是用户对已有类型所取的新名字。例如：

```
typedef   double   DOUBLE;
```

将 double 类型定义为 DOUBLE，在程序中用 double 和 DOUBLE 都可以定义变量。

例如：

```
DOUBLE   x,y;
```

与

```
double   x,y;
```

是等价的。

用 typedef 为结构体类型、共用体类型、枚举类型等定义一个新类型名。例如：

```
typedef   struct
 {char   name[20];
  char   sex;
  int   age;
  char *address;
 }PERSON;
```

新类型名 PERSON 就代表上述结构体类型，可以用 PERSON 来定义该结构体类型的变量。例如：

```
PERSON   p1,p2[20];
```

用 typedef 还可以定义指针类型和数组类型等。例如：

```
typedef   char   *NAME;
```

```
typedef   int   NUM[100];
```

上述定义的 NAME 为字符指针类型，NUM 为整型数组，可以用它们来定义变量。例如：

```
NAME   student;
NUM   a,b;
```

相当于

```
char   *student;
int   a[100],b[100];
```

综上所述，用 typedef 只是用新的类型名代替已有的类型名，并没有由用户建立新的数据类型。使用 typedef 进行类型定义可以增加程序的可读性，并且为程序移植提供方便。

课程设计 3　简单学生管理程序

1. 设计题目

简单学生管理程序。

2. 设计概要

本次课程设计的目的是在学习了结构体和链表的基础上，将结构体指针和链表的知识灵活运用。主要知识面涉及简单管理系统的设计，结构体类型的定义，动态内存空间的分配，以及链表的概念、创建和使用等操作。

3. 系统分析

本课程设计要实现单链表的建立、插入、删除和查找等操作，这样从功能上可以分为以下几大功能模块。

① 主函数：系统的启动。
② 建立函数：完成学生链表的建立。
③ 插入函数：在已有的学生链表上添加新学生结点。
④ 删除函数：删除指定学号的学生结点。
⑤ 查找函数：查找指定学号的学生是否存在。
⑥ 输出函数：输出学生链表中所有学生信息。
⑦ 起始函数：输入/输出界面设计。

4. 总体设计思想

本系统在起始函数中以菜单形式列出对各函数的调用，然后根据输入的符号调用相应功能模块。单链表可以由头指针唯一确定，这样我们在设计本系统时使用指针变量作为参数来完成头指针的传递。

5. 程序清单

```
#include<stdio.h>
#include<stdlib.h>
#include<string.h>
struct Student
{    char no[20];
     char name[20];
     float score;
     struct Student *next;
};
/*创建一个包含头指针 head 的链表，返回该链表的头指针 head*/
struct Student *create()
{
     struct Student *head,*p,*tail;
     head=NULL;
     int i=0;
     while(true)
     {
          p=(struct Student*)malloc(sizeof(struct Student));
          printf("请输入学生信息（学号，姓名，成绩）\n");
          scanf("%s%s%f",p->no,p->name,&p->score);
          if(p->score==-1)
          {
               free(p);
               break;
          }
          p->next=NULL;
          if(i==0)
            head=p;
          else
               tail->next=p;
          tail=p;
          i++;
     }
     return head;
}
/*功能：插入结点到链表的指定位置，链表按成绩有序排列*/
struct Student  *insert(struct Student *head)
{
     struct Student *p,*q,*t;
     struct Student *node;
     node=(struct Student*)malloc(sizeof(struct Student));
     printf("请输入待插入学生的学号，姓名和成绩：\n");
     scanf("%s%s%f",node->no,node->name,&node->score);
     p=head;
```

```
	t=node;
	if(head==NULL)
	{
		head=t;
		t->next=NULL;
	}
	else{
		while(p->score<t->score&&p->next!=NULL)
		{
			q=p;
			p=p->next;
		}
		if(p->score>=t->score)
		{
			if(p==head)
			{
				head=t;
				t->next=p;
			}
			else
			{
				q->next=t;
				t->next=p;
			}
		}
		else
		{
		  p->next=t;
			t->next=NULL;
		}
	}
	return head;
}
/*功能：删除单链表中指定学号的学生*/
struct Student *deleteNode(struct Student *head,char *no)
{
	struct Student *p,*q;
	if(head==NULL)
	{
		printf("该链表为空表，无法进行删除操作\n");
	}
	else{
		p=head;
		while(p->next!=NULL&&strcmp(p->no,no)!=0)
		{
				q=p;
```

```
            p=p->next;
        }
        if(strcmp(p->no,no)==0)
        {
            if(head==p)
            {
                head=p->next;
            }
            else
            {
              q->next=p->next;
            }
            free(p);
            printf("恭喜您，删除成功！");
        }
        else
        {
            printf("学号为%s 的结点不存在\n",no);
        }
    }
    return head;
}
/*功能：查找单链表中指定学号的学生，若找到则输出该学生的所有信息*/
void findNode(struct Student *head,char *no)
{
    struct Student *p;
    if(head==NULL)
    {
        printf("该链表为空表，无法进行查找操作\n");
    }
    else
    {
        p=head;
        while(p->next!=NULL&&strcmp(p->no,no)!=0)
        {
                p=p->next;
        }
        if(strcmp(p->no,no)==0)
        {
            printf("找到学号为%s 的结点\n",no);
          printf("%s\t%s\t%.2f\n",p->no,p->name,p->score);
        }
        else
        {
            printf("学号为%s 的结点不存在\n",no);
        }
```

```
        }
}
/*功能：对学生链表进行遍历，输出学生链表中所有学生的信息*/
void print(struct Student *head)
{
        struct Student *q;
        q=head;
        if(head==NULL)
                printf("对不起，该链表为空表，请先添加学生信息\n");
        else
        {
                while(q!=NULL)
                {
                        printf("%s\t%s\t%.2f\n",q->no,q->name,q->score);
                        q=q->next;
                }
        }
}
/*功能：对学生链表进行遍历，输出学生链表中所有学生的信息*/
void start()
{
        struct Student *head;
        char no[20];
        int i;
        while(1)
        {
                printf("************欢迎进入简单学生管理系统*****************\n");
                printf("      1.建立初始学生链表，输入成绩为-1 时结束\n");
                printf("      2.添加新学生\n");
                printf("      3.删除指定学号的学生\n");
                printf("      4.按学号查找学生\n");
                printf("      5.输出所有学生信息\n");
                printf("please choice(1-5): ");
               scanf("%d",&i);  /*输入选择的序号*/
                printf("%d",i);
                switch(i){
                                case 1:head=create();
                                        if(head!=NULL)
                                         {
                                                printf("恭喜您，链表创建成功！\n");
                                         }
                                        break;
                                case 2:head=insert(head);break;
                                case 3:printf("请输入要删除学生的学号：");
                                         scanf("%s",no);
                                        head=deleteNode(head,no);
```

```
                    break;
            case 4:printf("请输入要查找学生的学号：");
                    scanf("%s",no);
                    findNode(head,no);
                    break;
            case 5:printf("\nThe List:\n");print(head); break;
            default:printf("请输入正确的功能编号");
        }
    }
}
main()
{
    start();
}
```

本章小结

本章集中学习了C语言中用户自定义类型的各种形式，如结构体、共用体和枚举类型，从定义方法上看，它们非常相似。结构体类型和链表是本章的重点内容。结构体类型名是由struct和结构体名组成，后跟用一对花括号括起来的若干成员项；共用体类型名是由union和共用体名组成，后跟用一对花括号括起来的若干成员项；枚举类型名是由enum和枚举名组成，后跟用一对花括号括起来的若干枚举符号，这些枚举符号表示枚举变量的取值范围；详细介绍了链表的概念、链表的创建及基本操作等，链表是结构体应用的重要方面，同时提供了一种新的存储结构；最后学习的typedef只是用新的类型名代替已有的类型名，并无新数据类型产生。在学习这些类型定义时，要把握重点、弄清自定义类型的存在意义，区分自定义类型与基本数据类型在定义、使用方面的不同，以便更好地掌握本章内容。

习题 7

1．单项选择题。

（1）根据以下定义，能输出字母“M”的语句是（　　）。

```
struct person
{char   name[9];
int   age;
}calss[10]={"John",17,"Paul",19,"Mary",18,"Adam",16};
```

A．printf("%c",class[3].name);　　　　B．printf("%c",class[3].name[1]);

C．printf("%c",class[2].name[1]);　　　D．printf("%c",class[2].name[0]);

（2）以下程序的输出结果是（　　）。

```
#include<stdio.h>
main()
{struct   cmplx
```

```
  {int  x;
   int  y;
  }cnum[2]={{2,3},{4,5}};
 printf("%d",cnum[0].y/cnum[0].x*cnum[1].x);
 }
```

A. 2　　B. 3　　C. 4　　D. 5

（3）设有定义：

struct{char mark[12];int num1;double num2;}t1,t2;

若变量均已正确赋初值，则以下语句中错误的是（　）。

A. t1=t2;　B. t2.num1=t1.num1;　C. t2.mark=t1.mark;　D. t2.num2=t1.num2;

（4）已知字符 0 的 ASCII 码值的十进制数是 48，且数组的第 0 个元素在低位，以下程序的输出结果是（　）。

```
main()
{union {int  i[2]
        long  k;
        char  c[4];
       } r,*s=&r;
 s->i[0]=0x39;
 s->i[1]=0x38;
 printf("%x",s->c[0]);
}
```

A. 39　　B. 9　　C. 38　　D. 8

（5）以下叙述中错误的是（　）。

A. 可以通过 typedef 增加新的类型

B. 可以用 typedef 将已存在的类型用一个新的名字来代表

C. 用 typedef 定义新的类型名后，原有类型名仍有效

D. 用 typedef 可以为各种类型起别名，但不能为变量起别名

设有以下语句

```
typedef  struct  TT{
    char c;
    int a[4];
}CIN;
```

下面叙述中正确的是（　）。

A. CIN 是 struct TT 类型的变量

B. TT 是 struct 类型的变量

C. 可以用 TT 定义结构体变量

D. 可以用 CIN 定义结构体变量

（6）下面结构体的定义语句中，错误的是（　）。

A. struct ord{int x;int y;int z;}struct ord a;

B. struct ord{int x;int y;int z;};struct ord a;

C．struct ord{int x;int y;int z;}a;

D．struct {int x;int y;int z;} a;

（7）有以下程序：

```
#include<stdio.h>
#include<string.h>
typedef struct{
    char name[9];
    char sex;
    float score[2];
}STU;
void f(STU a){
    STU b={"zhao",'m',85.0,90.0};
    int i;
    strcpy(a.name,b.name);
    a.sex=b.sex;
    for(i=0;i<2;i++)
        a.score[i]=b.score[i];
}
main(){
    STU c={"qian",'f',95,92};
    f(c);
    printf("%s,%c,%2.0f,%2.0f\n",c.name,c.sex,c.score[0],c.score[1]);
}
```

程序的运行结果是：

A．zhao,m,85,90

B．qian,m,85,90

C．zhao,f,95,92

D．qian,f,95,92

（8）有以下程序：

```
#include<stdio.h>
struct tt{
    int x;
    struct tt*y;
}*p;
struct tt a[4]={20,a+1,15,a+2,30,a+3,17,a};
main(){
    int i;
    p=a;
    for(i=1;i<=2;i++)
```

```
        {
            printf("%d,",p->x);
        p=p->y;
        }
    }
```

程序的运行结果是：

A．20,30,

B．30,17,

C．15,30,

D．20,15,

2．有 10 名职工，每个职工包括姓名、基本工资、补贴和水电费。计算每个职工的实发工资并输出。

3．有 8 名学生，每个学生包括学号、姓名和成绩，要求按成绩递增排序并输出。

（1）学生信息的输入和输出在主函数内实现。

（2）按成绩递增排序在 sort_incr 函数中实现。

4．有一批图书，每本图书要登记作者姓名、书名、出版社、出版年月、价格等信息，试编写一个程序完成下列任务：

（1）读入每本书的信息并存入数组中。

（2）输出价格在 20.50 元以上的书名。

（3）输出 2000 年以后出版的书名和作者名。

5．某校建立一个人员登记表，每个人都包括姓名、性别、年龄和职业四部分，另外还包括一个变体部分，即对学生要包括班级，对教职工要包括单位。试编写程序输入 10 个人的数据信息，输出教职工的人数和每个学生的姓名和年龄。

6．使用类型定义关键字 typedef 定义结构体类型、共用体类型和枚举类型的例子。

7．简述类型定义的作用，它与宏定义有何不同。

8．已知 head 指向一个带头结点的单向链表，链表中每个结点包含数据域（data）和指针域（next），数据域为整型。请编写函数，返回数据域值最大的结点，并在主函数中测试。

第 8 章　文　件

前面各章分别介绍了 C 语言的基本组成部分，这些基本成分都是为数据处理服务的，而数据的输出和输入都是以终端为对象，即从键盘输入数据，运行结果输出到终端显示器上。实际中，常常需要处理大量数据，这些数据是以文件的形式存储在外部介质（如磁盘）上的，需要时从磁盘调入到计算机内存中，处理完毕后输出到磁盘上存储起来。

文件是存储在外部介质上的数据集合，是程序设计中一个重要的概念。操作系统以文件为单位对数据进行管理，也就是说，如果想找存储在外部介质上的数据，必须先按文件名找到所指定的文件，然后再从该文件中读取数据。要向外部介质上存储数据也必须先建立一个文件（以文件名为标识），才能输出数据。

C 语言文件的输入和输出由库函数来完成。在 C 语言中没有用于完成文件 I/O 操作的专用语句。在 ANSI 标准中定义了一组完整的 I/O 操作函数。但在旧的 UNIX 标准中还定义了另外一组 I/O 操作函数。在这两种标准中，前一组函数叫做“缓冲型文件系统”（buffered file system），有时也叫做“格式文件系统”或“高级文件系统”。而 UNIX 中的第二组函数叫做“非缓冲型文件系统”，也叫做“非格式文件系统”或“低级文件系统”，它仅仅是 UNIX 标准所定义的。

ANSI 标准没有定义非缓冲型文件系统有不少的理由，其中一个重要的原因是非缓冲型文件系统用得越来越少，其次定义两组 I/O 操作函数实在太多余了，因此建议新程序最好按照 ANSI 的 I/O 函数来编写。目前这两种标准都被广泛地应用，VC++ 6.0 支持这两种标准。这一章主要侧重于 ANSI 标准的缓冲型文件系统，且以 VC++ 6.0 的文件系统为例进述。VC++

6.0缓冲型文件I/O库函数的函数原型说明、一些预定义类型和常数都包含在头文件stdio.h 和stdlib.h中，支持非缓冲型文件的I/O函数包含在头文件io.h中。本书重点介绍缓冲型文件，而忽略非缓冲型文件。

1. 流和文件

首先要搞清楚“流” 和“文件”这两个概念的区别。C语言把文件看做是一个字符的序列，即由一个个字符的数据流组成，一个文件是一个字符流。在C语言中对文件的存取是以字符为单位的，这种文件称为流式文件。C语言允许对文件存取一个字符，增加了处理的灵活性。

C语言I/O系统在编程者和被使用的设备之间提供了一个统一的接口，与具体的被访问设备无关。也就是说，C语言I/O系统在编程者和使用设备之间提供了一个抽象的概念，这个抽象的概念就叫做“流”，具体的实际设备叫做“文件”。

缓冲型文件系统在设计上可以支持多种不同设备，包括终端、磁盘驱动器和磁带机等。虽然各种设备差别很大，但是缓冲型文件系统把每个设备都转换为一个逻辑设备，叫做流。所有的流都具有相同的行为，因为流在很大程度上与设备无关，这样，一个用来进行磁盘文件写入操作的函数也可以用来进行控制台写入。C语言提供了两种类型的流：文本流和二进制流。

一个文本流是一行行的字符，换行符表示这一行的结束。按照ANSI标准的规定，换行符取决于所使用的环境工具程序，是可选的。在一个文件流中某些字符的变换由环境工具的需要来决定。例如，一个换行符可以变换为回车换行，这是VC++6.0的工作方式。因此，所读写的字符与外围设备中的字符没有一一对应的关系，而且所读写的字符个数与外围设备中的也可以不同。

一个二进制流是由与外围设备中的内容一一对应的系列字节组成的。使用中没有字符翻译过程，而且所读写的字节数目也与外设中的数目相同。根据ANSI的规定，一个二进制流的尾部可以有由工具程序所定义的一定数目空字节，这些空字节可以用来插入一些信息。例如，加一些空字节使一个流占满磁盘的一个扇区。

在C语言中文件是一个逻辑概念，可以用来表示从磁盘文件到终端等所有内容。用一个打开操作使流和一个特定的文件建立联系。一旦一个文件被打开，程序就可以与该文件交换信息了。

并不是所有文件都有相同的功能。例如，一个磁盘文件可以允许随机存取，但一个终端就不行。这说明C语言I/O系统的一个重要观点：所有的流都是相同的，但文件是不同的。

如果一个文件支持随机存取（有时称为“位置请求”)，打开该文件时先把文件位置指示器设置到它的开头处。每当从该文件中读取或写入一个字符后，该位置指示器就增加，以保证整个文件的读写顺序。

关闭操作使文件脱离一个特定的流。对于一个打开的输出流，关闭这个流时则将与这个流有关的缓冲区的内容写到外围设备上，这个过程一般叫做“刷新”这个流，以保证没有残存信息留在磁盘缓冲区内。当程序按正常情况由调用main ( ) 函数来结束并返回操作系统时，或以调用在stdlib.h中定义的exit ( )函数返回操作系统时，所有的文件都将自动被关闭掉。假如，程序调用abort ( ) 函数或是由于运行出错而中断，文件就没有被关闭，而缓冲区中的内容将无法写回到文件中，造成信息的丢失。

每一个与文件相结合的流都有一个 FILE 型文件控制结构，这个结构在头文件 stdio.h 中有定义。

对编程人员来说，所有的 I/O 通过流来进行。所有的流都相同，都是一系列字符。文件 I/O 系统把流与文件（即那些有 I/O 功能的外围设备）连接起来。由于各个设备有不同的功能，所以文件各不相同。但这种差别对于编程人员来讲是很小的。C 语言的 I/O 系统把来自设备的原信息转换到流之中，或者反过来把流中的信息转换给各设备。除了要了解哪类文件可以随机存取这一点之外，编程人员可以不必去考虑具体的物理设备，而只针对"流"这个逻辑设备，自由地考虑编程问题即可。在 C 语言中，编程人员只要掌握流这个概念，并且只使用一个文件系统就可以完成全部的 I/O 操作了。

2．标准设备文件

在一个程序开始执行时，常用的三个预定义流对象 cin、cout 和 cerr 就被打开。它们是与系统相连接的标准输入/输出设备。其中，cin 指标准输入设备，即键盘；cout 指标准输出设备，即终端显示器；cerr 是标准出错输出设备，一般是终端显示器。

前面各章涉及的数据输入/输出都是对标准输入/输出设备而言的。

控制台 I/O 是指计算机键盘和显示器屏幕上的操作。由于控制台的 I/O 操作用得最多，它的 I/O 由缓冲型文件系统的一个专用子系统来完成。从技术上讲，这些函数用来完成系统标准输入和标准输出。包括 DOS 系统在内的很多操作系统中，控制台 I/O 可以重定向到其他设备。

8.1 文件类型指针

缓冲型文件系统由若干个有内在联系的函数构成。这些函数定义了文件的许多内容，包括文件名、状态和当前位置。其中，文件结构体指针是缓冲型 I/O 系统的关键概念。

文件结构指针是一个指向文件有关信息的指针。这些信息定义了文件的文件名、状态和当前位置。在概念上文件结构指针标志着一个指定的磁盘文件。与文件结构指针组合的"流"用来告诉系统的每个缓冲型 I/O 函数应该到什么地方去完成操作。文件结构指针是一个 FILE 型指针变量，在头文件 stdio.h 中已定义。定义如下：

```
/* Definition of the control structure for streams*/
typedef struct
{
        Short              level;          /* fill/empty level of buffer */
        Unsigned           flags;          /* File status flags       */
        Char               fd;             /* File descriptor         */
        unsigned char      hold;           /* Ungetc char if no buffer */
        short              bsize;          /* Buffer size             */
        unsigned char      *buffer;        /* Data transfer buffer */
        unsigned char      *curp;          /* Current active pointer */
        unsigned           istemp;         /* Temporary file indicator */
        short              token;          /* Used for validity checking */
} FILE;                                    /* This is the FILE object */
```

例如，定义一个文件型指针变量：

```
FILE *fp;
```

这里，fp 就是一个指向 FILE 类型结构的指针变量，通过该文件指针变量就可以找到与其相关联的文件，从而对文件进行读/写操作。在对文件进行读/写操作时，可假想有一个文件位置指针，用于指示文件中的读/写位置，也称当前位置。对文件进行的读/写操作，都在当前位置上进行。文件位置指针随读/写操作的进行而发生移动。

8.2 文件的打开与关闭

C 语言同其他语言一样，规定对文件进行读/写操作之前应该首先打开该文件，在操作结束之后应关闭该文件。

1. fopen()函数

fopen( )函数打开一个流并把一个文件与这个流连接。最常用的文件是一个磁盘文件（也是本章讨论的主要对象）。fopen( )函数的调用方式为：

```
FILE * fp;
fp=fopen(filename，mode);
```

这里，filename 必须是一个由字符串组成的有效文件名，文件名中允许带有路径名，包括绝对路径和相对路径。在使用带有路径名的文件名时，一定要注意“\”的使用。如在 DOS 环境下，正确表示的带有路径名的文件名为：c：\tc\hello.c。

mode 是说明文件打开方式的字符串，在 VC++ 6.0 中，有效的 mode 值如表 8.1 所示。

表 8.1　fopen( )函数的有效 mode 值

文件操作方式	含　义	指定文件不存在时	指定文件存在时
“r”只读	打开一个文本文件只读	出错	正常打开
“w”只写	生成一个文本文件只写	建立新文件	原文件内容丢失
“a”追加	对一个文本文件添加	建立新文件	原文件尾部追加数据
“rb”	打开一个二进制文件只读	出错	正常打开
“wb”	生成一个二进制文件只写	建立新文件	原文件内容丢失
“ab”	对一个二进制文件添加	建立新文件	原文件尾部追加数据
“r+”	打开一个文本文件读/写	出错	正常打开
“w+”	生成一个文本文件读/写	建立新文件	原文件内容丢失
“a+”	打开或生成一个文本文件读/写	建立新文件	原文件尾部追加数据
“rb+”	打开一个二进制文件读/写	出错	正常打开
“wb+”	生成一个二进制文件读/写	建立新文件	原文件内容丢失
“ab+”	打开或生成一个二进制文件读/写	建立新文件	原文件尾部追加数据

如表 8.1 所示，一个文件可以用文本模式或二进制模式打开。在文本模式中：输入时，“回车换行”被译为“另起一行”；输出时就反过来，把“另起一行”译为“回车换行”指令序列。但是在二进制文件中没有这种翻译过程。

fopen( )函数如果成功地打开所指定的文件，则返回指向新打开文件的指针，且假想的文件位置指针指向文件首部；如果未能打开文件，则返回一个空指针。

【例 8.1】 如果想打开一个名为 test .txt 的文件并准备写操作，可以用语句：

```
fp= fopen ( "test.txt y", "w");
```

这里 fp 是一个 FILE 型指针变量。下面的用法比较常见。

```
if ((fp=fopen("test","w"))= =NULL)
    {
        puts("不能打开此文件 \ n");
        exit (1);
    }
```

这种用法可以在写文件之前先检验已打开的文件是否有错，如写保护或磁盘已写满等。例 8.1 中用了 NULL，也就是 0，因为没有文件指针会等于 0。NULL 是 stdio.h 中定义的一个宏。

说明：

① 在打开一个文件作为读操作时，该文件必须存在；如果文件不存在，则返回一个出错信息。

② 以读操作“r”或“rb”方式打开一个文件，只能对该文件进行读出而不能对该文件进行写入。

③ 用“w”或“wb”打开一个文件准备写操作时，如果该文件存在的话，则文件中原有的内容将被全部抹掉，并开始存放新内容；如果文件不存在，则建立这个文件。以写操作“w”或“wb”方式打开一个文件，只能对该文件进行写入而不能对该文件进行读出。

④ 以“r+”或“rb+”方式打开一个文件进行读/写操作时，该文件必须存在。如果文件不存在，则返回一个出错信息。

⑤ 以“w+”或“wb+”方式打开一个文件进行读/写操作时，如果该文件存在，则文件中原有的内容将被抹掉；如果该文件不存在，就建立这个文件。

⑥ 以“a”、“ab”、“a+”、“ab+”方式打开一个文件，要在文件的尾部再加写些内容，则在打开文件时，如果该文件存在，则文件中原有的内容不会被抹掉，文件位置指针指向文件末尾；如果该文件不存在，就建立这个文件。

2. fclose ( )函数

fclose()函数用来关闭一个已由 fopen()函数打开的流。必须在程序结束之前关闭所有的流！fclose()函数把留在磁盘缓冲区里的内容都传给文件，并执行正规的操作系统级的文件关闭。文件未关闭会引起很多问题，如数据丢失、文件损坏及其他一些错误。fclose()函数释放了与这个流有关的文件控制块，以便再次被使用。(操作系统有时需要同时打开多个文件。例如，DOS 系统中可以在 config.sys 配置文件中确定同时被打开文件的个数。如 files=40，但实际可以使用的文件个数没有 40 个，因为有几个文件是系统自动打开的，它们是以隐含的方式实现的。)

fclose()函数的调用形式为：

```
fclose(fp);
```

其中，fp 是一个调用 fopen()时返回的文件指针。在使用完一个文件后应该关闭它，以防止它被误操作。若关闭文件成功，则 fclose()函数返回值为 0；若 fclose()函数的返回值不为 0，则说明出错了。通常只是在磁盘已被取出驱动器或磁盘已写满时才会出现关闭文件错误。可以使用标准函数 ferror()函数来确定和显示错误类型。

8.3 文件的读/写操作

文件打开之后，就可以对它进行读/写操作了。常用的读写/函数如下。

1. fputc( )函数、fgetc( )函数和 feof( )函数

（1）fputc( )函数用来向一个已由 fopen( )函数打开的写操作流中写一个字符。

fputc( )函数的调用形式为：

```
fputc( ch, fp);
```

其中，fp 是由 fopen( )返回的文件指针，ch 表示输出的字符变量。fputc()函数将字符变量值输出到文件指针 fp 所指文件中当前的位置上。若 fputc()操作成功，则返回值就是那个输出的字符；若操作失败，则返回 EOF（EOF 是 stdio.h 里定义的一个宏，其含义是“文件结束”）。为了书写方便，在 stdio.h 中已经定义了一个宏 putc()：

```
# define putc(ch,fp) fputc(ch,fp)
```

因此，putc() 与 fputc()可以作为相同的函数对待。

（2）fgetc()函数用来从一个已由 fopen()函数打开的读操作流中读取一个字符。

fgetc()函数的调用形式为：

```
fgetc(fp);
```

其中，fp 同前所述。fgetc()返回文件指针所指文件中当前位置上字符。当读到文件尾时，fgetc()返回一个 EOF 文件结束标记，其不能在屏幕上显示。同样，为了书写方便，在 stdio.h 中已经定义了一个宏 getc()：

```
# define getc(fp) fgetc(fp)
```

【例 8.2】 下面的程序段可以从文件头一直读到文件尾：

```
ch=fgetc(fp);
while(ch!=EOF);
{
 ch=fgetc(fp);
}
```

这只适用于读文本文件，不能用于读二进制文件。当一个二进制文件被打开输入时，可能会读到一个等于 EOF 的整型数值，因此可能出现读入一个有用数据而却被处理为“文件结束”的情况。为了解决这个问题，C 语言提供了一个判断文件是否真的结束的函数，即 feof()函数。

（3）feof()函数

为解决在读二进制数据时文件是否真的结束这一问题，VC++ 6.0 定义了函数 feof()。

feof()函数的调用形式为：

feof(fp);

其中，fp 同前所述。feof()函数将返回一个整型值，在到达文件结束点时其值为 1，未达到文件结束点时其值为 0。

【例 8.3】 下面的语句可以从二进制文件首一直读到文件尾。

```
while(! feof(fp))
ch=getc(fp);
```

这一语句对文本文件同样适用，即对任何类型文件都有效，所以建议使用本函数来判断文件是否结束。

2．getw()函数和 putw()函数

除了 getc()函数和 putc（）函数之外，C 语言还提供了另外两个缓冲型 I/O 函数：getw()函数和 putw()函数。它们用于从磁盘文件中读或写一个整型数据（一个字）。这两个函数的用法与 getc()函数和 putc()函数完全相同，所不同的只是读/写整型数据而不是字符。

【例 8.4】 下面的语句用来向文件指针 fp 所指的磁盘文件中当前位置上写一个整型数据。

```
putw(100，fp);
```

3．fgets()函数和 fputs()函数

C 语言缓冲型 I/O 系统中还有两个函数：fgets()函数和 fputs()函数，是用来读/写字符串的。它们的调用形式是：

fgets(str，length，fp);
fputs(str，fp);

其中，str 是一字符指针，length 是一整型数值，fp 是一文件指针。函数 fgets()从 fp 指定的文件中的当前位置上读取字符串，直至读到换行符或第 length−1 个字符或遇到 EOF 为止。如果读入的是换行符，则它将作为字符串的一部分（这与 gets()不同）。操作成功时，返回 str；若发生错误或到达文件尾时，则 fgets()都返回一个空指针。

fputs()函数与 puts()函数几乎完全一样，只是它用来向 fp 指定的文件中的当前位置上写字符串。操作成功时，fputs()函数返回 0，失败时返回非零值。

【例 8.5】从指定文件读入一个字符串。

```
fgets(str,100,fp);
```

向指定的文件输出一个字符串。

```
fputs("guan-zhi@163.com",fp);
```

4．fread()函数 和 fwrite()函数

fread()函数和 fwrite()函数是缓冲型 I/O 提供的两个用来读/写数据块的函数。它们的调用形式为：

```
fread(buffer, num_bytes, count, fp);
fwrite(buffer, num_bytes, count, fp);
```

对于 fread()函数，buffer 是一个指针，指向用来存放从文件中读出的那些数据的地址。对于 fwrite()函数，buffer 是指向存放将被写到文件中的那些数据的地址。读/写的字节数用 num_bytes 来表示。参数 count 指示共有多少个字段（每个字段长度为 num_ bytes）要被读/写。fp 是一个有效的文件指针。

fread()函数操作成功时，返回实际读取的字段个数 count；到达文件尾或出现错误时，返回值小于 count。fwrite()函数操作成功时，返回实际所写的字段个数 count；返回值小于 count，说明发生了错误。

【例 8.6】 如果文件以二进制文件方式打开，可以用 fread()和 fwrite()读/写任何类型信息。

```
fread(f,4,2,fp);
```

或

```
fwrite(f,4,2,fp);
```

5. fprintf()函数和 fscanf()函数

除了基本 I/O 函数外，缓冲型 I/O 系统还有 fprintf()函数和 fscanf()函数。这两个函数功能与 printf()和 scanf()完全相同，但其操作对象是磁盘文件。

调用形式为：

```
fprintf(fp,"控制字符串", 参数表);
fscanf(fp,"控制字符串", 参数表);
```

其中，fp 是一个有效的文件指针，控制字符串和参数表同 printf()函数和 scanf（）函数一样。这两个函数将其输入/输出指向到由 fp 确定的文件。

fprintf()函数操作成功，返回实际被写的字符个数；出现错误时，返回一个负数。fscanf()函数操作成功，返回实际被赋值的参数个数；若返回 EOF，则表示试图去读取超过文件末尾的部分。

【例 8.7】 按格式实现文件 fp 与变量 i、t 之间的输出/输入操作。

```
fprintf(fp,"%d,%6.2f",i,t);
```

或

```
fscanf(fp,"%d,%f",&i,&t);
```

需要注意的是，虽然 fprintf()函数和 fscanf()函数是向磁盘文件读/写各种数据最容易的方法，但效率并不一定最高。因为它们以格式化的 ASCII 数据而不是二进制数据进行输入/输出，与在屏幕上显示是相同的。如果要求速度快或文件很长时应使用 fread()函数和 fwrite()函数。

实训 22　文件加密程序的实现及文件的读/写操作

1. 实训目的

掌握文件的打开、读/写、关闭。

2. 实训内容

（1）编写一个简单的任何类型文件的加密程序，把加密后的文件存在另一个文件中，加密过程利用位运算。

程序如下：

```
#include "stdio.h"
#include"stdlib.h"
void main()
{
        FILE *in,*out;
        char ch,infile[10],outfile[10];
        printf("请输入原文件名：\n");
        scanf("%s",infile);
        printf("请输入加密文件名：\n");
        scanf("%s",outfile);
        if ((in=fopen(infile,"rb"))==NULL)
        {
                printf("原文件不能打开！\n");
                exit(0);
        }
        if ((out=fopen(outfile,"wb"))==NULL)
        {
                printf("加密文件不能打开！\n");
                exit(0);
        }
        while(!feof(in))
        {
                ch=fgetc(in);
                ch=ch^'g';
                fputc(ch,out);
        }
        fclose(in);
        fclose(out);
}
```

程序运行情况如下：

```
请输入原文件名：file1.cpp
请输入目标文件名：file2.cpp
```

程序运行结果是将 file1.cpp 文件中的每一个字节与“g”字符相异或并写到 file2.cpp 中。

（2）编写一个简单的 DOS 命令——TYPE 命令。

程序如下：

```
#include <stdio.h>
#include"stdlib.h"
void main()
{
	FILE *in;
	char ch,infile[10];
	printf("请输入文件名：\n");
	scanf("%s",infile);
	if ((in=fopen(infile,"r"))==NULL)
	{
		printf("原文件不能打开！\n");
		exit(0);
	}
	while(!feof(in))
	{
		ch=fgetc(in);
		putchar(ch);
	}
	fclose(in);
}
```

（3）编写一个简单的 DOS 命令——COPY 命令。

程序如下：

```
#include "stdio.h"
#include"stdlib.h"
void main()
{
	FILE *in,*out;
	char infile[10],outfile[10];
	printf("请输入原文件名：\n");
	scanf("%s",infile);
	printf("请输入目标文件名：\n");
	scanf("%s",outfile);
	if ((in=fopen(infile,"r"))==NULL)
	{
		printf("原文件不能打开！\n");
		exit(0);
	}
	if ((out=fopen(outfile,"w"))==NULL)
	{
		printf("目标文件不能打开！\n");
		exit(0);
```

```
    }
    while(!feof(in))
        putw(getw(in),out);
    fclose(in);
    fclose(out);
}
```

程序运行情况如下：

```
请输入原文件名：file1.cpp↙
请输入目标文件名：file2.cpp↙
```

程序运行结果是将 file1.cpp 文件中的内容复制到 file2.cpp 中。

（4）有 5 个学生，每个学生有 3 门课程的成绩，从键盘输入以上数据（其中包括学生学号、姓名和三门课程的成绩），计算出平均成绩，将原有数据和计算出的平均分数存在磁盘文件“stud”中。

程序如下：

```
#include "stdio.h"
#include "stdlib.h"
#define SIZE 5
struct student_type
{
    char name[10];
    int num;
    int score[3];
    int ave;
};
struct student_type stud[SIZE];
void main()
{
    void save();
    int i,sum[SIZE];
    FILE *fp1;
    for(i=0;i<SIZE;i++)
        sum[i]=0;
    for(i=0;i<SIZE;i++)
        {
            scanf("%s %d %d %d %d",stud[i].name,&stud[i].num,&stud[i].score[0],
            &stud[i].score[1],&stud[i].score[2]);
            sum[i]=stud[i].score[0]+stud[i].score[1]+stud[i].score[2];
            stud[i].ave=sum[i]/3;
        }
        save();
        fp1=fopen("stu.dat","rb");
        printf("\n   姓名   学号    成绩 1   成绩 2    成绩 3   平均分\n");
        printf("-----------------------------------------------\n");
```

```
            for(i=0;i<SIZE;i++)
            {
                fread(&stud[i],sizeof(struct student_type),1,fp1);
                printf("%-10s %3d %5d %5d %5d %5d\n",stud[i].name,stud[i].num,stud[i].score[0],
                     stud[i].score[1],stud[i].score[2],stud[i].ave);
                }
                fclose(fp1);
                }
                void save()
                {
                  FILE *fp;
                  int i;
                  if((fp=fopen("stu.dat","wb"))==NULL)
                  {
                      printf("本文件不能打开，出错！\n");
                      exit(0);
                        }
                        for(i=0;i<SIZE;i++)
                         if(fwrite(&stud[i],sizeof(struct student_type),1,fp)!=1)
                               {
                               printf("文件写入数据时出错！\n");
                               exit(0);
                               }
                  fclose(fp);
    }
```

（5）将上例按平均分进行排序处理，将已排序的学生数据存入一个新文件“stu_sort”中。程序如下：

```
#include "stdio.h"
#include"stdlib.h"
#define SIZE 5
struct student_type
{
    char name[10];
    int num;
    int score[3];
    int ave;
};
struct student_type stud[SIZE],work;
main()
{
    void sort();
    int i;
    FILE *fp2;
    sort();
    fp2=fopen("stud_sort.dat","rb");
```

```
printf("排完序的学生成绩列表如下：\n");
printf("------------------------------------------\n");
printf("\n   姓名    学号     成绩 1    成绩 2     成绩 3    平均分\n");
printf("------------------------------------------\n");
for(i=0;i<SIZE;i++)
  {
  fread(&stud[i],sizeof(struct student_type),1,fp2);
  printf("%-10s %3d %5d %5d %5d %5d\n",stud[i].name,stud[i].num,stud[i].score[0],
  stud[i].score[1],stud[i].score[2],stud[i].ave);
  }
fclose(fp2);
}
void sort()
{
  FILE *fp1,*fp2;
  int i,j;
  if((fp1=fopen("stu.dat","rb"))==NULL)
  {
       printf("本文件不能打开，出错！\n");
       exit(0);
    }
         if((fp2=fopen("stud_sort.dat","wb"))==NULL)
       {
       printf("文件写入数据时出错！\n");
       exit(0);
       }
  for(i=0;i<SIZE;i++)
    if(fread(&stud[i],sizeof(struct student_type),1,fp1)!=1)
       {
       printf("文件读入数据时出错！\n");
       exit(0);
       }
  for(i=0;i<SIZE;i++)
    {
    for(j=i+1;j<SIZE;j++)
       if(stud[i].ave<stud[j].ave)
            {
            work=stud[i];
            stud[i]=stud[j];
            stud[j]=work;
            }
  fwrite(&stud[i],sizeof(struct student_type),1,fp2);
  }
  fclose(fp1);
  fclose(fp2);
}
```

3. 实训思考

如何把原文件加密成密文件而仍保留在原文件中？如何编写程序？

8.4 文件定位与出错检测

8.4.1 文件定位函数——fseek()函数

对流式文件既可以进行顺序读/写操作，也可以进行随机读/写操作。关键在于控制文件的位置指针，如果位置指针是按字节位置顺序移动的，就是顺序读/写。但也可以将文件位置指针按需要移动到文件的任意位置，从而实现随机访问文件。

缓冲型I/O系统中的fseek()函数可以完成随机读/写操作，它可以随机设置文件位置指针。调用形式为：

```
fseek(fp,num_bytes,origin);
```

其中，fp是调用fopen()时返回的文件指针。num_bytes是个长整型量，表示由origin（起点）位置到当前位置的字节数。origin是表8.2所示的几个宏名之一。

表8.2 origin宏名的含义

宏名字	数值表示	origin（起点）
SEEK_SET	0	文件开始为起点
SEEK_CUR	1	文件当前位置为起点
SEEK_END	2	文件末尾为起点

这些宏被定义为整型量，SEEK_SET为0，SEEK_CUR为1，SEEK_END为2。为了从文件头开始搜索第num_bytes个字节，origin应该用SEEK_SET。从当前位置起向下搜索用SEEK_CUR，从文件尾开始向上搜索用SEEK_END。

切记，必须用一个长整型数作为偏移量来支持大于64KB的文件。该函数只能用于二进制文件，不要将其应用于文本文件，因为字符翻译会造成位置上的错误。

fseek()函数操作成功，返回0；返回非零值表示失败。

8.4.2 出错检测函数——ferror()函数

ferror()函数用来确定文件操作中是否出错。调用形式为：

```
ferror(fp);
```

其中，fp是一个调用fopen()时返回的文件指针。若在文件操作中发生了错误，则ferror()函数返回一个非零值，即“真”；否则返回值为0，即“假”。由于每个文件操作都可能出错，所以应该在每次文件操作后立即调用ferror()函数，否则有可能使错误被遗漏。在执行fopen()函数时，ferror()函数的初始值自动置为0。

实训 23　加/解密数据库程序及文件定位操作

1．实训目的

使用 fseek()函数。

2．实训内容

（1）获取 Access 2000 数据库密码的程序。

大家都经常使用 Access 2000 数据库，数据库采用密码加密法，并把数据与口密异或来达到加密的效果，Access 2000 库的加密原理很简单，当用户设置了密码后，Access 2000 就将用户的密码（请注意所输入的密码是 ASCII 字符）的 ASCII 码与 40 个字节数据进行异或操作，因此，从库文件的地址 00000042 开始的 40 个字节就变成密钥匙了。由于使用异或加密，所以下面的程序既是加密程序又是解密程序。

```
/*假设密码后的 Access 2000 数据库名为 myacc.mdb，并存放在 D 盘的根目录下*/
#include "stdio.h"
#include"stdlib.h"
void main()
{
FILE *fp;
char mm0[40]=
    {
        0x29,0x77,0xec,0x37,0xf2,0xc8,0x9c,0xfa,
        0x69,0xd2,0x28,0xe6,0xbc,0x3a,0x8a,0x60,
        0xfb,0x18,0x7b,0x36,0x5a,0xfe,0xdf,0xb1,
        0xd8,0x78,0x13,0x43,0x60,0x23,0xb1,0x33,
        0x9b,0xed,0x79,0x5b,0x3d,0x39,0x7c,0x2a
    };
/*这是 40 个原始数据*/
char mm1[40],mm2[40];
/*mm1 用来存放加密后的 40 个密钥匙；mm2 用来存放密码*/
int i,k;
fp=fopen("d:\myacc.mdb","rb");
if (fp==NULL)
{
    printf("\n 不能打开该数据库！ ");
    exit(0);
}
rewind(fp);
fseek(fp,0x42L,0);
fread(mm1,40,1,fp);
/*读取密钥匙*/
for(i=0;i<40;i++)
    mm2[i]=mm0[i]^mm1[i];
```

```
        /*原始数据与密钥异或*/
        fclose(fp);
        k=0;
        for(i=0;i<40;i++)
            if(mm2[i]!=0)
               {
               k=1;
               break;
               }

        if(k==0)
        /*k 为 0，表示未设密码*/
            printf("\n 未设密码！");
        else
        /*k 为 1，表示设有密码*/
        {
            printf("\n  密码是：");
            for(i=0;i<40;i=i+2)
                printf("%c",mm2[i]);
        /*打印密码*/
        }
}
```

说明：由于 Access 2000 对每个密码字符采用双字节表示，故 40 个字节的原始数据可依次分为 20 组，每组一个密码字符，进行异或操作的是每组的第一个字节，第二个字节不变。

（2）文件的十六进制显示和字符显示程序。

程序如下：

```
#include "stdio.h"
#include "stdlib.h"
#include "ctype.h"
#define SIZE 128
char buf[SIZE];
void display(int);
void main(argc,argv)
int argc;
char *argv[];
{
FILE *fp;
int sector,numread;
if(argc!=2)
{
    printf("请输入要显示的文本文件名\n");
      exit(1);
}
if((fp=fopen(argv[1],"rb"))==NULL)
{
```

```
            printf("不能打开文件，文件出错！\n");
             exit(1);
        }
        do
        {
            printf("\n 请输入显示的位置号：");
              scanf("%1d",&sector);
              if(sector>=0)
                  {
                    if(fseek(fp,sector*SIZE,SEEK_SET))
                            {
                                printf("显示位置出错！  \n");
                            }
                  if((numread=fread(buf,1,SIZE,fp))!=SIZE)
                        {
                              printf("文件位置溢出！  \n");
                        }
                  display(numread);
                  }
            }while(sector>=0);
        }
        void display(int numread)
        {
        int i,j;
        for(i=0;i<numread/16;i++)
        {
            for(j=0;j<16;j++)
                  printf("%3x",buf[i*16+j]);
            printf("          ");
            for(j=0;j<16;j++)
                  {
                    if(isprint(buf[i*16+j]))
                        printf("%c",buf[i*16+j]);
                    else
                        printf(".");
                  }
            printf("\n");
            }
        }
```

这里库函数 isprint()用来确定哪些字符是可打印字符。当字符是可打印字符时，isprint()返回真值 1，本程序打印该字符；否则返回假值 0，本程序打印字符“.”。

程序运行结果如下：

```
    请输入显示的位置号：0
23 69 6e 63 6c 75 64 65 20 22 73 74 64 69 6f 2e          #include "stdio.
68 22 0d 0a 23 69 6e 63 6c 75 64 65 20 22 63 74          h"..#include "ct
79 70 65 2e 68 22 0d 0a 23 64 65 66 69 6e 65 20          ype.h"..#define
```

```
53 49 5a 45 20 31 32 38 0d 0a 63 68 61 72 20 62    SIZE 128..char b
75 66 5b 53 49 5a 45 5d 3b 0d 0a 76 6f 69 64 20    uf[SIZE];..void
64 69 73 70 6c 61 79 28 29 3b 0d 0a 6d 61 69 6e    display();..main
28 61 72 67 63 2c 61 72 67 76 29 0d 0a 69 6e 74    (argc,argv)..int
20 61 72 67 63 3b 0d 0a 63 68 61 72 20 2a 61 72    argc;..char *ar
```

请输入显示的位置号：1

```
67 76 5b 5d 3b 0d 0a 7b 46 49 4c 45 20 2a 66 70    gv[];..{FILE *fp
3b 0d 0a 69 6e 74 20 73 65 63 74 6f 72 2c 6e 75    ;..int sector,nu
6d 72 65 61 64 3b 0d 0a 69 66 28 61 72 67 63 21    mread;..if(argc!
3d 32 29 0d 0a 09 7b 70 72 69 6e 74 66 28 22 75    =2)...{printf("u
73 61 67 65 3a 64 75 6d 70 20 66 69 6c 65 6e 61    sage:dump filena
6d 65 5c 6e 22 29 3b 0d 0a 09 65 78 69 74 28 31    me\n");...exit(1
29 3b 0d 0a 09 7d 0d 0a 69 66 28 28 66 70 3d 66    );...}..if((fp=f
6f 70 65 6e 28 61 72 67 76 5b 31 5d 2c 22 72 62    open(argv[1],"rb
```

请输入显示的位置号：2

```
22 29 29 3d 3d 4e 55 4c 4c 29 0d 0a 09 7b 70 72    "))==NULL)...{pr
69 6e 74 66 28 22 63 61 6e 6e 6f 74 20 6f 70 65    intf("cannot ope
6e 20 66 69 6c 65 5c 6e 22 29 3b 0d 0a 09 65 78    n file\n");...ex
69 74 28 31 29 3b 0d 0a 09 7d 0d 0a 64 6f 0d 0a    it(1);...}..do..
09 7b 70 72 69 6e 74 66 28 22 5c 6e 20 65 6e 74    .{printf("\n ent
65 72 20 73 65 63 74 6f 72 3a 22 29 3b 0d 0a 09    er sector:");...
73 63 61 6e 66 28 22 25 31 64 22 2c 26 73 65 63    scanf("%1d",&sec
74 6f 72 29 3b 0d 0a 09 69 66 28 73 65 63 74 6f    tor);...if(secto
```

等等。

8.5 其他文件函数

1．rewind()函数

rewind()函数用来将文件位置指针重新设置到该文件首。其调用形式是：

```
rewine(fp);
```

其中，fp 是一个有效的文件指针，其定义如前所述。此函数没有返回值，但使 feof()函数的值置为 0。

此函数等效于 fseek(fp,0L,SEEK_SET);

2．ftell()函数

ftell()函数的作用是得到流式文件中位置指针的当前位置，用相对于文件开头的位移量来表示。其调用形式是：

```
ftell(fp);
```

其中，fp 是一个有效的文件指针，其定义如前所述。

由于文件中的位置指针经常移动，人们往往不容易辨清其当前位置。用 ftell()函数可以得到当前位置。如果 ftell()函数返回值为-1L，表示出错。例如：

```
i=ftell(fp);
if (i==-1L)     printf("出错\n");
```

变量 i 存放当前位置，应当定义为长整型变量，如果调用函数出错（如不存在这个文件），则输出“出错”信息。

3．clearerr()函数

Clearerr()函数的作用是使文件错误标志和文件结束标志置为 0。其调用形式是：

```
clearerr(fp);
```

其中，fp 是一个有效的文件指针，其定义如前所述。

假设在调用一个输入/输出函数时出现错误，ferror()函数值为一个非零值。在调用 clearerr(fp)后，ferror(fp)的值变成 0。

只要出现错误标志，就一直保留，直到对同一文件调用 clearerr()函数或 rewind()函数，或任何其他一个输入/输出函数为止。

4．remove()函数

remove()函数删除所指定的文件，其调用形式为：

```
remove(filename);
```

字符串 filename 是指定要删除的文件名。该函数正确执行完毕返回 0，否则返回非零值。

课程设计 4　给程序加上行号

1．设计题目

给程序加上行号。

2．设计概要

C 语言程序的书写格式是非常自由的，一行可以写成多行，几行也可以写成一行，在调试程序时有时出错，但不知是在哪行上，如果能加上行号，就可以直接转到出错位置改正，其他的文本文件也是如此，所以我们可以用程序来完成自动加行号。

3．系统分析

因为是给文件加行号，所以要用到文件操作，并且是文本文件的操作。打开文本文件，进行数行，加上行号，再写回到文件中。

4．总体设计思想

利用文件的打开操作打开一个文本文件，再读取每一行，加上行号，再写回文件中。

5．功能模块设计

程序的流程如图 8.1 所示。

用 fopen()函数打开一个文本源文件和一个目标文件	
如果源文件不是文件尾!feof(in)	
	读入源文件的一行 fgets(str_r,length,in);

	前面加上行号形成新的一行
	itoa(i,li,10);
	strcpy(str_w,"/*第");
	strcat(str_w,li);
	strcat(str_w,"行*/ ");
	strcat(str_w,str_r);

	写到目标文件中 fputs(str_w,out);
	行数加 1 i++;
用 fclose()函数关闭源文件和目标文件	

图 8.1　程序的 N-S 流程图

6．程序清单

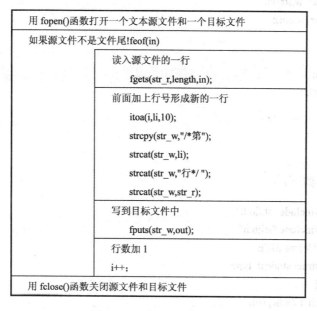

```
#include <stdio.h>
#include "string.h"
#include "stdlib.h"
void main()
{
   FILE *in,*out;
   char ch,str_w[132],str_r[128],*li;
   int i=1,length=127;
   if((in=fopen("d:\stu.cpp","r"))==NULL)
   {
     printf("cannot open infile\n");
     exit(0);
   }
   if ((out=fopen("d:\line.cpp","w"))==NULL)
   {
     printf("cannot open outfile\n");
     exit(0);
   }
   while(!feof(in))
   {
     fgets(str_r,length,in);
     itoa(i,li,10);
```

```
        strcpy(str_w, "/*第");
        strcat(str_w,li);
        strcat(str_w,"行*/ ");
        strcat(str_w,str_r);
        fputs(str_w,out);
        i++;
    }
    fclose(in);
    fclose(out);
}
```

7．运行结果

line.cpp 的内容如下：

```
/*第 1 行*/ #include "stdio.h"
/*第 2 行*/ #include "stlib.h"
/*第 3 行*/ #define SIZE 5
/*第 4 行*/ struct student_type
/*第 5 行*/ {
/*第 6 行*/ char name[10];
/*第 7 行*/ int num;
/*第 8 行*/ int score[3];
/*第 9 行*/ int ave;
/*第 10 行*/}stud[SIZE],work;
/*第 11 行*/ main()
/*第 12 行*/{
等等。
```

8．总结

在 C 语言里直接加上行号后，程序将无法运行，所以还得改进，那么在 C 语言里可以利用标号的形式或者是注解的形式来作为行号，我们这里用的是注解形式，程序可以正常运行。

本章小结

文件是程序设计中一种重要的数据类型，是指存储在外部介质上的一组数据集合。C 语言中文件是被看做字节或字符的序列，称为流式文件。根据数据组织形式有二进制文件和字符（文本）文件。

（1）对文件操作分为三步：打开文件、读/写文件、关闭文件。文件的访问是通过 stdio.h 中定义的名为 FILE 的结构类型实现的，它包括文件操作的基本信息。一个文件被打开时，编译程序自动在内存中建立该文件的 FILE 结构，并返回指向文件起始地址的指针。

（2）文件的读/写操作可以使用库函数 fscanf()函数与 fprintf()函数、fgetc()函数与 fputc()函数、fgets()函数与 fputs()函数、fread()函数与 fwrite()函数。这些函数最好配对使用，以免引起输入/输出的混乱。这些函数的调用能实现文件的顺序读/写。通过调用 fseek()函数，可以移动文件指针，从而实现随机读/写文件。

（3）文件读/写操作完毕后，注意用 fclose()函数关闭文件。

习题 8

1．什么是文件型指针？通过文件指针访问文件有什么好处？

2．文件的打开与关闭的含义是什么？为什么要打开和关闭文件？

3．C 语言根据数据的组织形式，把文件分为哪两种？

4．C 语言中文件位置指针设置函数是什么？文件指针位置检测函数是什么？

5．对文件操作分为哪三个步骤？

6．写出文件的读/写操作中可以使用的库函数。

7．编写程序，完成由键盘输入一个文件名，然后把从键盘输入的字符依次存入到该文件中，用“#”作为结束输入的标志。

8．请用 fread()函数和 fwrite()函数改写 copy 命令。

9．编写程序，实现指定文本文件中某单词的替换。

10．编写程序，将文件 abc.txt 从第 10 行开始，复制到文件 abc1.txt 中。

11．编写一个通信录，要求字段包括：姓名、email、QQ、MSN、主页、联系电话。通过键盘输入数据，并把数据存在一个文件中，通过查找显示某人的通信信息。

第 9 章　C++概述

C++语言又被看成是添加了面向对象技术的 C 语言，是在 C 语言基础上研发的一种面向对象设计语言，添加了类、对象、继承多态等面向对象的机制。为方便 C 语言程序设计员的学习，C++完全兼容 C 语言程序，因此某些业内人士又将 C++语言称为半结构化半面向对象的语言。

本章的目的是简单介绍 C 与 C++的区别、C++的特点，同时在面向过程语言 C 语言学习的基础上对面向对象技术的重要概念进行简要介绍，为后续程序设计课程的理解提供有利的帮助，有兴趣的同学可继续学习 C++程序设计这门课程。

9.1　C++的特点及输入/输出

C++源于 C 语言，C++是在 C 语言的基础上增加面向对象的特征而开发出的一种混合型语言，它既支持传统的面向过程的程序设计，又支持新型的面向对象的程序设计。下面我们就来看一看 C++有哪些特点。

9.1.1　C++的特点

1. C++产生的背景

通过前面 9 章的学习，我们已经知道，C 语言是属于结构化和模块化的编程语言，是面向过程的编程语言。我们也深深体会到C语言的许多优点：语言简洁，使用灵活；与硬件无关，移植方便；丰富的运算符和数据类型；可以直接访问内存物理地址；生成的目标代码质量高，程序的执行效率高；等等。由于这些优点，C语言得到了极为广泛的应用，从而成为世界上最流行的语言之一。

随着C语言的应用，它的缺点也逐渐显现出来了：

第一，C语言的类型检查机制较弱，使得程序中的一些错误不能在编译时被发现。

第二，C语言是面向过程的语言，没有支持代码复用的语言结构，因此，所有的程序都需要从头开始编制，一个程序员精心设计的程序很难被其他程序所使用。

第三，随着问题复杂度的提高，程序的规模达到一定程度时，程序员很难控制程序的复杂性。

为了解决程序设计的危机，20世纪80年代初提出了面向对象的程序设计（Object-Oriented Programming，OOP），在这种情况下，C++应运而生。C++是在1980年由AT&T贝尔实验室的Bjarne Stroustrup博士及其同事在C语言的基础上开发成功的。C++改进了C语言的不足之处，增加了面向对象的程序设计机制。C++在对C进行改进的同时，还保持了C的简洁性和高效性。

2. C++的特点

C++语言的特点主要表现在两个方面，一是全面兼容C，二是对C语言的“增强”，对C语言的增强分为两方面。

（1）C语言语法的扩充和改进。

- 除了C语言中的格式输入/输出函数scanf和printf以外，C++中提供了功能更强大、更方便的标准输入/输出语句流cout和cin。
- 函数的重载：指的是程序中可以定义函数名相同、但是参数不同的多个函数。在C语言中，同一个作用域中不允许同名函数存在，而C++中这种允许定义重名函数的机制为不同数据类型进行相同操作提供了极大的方便，用户可以通过一个函数名调用多个参数类型不同、但逻辑功能相同的函数。

例如：
```
int  a[5]={1,2,3,4,5};
     max(a);              //调用求整型数组最大值的函数max
     max(5.0,3.14);       //调用求两个实型数最大值的函数max
```

- 对象动态分配和释放内存运算符new和delete：在第7章中我们曾学习了malloc、free等动态分配、释放内存等函数，C++中引入的new和delete运算符可让程序动态创建和释放对象。
- 变量的引用类型（&a）：C语言的指针是C的精华，提供了对内存的直接处理、内存分配、地址传递等，灵活的运用指针可让程序更简洁、高效。但指针的大量使用也为C程序的安全埋下了大量隐患，指针的误用有可能造成系统的崩溃。C++中考虑到C的兼容性，保留了指针的特性，但提供了引用数据类型替代指针类型进行地址传递的方式。
- const关键字：在C语言中通过预编译命令define修饰常量，但由于预编译命令是在语法扫描之前所做的工作，有一定的不安全性。const关键字是一种类型修饰符，可用来表示一旦初始化值就不可修改的常量对象，可用来替代预编译命令定义常量，增加了 C++程序的安全性。

除以上所述之外，C++中还增加了内联函数、函数模板，改进了 struct、enum、union 等新类型变量的定义。总之，C++是一个更好的 C，它保持了 C 的简洁、高效和接近汇编语言等优点，同时对 C 的类型系统进行了改革和扩充，C++的编译系统能检查出更多的类型错误，C++比 C 更安全、更灵活、更强大。

（2）面向对象设计机制的添加。

面向对象程序设计方法简称 OOP，追求的是软件系统对现实世界的直接模拟，尽量实现现实世界中对象的直接映射。面向对象的思想更接近人类的思维方式，将数据描述和对数据进行的操作统一结合，作为一个完整的、不可分割的整体来处理。在理解面向对象设计方法时，应从现实生活的思维出发，将对象看成是现实生活中的事物一样，既有独立性，又相互联系。面向对象设计理论也正是从对象的独立描述到对象与对象之间的联系进行介绍的。面向对象的三大特征分为：封装与数据隐藏，继承与重用，多态。

3．C++的种类

随着 C++日益广泛的使用，许多软件公司纷纷为 C++设计了编译系统，主要有 MS C++、Turbo C++、Borland C++、Visual C++等，它们提供了不同应用级别的类库和方便的开发环境。

Turbo C++是由美国的 Borland 公司于 1990 年推出的，它继承并发展了原来 Turbo C 集成开发环境的优良特性，引入了面向对象的基本思想和设计方法。随着 Windows 操作系统的普及，Borland 公司又推出了适用于开发 Windows 应用软件的 Borland C++系列。

Microsoft 公司在 MS C++基础上推出了 Visual C++系列，它是用来开发 Windows 应用程序的可视化开发工具，利用高版本的 Visual C++，如 Visual C++5.0、Visual C++6.0，用户不需要付出大量的工作，就可以开发出规模更大、功能更复杂的应用程序。Borland C++、Visual C++是目前使用最多的语言。

本书 C++程序所选定的上机环境为 Visual C++6.0。

9.1.2 C++的输入/输出

在 C++中，数据的输入/输出除了可以使用 scanf 和 printf 函数以外，还可以通过系统提供的 I/O 流来实现。“流”是一个字节序列，是一个抽象的概念，表示数据从一个位置向另一个位置的流动。在输入操作中，字节从输入设备流向内存；在输出操作中，字节从内存流向输出设备。

C++提供了两个标准输入/输出流 cin 和 cout，标准输出流 cout 用来实现输出操作，它是由 c 和 out 两个单词组成的，代表 C++的输出流；cin 用来实现输入操作，它由 c 和 in 两个单词组成，代表 C++的输入流。它们是在头文件 iostream.h 中定义的。键盘和显示器是计算机标准的输入/输出设备，所以标准输入是指在键盘上的输入，标准输出是指显示器上的输出。从面向对象的角度来说，cout 是 ostream 流类的对象，cin 是 istream 流类的对象，它们在头文件 iostream.h 中被作为全局对象定义，使用 cout 和 cin 时需要用#include 命令引入 instream.h。

标准流是不需要打开和关闭文件的，因为当 C++程序开始运行时，系统会自动打开 4 个预定义的标准流，供用户使用。它们是：

cin。标准输入，一般是指键盘输入。

cout。标准输出，一般是指屏幕输出。

cerr。标准出错输出，提供不带缓冲的屏幕输出。

clog。标准出错输出，提供带缓冲的屏幕输出。

1．数据输出：cout

使用格式：

cout<<数据 1<<数据 2<<……<<数据 n；

例如：

```
cout<<"Hello   World!";
```

功能：向标准输出设备输出数据，被输出的数据可以是常量、已有值的变量或是一个表达式。其中，“<<”是输出操作符（或称插入操作符），用于向 cout 输出流中插入数据。

【例 9.1】 用 cout 输出数据。

```
# include < iostream.h >
void main ( )
{
int         x=25;
float       y=3.14;
char        z='A';
cout<<"x="<<x<<endl;
cout<<"y="<<y<<endl;
cout<<"z="<<z<<endl;
}
```

程序运行结果如下：

```
x=25
y=3.14
z=A
```

说明：

① 控制符 endl 在头文件 iostream.h 中被定义为回车换行操作，作用与转义字符“\n”相同，endl 的含义是 end of line，表示一行结束。

② 用 cout 进行输出时，并不指定数据的类型，系统会自动按数据类型进行输出，而在 printf 函数中必须指定输出格式符，如%d，%f，%c 等。就这一点而言，用 cout 输出数据比用 printf 函数简单方便。

【例 9.2】 用 cout 输出多项数据。

```
# include < iostream.h >
void main ( )
{
    int a=4,b=5,c=6;
```

```
        cout<<a<<'\t'<<a++<<endl;
        cout<<b<<'\t'<<++b<<endl;
        cout<<++c<<'\t'<<c<<endl;
    }
```

运行该程序，输出结果为：

```
5        4
6        6
7        6
```

说明：

① 用 cout 输出多个数据时，每输出一项数据，都要用“<<”符号进行间隔。

② 当系统运行 cout 中的一系列“<<”操作时，先将数据按从右到左的顺序存储到缓冲区，然后再按从左到右的顺序输出。

③ 例中第一行输出语句，先将后面的 a 存入缓冲区，其值为 4，再计算 a++，使 a 变为 5，然后再将前一个 a 存入缓冲区，其值为 5。输出则按照从左到右的次序，即先输出 5，后输出 4。第二行和第三行的输出语句执行过程与此类似，需要注意变量的前缀和后缀的问题，请大家自己分析。

【例 9.3】 按格式输出数据。

```
# include < iostream.h >
# include < iomanip.h >
void main ( )
{
    int a=16,b=34,c=40;
    cout<<oct<<a<<'\t'<<hex<<b<<endl;
    cout<<dec<<c<<endl;
    cout<<a<<setw(4)<<b<<setw(7)<<c<<endl;
}
```

运行该程序，输出结果为：

```
20        22
40
16   34    40
```

说明：

① cout 中可以设置输出整型数据的进位计数制，dec 表示十进制形式，hex 表示十六进制形式，oct 表示八进制形式，默认情况下按十进制形式输出。

② 在 C++中可以用流控制符 setw(n)来指定下一个输出的数据所占的列数 n。例中 setw(4)的作用是为其后的变量 b 预留 4 列，b 的值为 34，仅占 2 列，输出 b 时则右对齐，左边自动填补两个空格；如果 b 的值超过 4 列，则按实际长度输出。

③ 在 cout 中使用 setw 等流控制符时，需要在程序的开头嵌入头文件 iomanip.h。

2. 数据输入：cin

在C++程序中，数据的输入通常采用cin完成。
使用格式：

cin>>变量名1>>变量名2>>…>>变量名n;

功能：暂停程序的执行，等待用户从键盘上输入数据，用户输入完数据并回车后，cin从输入流中取得相应的数据并传送给其后的变量。其中，“>>”是输入操作符（或称提取操作符），后面必须有一个变量名，而且只能有一个变量名，否则系统会报错。例如：

```
cin>>"x=">>x;        //错误，因为>>后含有字符串"x="
cin>>'x'>>x;         //错误，因为>>后含有字符'x'
cin>>x>>10;          //错误，因为>>后含有常量10
```

【例9.4】 用cin输入数据。

```
# include < iostream.h >
void main ( )
{
    int     a;
    float   b;
    cin>>a>>b;
}
```

运行程序时，输入：

```
12    34.5↙
```

也可以输入：

```
12↙
34.5↙
```

说明：

① 用cin进行数据输入时，不需要在cin语句中指定数据类型，而用scanf函数输入时，必须指定输入格式符，如%d，%f，%c等。

② 当一个cin后面同时跟有多个变量时，用户在输入时，数据的个数应该与变量的个数相同，各数据之间用空格或回车作为间隔符。

③ 在输入过程中，实型数据转换为整型的规则不再成立。如本例中输入：

```
12.34    5.67↙
```

结果变量a的值为12，而变量b的值是0.34，而不是5.67。

【例9.5】 cin与cout一起使用。

```
# include < iostream.h >
void main ( )
```

```
{
    cout<<"请输入你的姓名:";
    char name[10];          //请注意本行语句的位置
    cin>>name;
    cout<<"请输入你的年龄:";
    int age;                //请注意本行语句的位置
    cin>>age;
    cout<<"你的姓名是: "<<name<<endl;
    cout<<"你的年龄是: "<<age<<endl;
}
```

运行该程序如下：

```
请输入你的姓名:Zhang_Hong↙
请输入你的年龄:18↙
你的姓名是: Zhang_Hong
你的年龄是: 18
```

说明：

(1)你注意到 main 函数中的第二行和第五行语句了吗？程序中对变量 age 的定义放在了执行语句 cout 之后，这在 C 语言中是不允许的。C 要求变量的声明必须放在所有执行语句之前，而 C++允许将变量的声明放在程序的任何位置，当然必须是在使用该变量之前。由此看出，C++对 C 限制的放宽。

(2）运行程序时，如果输入：

```
Zhang   Hong↙
```

结果能输出 Zhang　Hong 吗？不能，只能输出 Zhang，因为 cin 把空格作为数据的间隔符，只能接收空格之前的部分。怎样才能得到包括空格在内的字符串呢？可以采用 cin 流对象的 getline 或 get 的方法。

例如，将语句“cin>>name;”改为“cin.getline(name,10);”，其中，name 为字符数组名，10 表示字符串的最大长度，默认以回车作为输入结束标志。

至此，大家可能有所体会，C++的输入/输出的确要比 C 的输入/输出简单、方便，所以使用 C++的编程人员一般都喜欢用 cin 和 cout 进行输入/输出。

实训 24　熟练使用 cin 和 cout

1．实训目的

(1）了解 C++的编程环境；
(2）学会用 cin 进行数据的输入，用 cout 进行输出。

2．实训内容

(1）输入三角形的三边长，计算并输出三角形的面积。
程序清单：

```
#include "iostream.h"
#include "conio.h"
#include "math.h"
void main()
{
    double a,b,c,s,area;
    cout<<"请输入三角形边长 a,b,c:"<<endl;
    cin>>a>>b>>c;
    if(a>0&&b>0&&c>0&&a+b>c&&a+c>b&&b+c>a) //判断是否构成三角形
     {
         s=(a+b+c)/2;
         area=sqrt(s*(s-a)*(s-b)*(s-c));      //计算三角形面积公式
         cout.precision(4);              //设置 4 位有效精度
           cout<<"三角形的面积为:"<<area<<endl;
     }
    else
         cout<<"输入错误，不能构成三角形！"<<endl;
}
```

程序运行结果如下：

```
请输入三角形边长 a,b,c:
3    4    5↙
三角形的面积为:6
```

实训思考：

① 用 printf 函数和 scanf 函数重新编写该程序，注意头文件 iostream.h 要改为 stdio.h。

② cin 和 cout 与 printf 和 scanf 相比较，哪种输入/输出更简单、更方便？

（2）输入若干名学生的考试成绩，以文件结束符（Ctrl+Z）作为输入的结束条件，然后输出最高分。

程序清单：

```
#include "iostream.h"
void main()
{
     int score, highest =0;
     cout<<"请输入成绩：";
     while (cin>>score)
     {
     if (score>highest)
          highest=score;
       cout<<"请输入成绩：";
     }
     cout<<"最高分数是："<<highest<<endl;
}
```

程序运行结果如下：

```
请输入成绩：78↙
请输入成绩：69↙
请输入成绩：97↙
请输入成绩：50↙
请输入成绩：81↙
请输入成绩：^Z
最高分数是：97
```

说明：在程序运行过程中输入 Ctrl+Z，产生一个文件结束符，while 语句的条件 cin>>score 就返回 0，循环终止。

思考：

① 与 C 程序比较，你认为 C++程序有何特点？

② 将程序中输入的结束条件改为：输入如果为-1，则结束输入。应该如何修改程序？

（3）在使用计算机过程中，我们都有用 Word 程序编辑文本的经历，Word 的“工具”菜单项中有一个非常实用的“字数统计”功能，它能统计并显示文本中的页数、字数、字符数、空格数等多种信息。现在，我们也来编写一个完成统计功能的程序。先输入一行文本，统计出其中字母、数字、空格的个数，以及不同字母出现的次数，最后显示统计结果。在此我们需要设计多个计数器，分别用于统计字母、数字和空格数，设计一个字符数组，用于存放不同字母出现的次数。

程序清单：

```
#include <iostream.h>
#include <ctype.h>
#include <string.h>
#include < iomanip.h >
const int MAX_LETTERS = 26;                      //定义常量表示英文字母个数
void counter1(char *text);                       //声明函数原型
void counter2(char* text, int letter[]);
// 主程序
void main()
{
    char text[256];                              //用户输入的文本
    int letter[MAX_LETTERS];                     //各个英文字母出现的次数
    int total;                                   //所有字母出现的次数
    int index;                                   //扫描数组的下标变量
    cout << "请输入一行文本："<<endl;             //提示用户输入文本
    cin .getline(text,256);
    cout<<"统计信息如下："<<endl;                 //输出统计结果
    cout<<"字符总数："<<strlen(text)<<endl;       //显示总字符数
    counter1(text);                              //对文本中出现的数字、空格进行统计
    counter2(text, letter);                      //对文本中出现的字母进行统计
    total = 0;
    for (index = 0; index < MAX_LETTERS; index++)
        total += letter[index];
    if (total == 0)
```

```
        cout << "\n 文本中没有字母。"<<endl;
        else
        {
            cout<<"英文字母:"<<total<<endl;
             cout << "字母\t 出现次数"<<endl;          //逐行显示各英文字母的统计结果
            for (index = 0; index < MAX_LETTERS; index++)
                if (letter[index] != 0)
                  cout<<setw(3)<<char('A'+index)<<setw(10)<<letter[index]<<endl;
        }
    }
    //统计一个字符串中数字和字母出现的次数
    void counter1(char *text)
      {
            int digit=0;                                //数字计数器
            int space=0;                                //空格计数器
            for(int i=0; i<strlen(text); i++)
            {
            if(text[i]>='0'&& text[i]<='9')
                digit++;
             else if(text[i]==' ')
                space++;
             }
            cout<<"数字："<<digit<<endl;
            cout<<"空格："<<space<<endl;
      }

    //统计一个字符串中字母出现的次数
    //参数：text 是要统计的文本, letter 记录每个字母出现的次数
    void counter2(char* text, int letter[])
    {
        char* ptr;                                  //当前处理的一个字母
        char ch;                                    //转换为大写后的字母
        int index;                                  //扫描数组的下标变量
        //将每一字母的出现次数初始化为零
        for (index = 0; index < MAX_LETTERS; index++)
            letter[index] = 0;
        //扫描整个字符串统计英文字母的出现次数
        for (ptr = text; *ptr != NULL; ptr++)
            {
                ch = toupper(*ptr);
                if ((ch >= 'A') && (ch <= 'Z'))
                  letter[ch - 'A'] = letter[ch - 'A'] + 1;
            }
      }
```

思考：

如果需要统计多行文本中不同的字符个数，怎样修改程序？

通过本节的学习，我们了解了 C++对 C 的改进主要有：

（1）C 语言的扩充和改进。如函数的高级功能（函数重载、内联函数、函数模板），对象内存的分配与释放（new 和 delete），基本语法的改进等。

（2）添加了面向对象的语法机制。

9.2 面向对象概述

本节将简单介绍面向对象机制有关的基本概念，如类、对象、消息及面向对象的三大基本特征等，让大家对面向对象的程序设计方法有一个基本的了解。

9.2.1 面向对象的基本概念

1．对象

世间万物都是对象，世界由各种各样的对象组合而成。对象是具有某些特性和功能的具体事物。曾有人把面向对象的思想比做哲学家眼中的世界。在哲学家眼中，大到日月星辰，小到尘埃微粒均是对象。在面向对象的程序员眼中，应用系统就是由多个对象构成的，系统中的对象相互独立又相互联系，系统运行时的变化是系统对象不断变化、相互作用造成的。应用系统中的对象是现实世界中对象的映射，由对象的属性和对象的功能（行为）组成，程序设计者将对象的内在数据属性封闭起来，外界通过特定的接口对对象的行为进行操作。这种隐藏对象内部属性的操作又称为面向对象中的封装特性。对象的封装性增强了程序的可读性、可修改性、健壮性等，其好处在于对象内部细节的更改或结构的变化可以不影响功能的实现，只需要新的结构具有同样的功能。如现实生活中的汽车，汽车的基本行为包括启动、停止、加速、减速、转向等，驾驶员并不需要对汽车的内在属性或原理过多了解，只需要通过油门、方向盘、刹车、离合等设置的接口执行相应的操作。同时，我们可以对汽车进行改装，替换汽车的发动机、汽缸等，但不管内部细节如何改变，汽车所具有的这些功能和这些功能的接口不会改变，也就是驾驶员驾驶汽车的方式是不会改变的。这也是为什么现实生活中获得了驾驶执照就可以驾驶相应的不同型号汽车的原因。

2．消息

现实生活中的对象不可能独立存在，任何对象都不是独立存在的。如驾驶员驾驶汽车，驾驶员和汽车均被看做对象，而驾驶这个操作就使得驾驶员与汽车两个对象建立了联系。同样，在软件系统中，对象也是相互联系、相互作用的，那么对象间如何建立联系呢？对象的联系是通过消息来实现的，一个对象发送消息，另一个对象接收消息同时执行相应的操作。程序设计过程中，调用对象的某个函数代表发送消息，而被调用对象接收到消息后就会执行对应的函数。如驾驶员停车，驾驶员对象会踩下刹车，相当于调用了汽车的刹车功能，而汽车对象接收到消息后就会执行刹车，如图 9.1 所示。

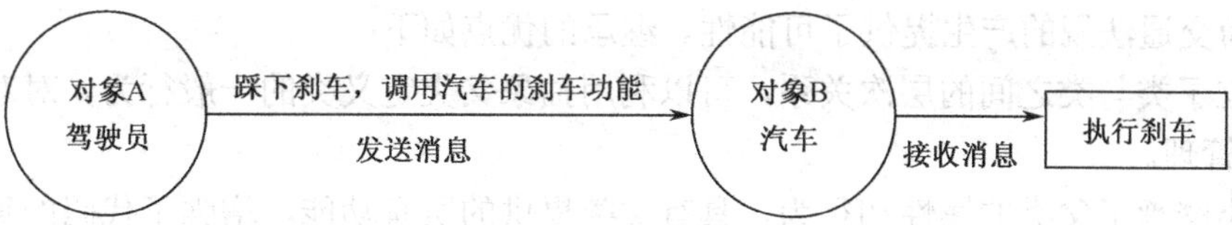

图 9.1　消息的传递

一个消息通常包括三个部分：

- 接受消息的对象。
- 接受消息的对象应执行的函数。
- 函数所需要的参数。

3. 类

面向对象的软件系统是由各种各样的对象组成的，但程序设计过程中不可能一个一个地描述对象，如学生成绩管理系统中，涉及的学生对象可能成千上万。因此，和现实生活中人类的思维习惯一样，面向对象的思想中借助于抽象技术，将具有相同属性和行为的对象进行归类，并利用自定义数据类型（构造数据类型）来进行描述，该构造数据类型定义为类。类是一个模板，类定义时并不分配任何内存空间，它规定了该类对象具有的共同属性及其所能执行的操作。类模板创建好以后，即可按需要定义任意个该类型的对象。

在结构化语言 C 中，程序由多个函数组成，每个函数代表着某个功能的实现。用面向对象方法（OOP）设计程序时，设计的重点是类的定义，类中定义了表示对象属性的一组数据和操作数据的函数，函数实现的是特定对象的功能。

9.2.2　面向对象的三大特征

1. 封装

所谓封装，是指在创建类时将该类对象的内部细节全部隐藏起来，在使用对象时，只需要知道如何引用对象的函数而无须知道函数（对象功能）的内部实现。在面向对象的设计方法中，对象的使用者并不考虑对象功能如何实现，仅仅考虑该对象具有何种功能。如现实生活中人们买手机时，关心的是该手机对象具有何种功能及功能效果如何，却并不关心功能是如何实现的。封装的优点如下。

- 模块化：一个对象的源代码的编写和维护独立于其它对象的源代码。而且，对象在系统中很容易使用。
- 信息隐蔽：每个对象都有一个公共接口使得其它对象可以与其通信。对象可以更改自己的内部细节和内部结构而不会影响使用它的其它对象。

2. 继承

面向对象抽象性技术的另外一个重要应用就是将对象分层对待，从最抽象的概念出发，逐层加入新的特征，逐层深入到更具体的概念，且低层次具有高层次的所有特征，这种类的层次化的概念称为继承。见图 9.2。

如图 9.2 所示，在现实生活中，类的层次化为对象的管理提供了极大的优势，如交通工具的归类为交通法规的产生提供了可能性。继承的优点如下：

- 建立了类与类之间的层次关系，可以利用抽象父类定义类的一般行为，对对象进行统一管理。
- 子类继承了父类的属性和行为，具有父类提供的所有功能，增强了代码的重用性，父类可以被多个子类重用多次。

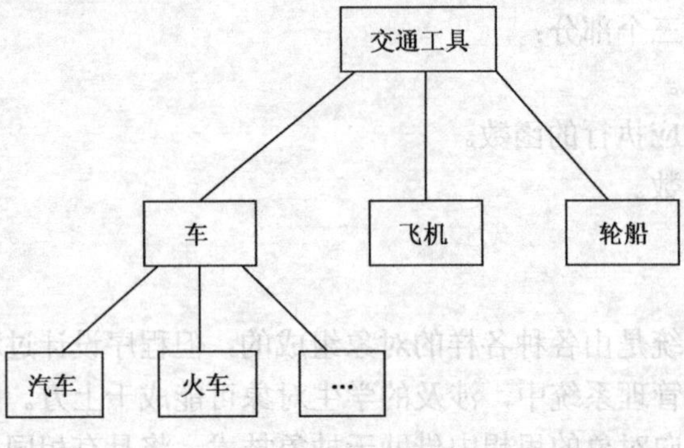

图 9.2　继承的层次

3．多态

多态指的是向不同的对象发送相同的消息，执行相同的功能，系统根据对象的不同调用不同的方法，多态实现的前提是类的继承。多态性是面向对象程序设计中继封装和继承之后的第三个基本特征，是面向对象思想的核心，甚至有业内学者根据是否支持多态来判断一门语言是否支持面向对象。在现实生活中，多态得到了广泛运用。如交通路口的红绿灯，红灯亮时，向所有机动车对象发送相同的消息——停车，对象接收到消息后执行相同的功能——刹车，但不同的对象会根据自身的不同选择不同的刹车方法。在 C++中，多态的实现是建立在虚函数和函数重载的基础上的。

9.3　类和对象的定义及使用

在面向对象的程序设计方法中，将具有相同属性和行为的对象进行归类，并定义抽象数据类型来进行描述，这种抽象数据类型称为类。类中通过数据变量的定义描述对象具有的共同属性，并通过函数实现对象所具有的功能。

9.3.1　类的定义

第 7 章介绍了构造数据类型结构体，结构体描述了一个对象的数据成员组成。类可以看成是结构体的扩充，类是把各种不同类型的数据（称为数据成员）和对数据的操作（成员函数）组织在一起而形成的用户自定义的数据类型。声明一个类的方法和声明结构体类型是相似的。例如，下面的例子声明了一个长方形类：

```
class Rectangle   //类声明，其中 Rectangle 代表类的名称
{
    private:                //数据成员定义，代表长方形的属性长和宽
```

```
        double width,length;
    public:             //对象功能的实现，通常设为公共权限
        double init(double w,double l)
        {
            width=w;
            length=l;
        }
        double area()
        {
            return width*length;
        }
        void print()
        {
            cout<<"长方形："<<width<<","<<length;
        }
};
```

可以看出，类的定义是在结构体的基础上发展起来的。类体中除了数据成员外，还包含对数据成员的操作。同时，通过访问权限的控制有条件地限制对类成员的使用，private 的成员构成类的内部状态，如长方形类中的 width 和 length 等数据成员；public 的成员则构成与外界通信的接口，如对长方形数据成员进行操作的 init、area 和 print 函数，外界只能通过 public 公共接口使用对象的 private 成员。

类定义的一般形式：

```
class    类名{
private:
    数据成员或成员函数
protected:

    数据成员或成员函数
public:
    数据成员或成员函数
};
```

说明：

① class 是定义类的关键字，类名由用户自己决定。它必须是 C++的有效标识符，但一般首字母大写。

② 大括号的部分是类的成员（数据成员和函数成员），它们分成三部分，分别由 private、public、proctected 三个关键字后跟冒号来分别指定私有、公有、保护成员。这三部分能以任何顺序出现，且在一个类的定义中这三部分并非必须同时出现。

③ 若未指明成员是哪部分的，则默认是属于 private 成员，但一般不要采用默认形式。

④ 类体结束后的“;”不可省略。

【例 9.6】 定义描述学生信息的类 Student。

```
#include"iostream.h"
class Student
```

```
{
private:                        //描述学生的基本属性
        char *name;        //学生的学号，类型为字符串
        char *no;            //学生姓名，类型字符串
        double math;      //学生的三门课成绩
        double english;
        double chinese;
public:      //定义学生对象所能进行的操作
    /*功能：为学生对象的属性值进行赋值*/
        void init(char *n1,char *n2,double m,double e,double c)
        {
                name=n1;
                no=n2;
                math=m;
                english=e;
                chinese=c;
        }
    /*功能：计算学生成绩的总分*/
        double sum()
        {
                double s=0;
                s=math+english+chinese;
                return s;
        }
    /*功能：查看学生信息*/
        void print()
        {
        cout<<name<<endl<<no<<endl<<math<<endl<<english<<endl<<chinese<<endl;
        }
};
```

9.3.2 对象的创建及使用

类定义好以后，即可定义该类的对象，并调用该类的成员函数进行对象操作。

对象定义的一般形式：

类名　　对象名（构造函数的实参列表）;

若类中无构造函数或构造函数的参数为空时，其一般形式为：

类名　对象名;

【例 9.7】 创建三个学生类对象，从键盘输入学生属性值并输出学生信息。

```
void main()
{
        Student s[3];       //定义学生类的对象数组，包含三个学生对象 s[0],s[1]和 s[2]
```

```
        int i;
        for(i=0;i<3;i++)
        {
            char name[20];
            char no[20];
            cout<<"请输入学生信息(姓名，学号，三门课程成绩)："<<endl;
            double math,english,chinese;
            cin>>name;
            cin>>no;
            cin>>math>>english>>chinese;
            s[i].init(name,no,math,english,chinese);  //调用函数 init 为对象赋值
        }
        for(i=0;i<3;i++)
        {
            cout<<"学生信息如下："<<endl;
            s[i].print();        //调用函数 print 输出对象信息。
        }
    }
```

说明：

① 创建对象数组的格式和一般数组格式类似，将已定义的类看成自定义数据类型。

格式：**类名（数据类型）　对象数组名[数组长度]**

② 对象的使用一般是通过公共函数的调用完成的。如例 9.8 中调用 init 函数完成对象的赋值，调用 print 函数输出对象信息等。

9.3.3　构造函数与析构函数

在类的成员函数中，有两种特殊的函数：构造函数和析构函数。它们与一般的成员函数相比，在函数的定义和使用时有较大的差别，本小节将分别介绍它们。

1．构造函数

构造函数是一种在创建的同时对对象进行初始化的函数。
其定义的一般形式为：

```
类名（构造函数的形参列表）
{
    函数体;
}
```

说明：

① 构造函数没有任何返回类型。
② 构造函数的名称与类名相同。

③ 构造函数只能在创建对象的同时进行调用，在一个对象的生命周期内只能被调用一次。

④ 若类定义时未给出构造函数的定义，系统将提供一个默认的无参的、不做任何动作的构造函数。

2．析构函数

析构函数（destructor）与构造函数相反，当对象的生命期结束时（例如对象所在的函数已调用完毕），系统自动执行的函数。析构函数主要用来完成对象删除前的一些“清理”工作。其定义的一般形式为：

```
~ 类名（）
{
    函数体;
}
```

说明：

① 析构函数的参数为空。

② 析构函数没有返回值。

③ 析构函数的名字是类的名字前面加上符号“～”。

④ 析构函数一般为公有成员函数。

⑤ 若类中未定义析构函数，系统将提供一个默认的析构函数。

注意：

① 类的析构函数只有一个，不能重载，也就是说，构造对象的方式可以有多种，但释放对象只有一种方式；如果用户没有编写析构函数，编译系统会自动生成一个默认的析构函数，它不进行任何操作。

② 析构函数和构造函数的调用顺序正好相反，先创建的对象，后被“清理”；后创建的对象，先被“清理。”

【例 9.8】 定义学生类的构造函数和析构函数，并调用构造函数进行初始化。

```
#include"iostream.h"
class Student
{
private:
        char *name;
        char *no;
        double math;
        double english;
        double chinese;
public:
    /*构造函数，功能：为学生对象进行初始化赋值*/
        Student(char *n1,char *n2,double m,double e,double c)
        {
                cout<<"调用了 Student 类的构造函数"<<endl;
                name=n1;
                no=n2;
                math=m;
```

```
            english=e;
            chinese=c;
        }
    /*析构函数，功能：为对象的释放进行清理工作*/
        ~Student()
        {
            cout<<"调用了 Student 类的析构函数"<<endl;
        }
    /*功能：计算学生成绩的总分*/
        double sum()
        {
            double s=0;
            s=math+english+chinese;
            return s;
        }
    /*功能：查看学生信息*/
        void print()
        {
        cout<<name<<endl<<no<<endl<<math<<endl<<english<<endl<<chinese<<endl;
            cout<<"学生总分="<<sum();
        }
};
void main()
{
        Student s1("lily","0902110",70,80,90);
        s1.print();
}
```

程序执行后的输出结果为：

```
调用了 Student 类的构造函数
lily ↙
0902110↙
70↙
80↙
90↙
学生总分=240↙
调用了 Student 类的析构函数↙
```

可以看出，在程序运行结束之前，析构函数将被调用，对象被释放。

实训 25　类和对象的使用

1. 实训目的

（1）理解面向对象的基本概念。

（2）掌握类创建的基本格式、类中数据成员和函数的定义。

（3）掌握对象的定义及使用方式。

（4）掌握构造函数和析构函数的作用及其使用方式。

2．实训内容

（1）创建一个圆类，并定义一个半径为 10 的圆，调用方法求圆的面积。

```
#include "iostream.h"
class Circle
{
private:
	double r;
public:
	Circle(double R)
	{
		r=R;
	}
	~Circle()
	{
		cout<<"调用 Circle 类的析构函数";
	}
	double area()
	{
		return r*r*3.14;
	}
	void print()
	{
		cout<<"圆的半径="<<r;
		cout<<"圆的面积="<<area();
	}
};
void main()
{
	Circle c(10);
	c.print();
}
```

3．实训思考

模拟例 9.7，创建学生数组，调用函数计算学生总分的最大值，并输出总分最高的学生信息。

本章小结

面向对象的程序设计通过抽象、封装、继承和多态使程序代码达到最大限度的可重用和可扩展，从而提高软件的生产能力和使用效率。类是面向对象程序设计的核心，利用它可以实现数据的封存、隐藏，通过它的继承与派生，能够实现对问题的深入的抽象描述。

类是用户定义的一种数据类型，和基本数据类型的不同之处在于，类这个特殊类型中同时包含了对数据成员进行操作的函数成员。可以像定义基本数据类型的变量一样定义类的变量，称为对象。一个类是由数据成员和成员函数组成的，而访问控制属性控制着类成员的访问权限，按访问权限将这些成员分为私有成员或公有成员。类的私有成员体现了封装和隐藏数据，而公有成员提供了与外界的接口。

对象是类的实例，一个对象的特殊性就在于它具有不同于其他对象的自身性，即数据成员。对象声明时进行的数据成员的设置，称为对象的初始化。在对象使用结束时，还要进行一些清理工作。C++中初始化和清理工作分别由两个特殊的成员函数完成，它们分别是构造函数和析构函数，如果用户在定义类时未提供构造函数和析构函数，则编译系统会自动添加默认的构造函数和析构函数。这两个函数都是在对象建立和撤销时由系统自动调用执行的，且执行顺序相反。

本章简单介绍了 C 与 C++的区别、C++的特点，同时在面向过程语言 C 语言学习的基础上对面向对象技术的重要概念进行了简要介绍，最后通过实例详细介绍了类和对象的创建及使用方法。本章只是通过简单的例子说明了类及其相关的概念、语法规定，让读者对 C++的特点有所了解，体会面向对象的编程思想。面向对象技术和 C++的内容很丰富，还有许多较深入的概念和语法规定，需要进一步学习、理解和应用。

习题 9

1．简述 C++语言的主要特点。

2．分析以下程序的执行结果。

```
#include <iostream.h>
class Sample
{
    int x,y;
public:
    Sample( ) { x=y=0;}
    Sample(int a, int b){x=a; y=b;}
    ~Sample( )
    {
        if (x==y)   cout<<"x=y"<<endl;
        else   cout<<"x!=y"<<endl;
    }
    void disp( )
    { cout<<"x="<<x<<",y="<<y<<endl; }
};
void main( )
{
   Sample s1(2,3);
   S1.disp();
}
```

3．设计一个立方体类 Box，它能计算并输出立方体的体积和表面积。

4．创建一个 Employee 类，该类中有字符数组，表示姓名、街道地址、市、省和邮政编码。把表示构造函数、changename()、display()的函数原型放在类定义中，构造函数初始化每个成员，display()函数把完整的对象数据打印出来。其中的数据成员是保护的，函数是公有的。

5．设计一个 Bank 类，实现银行某账号的资金往来账目管理，包括建账号、存入、取出等。

Chapter 10

第 10 章　项目实践——学生信息管理系统

信息管理是计算机的一项重要应用，是我们实现办公自动化的重要手段。本章将以“学生信息管理系统”项目实例进行简单介绍，一个信息管理系统的基本设计结构以及项目设计的基本步骤，同时让大家熟悉用 C 语言进行项目开发的基本过程。

10.1　系统基本需求

本系统要求开发人员实现“学生信息管理系统”，完成学生基本信息管理功能。具体说，要实现学生信息增加、显示所有信息、根据学号查询、根据学号删除、保存信息及退出系统等功能。具体功能如图 10.1 所示。

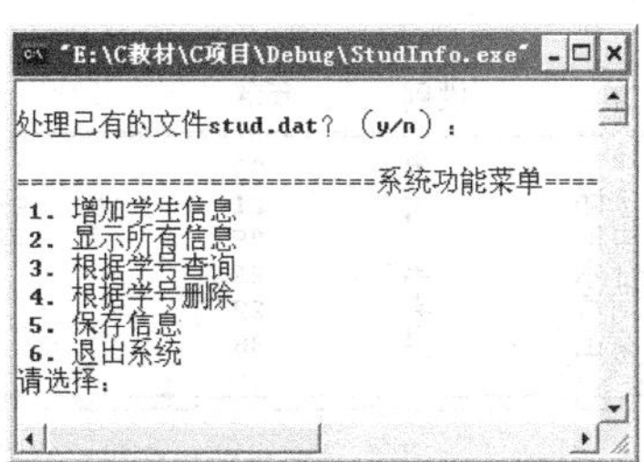

图 10.1　系统基本菜单

学生基本信息结构如表 10.1 所示。

表 10.1　学生基本信息结构

名　称	变 量 名	类　型	说　明
学号	num	Char(10)	存储学号
姓名	name	Char(10)	存储姓名
性别	sex	Sex(10)	存储性别
年龄	age	Int(16)	存储年龄信息
专业	speciality	Char(50)	存储专业信息

1．增加功能

要增加学生信息，根据管理系统菜单提示选择功能编号 1，出现学生信息录入提示。根据提示录入学生信息，如果需要结束录入，则在输入学号时输入 E，则自动结束录入处理。具体处理要求如图 10.2 所示。

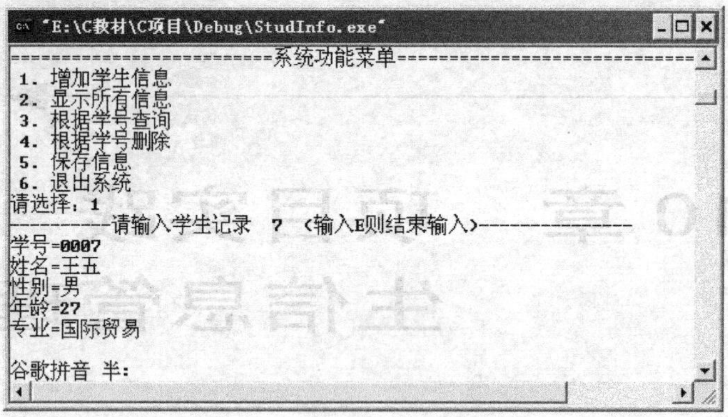

图 10.2　增加功能的执行结果

2．显示功能

要显示所有学生信息，根据管理系统菜单提示选择功能编号 2，则自动显示所有学生的记录，显示格式及要求如图 10.3 所示。

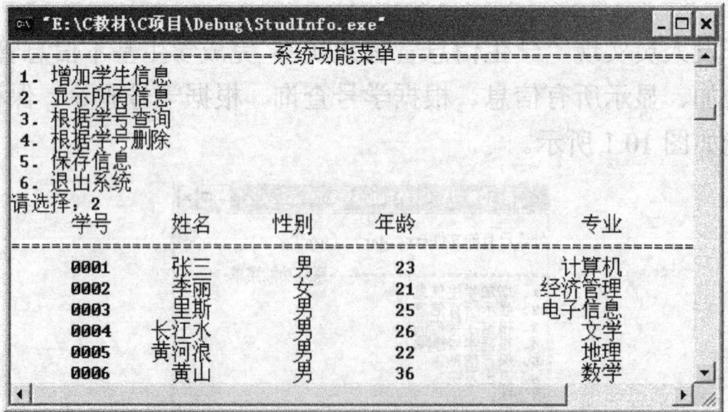

图 10.3　显示功能的执行结果

3. 查询功能

要查询学生信息，根据管理系统菜单提示选择功能编号 3，根据提示，输入需要查询的学生的学号并按回车键，则显示所需要的查询结果，如图 10.4 所示。

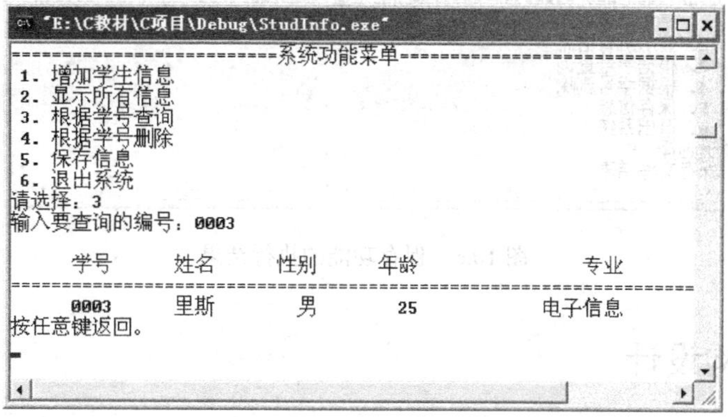

图 10.4　查询功能的执行结果

4. 删除功能

要删除学生信息，根据管理系统菜单提示选择功能编号 4，根据提示，输入需要查询并删除的学生的学号并按回车键，则显示所需要删除的学生信息，按任意键，删除查到的结果，如图 10.5 所示。

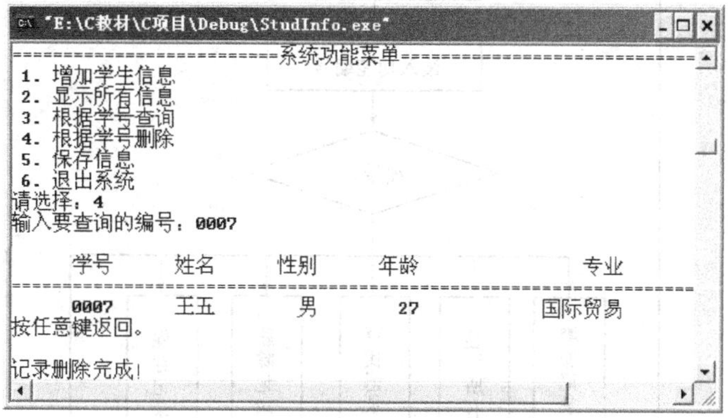

图 10.5　删除功能的执行结果

5. 保存功能

要保存学生信息，根据管理系统菜单提示选择功能编号 5，系统自动将内存中的学生信息保存至磁盘文件，如图 10.6 所示。

6. 退出系统

要退出系统，根据管理系统菜单提示选择功能编号 6，系统将自动保存内存中最后一次修改后的结果并退出系统。

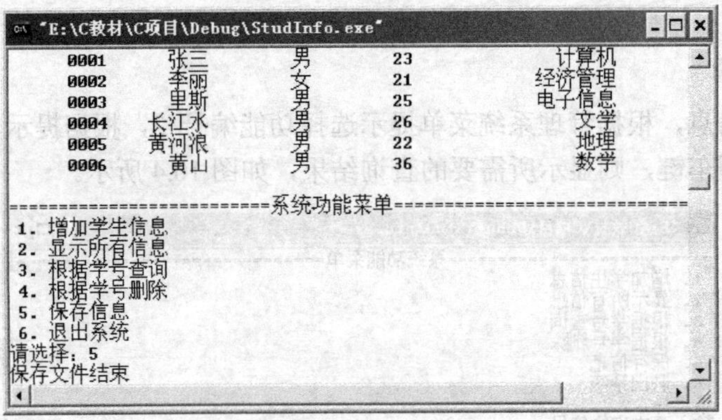

图 10.6　保存功能的执行结果

10.2　结构设计

1. 系统基本功能流程图

根据系统的基本需求，综合分析，绘出系统基本流程图，如图 10.7 所示。

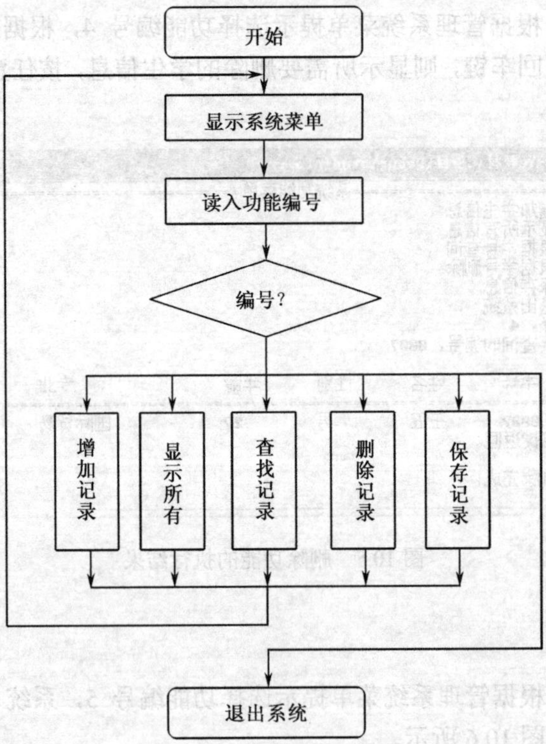

图 10.7　系统基本流程图

根据图 10.7，系统启动后，显示系统菜单，等待用户选择操作功能，用户输入操作功能编号后，系统自动对功能编号进行测试，根据对应的编号，执行对应的增加、显示、查找、删除及保存功能，执行结束后，自动回到系统菜单，等待用户下一步的操作选择。如果选择退出功能编号，则保存好已有数据后自动退出系统。

另外，为使用户在启动系统时能读入以前的数据文件，先提示用是否装入以前的数据。如果用户确定装入以前的数据，系统将自动装入以前的历史记录；如果不装入，系统将自动覆盖老的记录文件，将新的数据保存到文件中。

2. 系统具体结构及函数设计

具体讲，首先建立一个结构体来描述学生的基本信息，定义如下：

```
struct student
{
char num[10];           //学号
char name[10];          //姓名
char sex[10];           //性别
int age;                //年龄
char speciality[50];    //专业
};
```

设计中，为简化操作，学生信息没采用链表存储，而直接采用结构体数组进行存储，且定义结构体数据最大元素为 100（具体设计时应定义一个常量来表示最大元素个数），定义如下：

```
#define MAX_RECORD 100
```

为读取历史数据，需要一个读历史记录的函数，具体定义如下：

```
int ReadFile(struct student *p)
```

函数自动打开 C 盘根目录下的 stud.dat 文件，读入历史记录，放入内存。

为了实现菜单显示功能，定义一个菜单功能函数如下：

```
int MainMenu(char menuName[][20],int n)
```

函数自动显示系统功能菜单，并等待用户输入。输入结束后，将结果转换成具体的功能编号返回。

为实现添加学生信息功能，定义增加功能函数如下：

```
int AddStud(struct student *p , int n)
```

显示用户输入提示，用户根据提示输入记录。如果输入学号为 E，则自动退出输入功能并返回。

为实现显示功能，定义一个显示函数如下：

```
int Display(struct student *p , int start , int end)
```

函数根据指定的记录开始和结束位置，显示 p 数组中的记录。

为实现查询功能，定义一个查询功能函数和搜索功能函数如下：

```
int LookFor(struct student *p , int n)
int Search(struct student *p,char *what,int n)
```

函数 Search 实现具体搜索过程，LookFor 调用 Search 功能，实现具体搜索功能。

为实现删除功能，定义一个删除功能函数如下：

```
int Delete(struct student *p , int n)
```

首先，在函数中调用 LookFor 功能对需删除记录的实现查找操作，然后根据查找结果进行记录删除操作。

为实现保存功能，定义一个保存功能函数如下：

```
int SaveFile(struct student *p , int n)
```

该函数根据 n 值，将 p 中的数据保存进 stud.dat 文件中并返回。

最后，通过主函数将系统功能有机组合起来，实现一个完整的应用系统。

10.3 功能函数的实现

系统具体实现代码如下：

```
//引入所需头文件
#include "string.h"
#include "stdio.h"
//定义处理最大记录数
#define MAX_RECORD 100
//定义学生信息结构体
struct student
{       char num[10];
        char name[10];
        char sex[10];
        int age;
        char speciality[50];
};
//定义读文件记录函数
int ReadFile(struct student *p)
{       int n=0;
        FILE *fp;
        if((fp=fopen("c:\\stud.dat","r"))==NULL)
        {
              printf("\n 无法打开老的记录文件！\n 系统将自动生成一个新的文件！");
        }
        else
        {
              while(feof(fp)==0)
              {
                    fscanf(fp,"%s%s%s%d%s\n",p[n].num,p[n].name,
                          p[n].sex,&(p[n].age),p[n].speciality);
                  n++;
              }
```

```
            fclose(fp);

        }
            return n;
}
//定义创建文件函数
int CreateFile()
{
    return 0;
}
//定义菜单选择功能函数
int MainMenu(char menuName[][20],int n)
{
    char i;
     int j;
     printf("\n================================系统功能菜单
================================\n");
     do
     {
          for(j=0;j<n;j++)
          {
               printf("%2d. %s\n",j+1,menuName[j]);
          }
          printf("请选择：");
          i=getche();
          i=i-'0';
     }while(i<0||i>n);
     return (int)(i-1);
}

//定义增加学生记录信息函数
int AddStud(struct student *p , int n)
{    int start=n;
    int i;
     for(i=start;i<MAX_RECORD;i++)
     {
          printf("\n----------请输入学生记录  %d
          (输入 E 则结束输入)---------------\n",i+1);
          printf("学号=");
          scanf("%s",p[i].num);
          if(strcmp(p[i].num,"E")==0) break;//结束输入
          printf("姓名=");
          scanf("%s",p[i].name);
          printf("性别=");
          scanf("%s",p[i].sex);
          printf("年龄=");
```

```
            scanf("%d",&(p[i].age));
            printf("专业=");
            scanf("%s",p[i].speciality);
        }
        return i;
}
//定义显示功能函数
int Display(struct student *p , int start , int end)
{    int i;
     printf("\n%10s%10s%10s%10s%20s",
     "学号","姓名","性别","年龄","专业");
     printf("\n=========================
===================================================\n");

     for(i=start;i<=end;i++)
     {
         printf("%10s%10s%10s%10d%20s\n",
         p[i].num,p[i].name,p[i].sex,p[i].age,p[i].speciality);
     }
     return 0;
}
//定义搜索过程
int Search(struct student *p,char *what,int n)
{
     int i;
     for(i=0;i<n;i++)
     {
         if(!strcmp(p[i].num,what)) return i;
     }
     return -1;
}
//定义搜索功能函数
int LookFor(struct student *p , int n)
{
     int i;
     char str[20];
     printf("\n 输入要查询的编号：");
     scanf("%s",str);
     i=Search(p,str,n);
     if(i==-1)
     {
         printf("没找到 %s\n",str);
     }
     else
     {
```

```
            Display(p,i,i);
        }
        printf("按任意键返回。\n");
        getch();
        return i;
}
//定义删除功能函数
int Delete(struct student *p , int n)
{
        int i,j;
        i=LookFor(p,n);
        if(i>=0)
        {
            p[i]=p[n-1];
            n--;
            printf("\n 记录删除完成！ \n");
        }
        return n;
}
//定义保存功能函数
int SaveFile(struct student *p , int n)
{
        FILE *fp;
        char i;
        if((fp=fopen("c:\\stud.dat","w"))==NULL)
        {
            printf("无法打开写文件！ \n");
        }
        else
        {
            for(i=0;i<n;i++)
            {
                if((fprintf(fp,"%s %s %s %d %s\n",p[i].num,
                    p[i].name,p[i].sex,p[i].age,p[i].speciality))==NULL)
                    printf("记录写入错误！ \n");
            }
            printf("\n 保存文件结束\n");
            fclose(fp);
        }
        return 0;
}
//定义系统主函数
main()
{
    struct student stud[MAX_RECORD];
```

```
    int info,n=0;
    char a,j;
    char menuName[][20]={"增加学生信息",
                         "显示所有信息",
                         "根据学号查询",
                         "根据学号删除",
                         "保存信息",
                         "退出系统"};
    printf("\n 处理已有的文件 stud.dat？（y/n）：");
    scanf("%c",&a);
    if(a=='n')
    {
        CreateFile();
    }
    else
    {
        n=ReadFile(stud);
    }
    do
    {info=MainMenu(menuName,6);
     switch(info)
     {
         case 0:n=AddStud(stud,n);break;
         case 1:Display(stud,0,n-1);break;
          case 2:LookFor(stud,n);break;
          case 3:n=Delete(stud,n);break;
          case 4:SaveFile(stud,n);break;
     }
    }while(info>=0&&info<=4);
    SaveFile(stud,n);
}
```

10.4 项目总结

通过学生信息管理系统的设计，可以使同学们对项目设计的步骤有进一步了解，从而有助于以后进行编程开发。

1. 本项目设计中涵盖 C 语言中的知识点

① 文件的读/写操作。
② main 函数的使用。
③ 函数的编写及调用。
④ 数组的应用。
⑤ 结构体的使用。

2．算法——程序设计的灵魂

通过这个项目设计，可以看到算法的重要性，一个好的算法是项目设计成功的必要条件。对此应予以高度重视。

3．项目的改进与完善

本项目在设计时，为了降低难度，对学生记录的存取未采用链表方式实现，而采取数组方式实现，指定了数组的最大存储元素个数。在实际处理中，大家应考虑用链表方式存储，以满足任意多记录存储的要求。

另外，历史文件的读取处理功能需要完善，以满足不同应用的要求，方便用户的使用。

总之，学习程序设计的目的是为了将来的应用，提高综合分析能力有助于程序编写水平的提高。

附录A 常用字符与标准ASCII对照表

ASCII值			字　符	ASCII值			字　符
八进制	十六进制	十进制		八进制	十六进制	十进制	
0	0	0	NUL	44	24	36	$
1	1	1	SOH	45	25	37	%
2	2	2	STX	46	26	38	&
3	3	3	ETX	47	27	39	`
4	4	4	EOT	50	28	40	(
5	5	5	END	51	29	41	)
6	6	6	ACK	52	2a	42	*
7	7	7	BEL	53	2b	43	+
10	8	8	BS	54	2c	44	,
11	9	9	HT	55	2d	45	–
12	0a	10	LT	56	2e	46	.
13	0b	11	FF	57	2f	47	/
14	0c	12	ff	60	30	48	0
15	0d	13	CR	61	31	49	1
16	0e	14	SO	62	32	50	2
17	0f	15	SI	63	33	51	3
20	10	16	DLE	64	34	52	4
21	11	17	DC1	65	35	53	5
22	12	18	DC2	66	36	54	6
23	13	19	DC3	67	37	55	7
24	14	20	DC4	70	38	56	8
25	15	21	NAK	71	39	57	9
26	16	22	SYN	72	3a	58	:
27	17	23	ETB	73	3b	59	;
30	18	24	CAN	74	3c	60	<
31	19	25	EM	75	3d	61	=
32	1a	26	SUB	76	3e	62	>
33	1b	27	ESC	77	3f	63	?
34	1c	28	FS	100	40	64	@
35	1d	29	GS	101	41	65	A
36	1e	30	RS	102	42	66	B
37	1f	31	US	103	43	67	C
40	20	32	(space)	104	44	68	D
41	21	33	!	105	45	69	E
42	22	34	“	106	46	70	F
43	23	35	#	107	47	71	G

续表

ASCII值			字　符	ASCII值			字　符
八进制	十六进制	十进制		八进制	十六进制	十进制	
110	48	72	H	144	64	100	d
111	49	73	I	145	65	101	e
112	4a	74	J	146	66	102	f
113	4b	75	K	147	67	103	g
114	4c	76	L	150	68	104	h
115	4d	77	M	151	69	105	i
116	4e	78	N	152	6a	106	j
117	4f	79	O	153	6b	107	k
120	50	80	P	154	6c	108	l
121	51	81	Q	155	6d	109	m
122	52	82	R	156	6e	110	n
123	53	83	S	157	6f	111	o
124	54	84	T	160	70	112	p
125	55	85	U	161	71	113	q
126	56	86	V	162	72	114	r
127	57	87	W	163	73	115	s
130	58	88	X	164	74	116	t
131	59	89	Y	165	75	117	u
132	5a	90	Z	166	76	118	v
133	5b	91	[	167	77	119	w
134	5c	92	\	170	78	120	x
135	5d	93	]	171	79	121	y
136	5e	94	^	172	7a	122	z
137	5f	95	_	173	7b	123	{
140	60	96	‘	174	7c	124	|
141	61	97	a	175	7d	125	}
142	62	98	b	176	7e	126	~
143	63	99	c	177	7f	127	del

附录 B　运算符和结合性

优 先 级	运 算 符	含 义	要求运算对象的个数	结 合 方向
1	( )	圆括号		自左至右
	[]	下标运算符		
	->	指向结构体成员运算符		
	.	结构体成员运算符		
2	!	逻辑非运算符	1（单目运算符）	自右至左
	~	按位取反运算符		
	++	自增运算符		
	--	自减运算符		
	-	负号运算符		
	（类型）	类型转换运算符		
	*	指针运算符		
	&	地址与运算符		
	sizeof	长度运算符		
3	*	乘法运算符	2（双目运算符）	自左至右
	/	除法运算符		
	%	求余运算符		
4	+	加法运算符	2（双目运算符）	自左至右
	-	减法运算符		
5	<<	左移运算符	2（双目运算符）	自左至右
	>>	右移运算符		
6	< <= > >=	关系运算符	2（双目运算符）	自左至右
7	==	等于运算符	2（双目运算符）	自左至右
	!=	不等于运算符	2（双目运算符）	自左至右
8	&	按位与运算符	2（双目运算符）	自左至右
9	^	按位异或运算符	2（双目运算符）	自左至右
10	|	按位或运算符	2（双目运算符）	自左至右
11	&&	逻辑与运算符	2（双目运算符）	自左至右
12	||	逻辑或运算符	2（双目运算符）	自左至右
13	?:	条件运算符	3（双目运算符）	自右至左
14	= += -= *= /= %= >>= <<= &= ^= |=	赋值运算符	2（双目运算符）	自右至左
15	,	逗号运算符（顺序求值运算符）		自左至右